동아출판이 만든 진짜 기출예상문제집

특급기출

중간고사

중학 수학 **2-1**

Structure 구성과 특징

단원별 개념 정리

중단원별 핵심 개념을 정리하였습니다.

| 개념 Check |
개념과 1 : 1 맞춤 문제로 개념 학습을 마무리
할 수 있습니다.

기출 유형

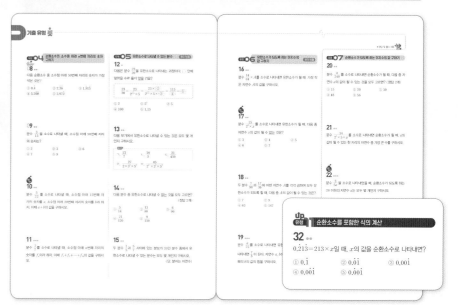

전국 1000여 개 학교 시험 문제를 분석하여 출제율 높은 문제만 선별해 구성하였습니다.
시험에 자주 나오는 빈출 유형과 난이도가 조금 높지만 중요한 **up 유형** 까지 학습해 실력을
올려 보세요.

기출 서술형

전국 1000여 개 학교 시험 문제 중 출제율 높은 서술
형 문제만 선별해 구성하였습니다.
틀리기 쉽거나 자주 나오는 서술형 문제는 쌍둥이
문항으로 한번 더 학습할 수 있습니다.

모의고사 형식의 중단원별 학교 시험 대비 문제

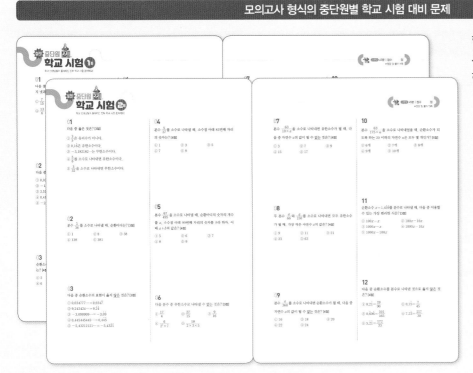

학교 선생님들이 직접 출제한 모의고사 형식의 시험 대비 문제로 실전 감각을 키울 수 있도록 하였습니다.

교과서 속 특이 문제

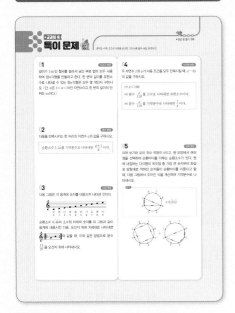

중학교 수학 교과서 10종을 완벽 분석하여 발췌한 창의·융합 문제로 구성하였습니다.

부록

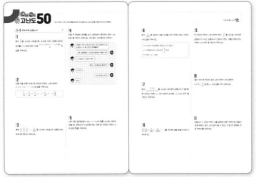

기출에서 pick한 고난도 50

전국 1000여 개 학교 시험 문제에서 자주 나오는 고난도 기출문제를 선별하여 학교 시험 만점에 대비할 수 있도록 구성하였습니다.

실전 모의고사 5회

실제 학교 시험 범위에 맞춘 예상 문제를 풀어 보면서 실력을 점검할 수 있도록 하였습니다.

🌐 **특별한 부록**
동아출판 홈페이지
(www.bookdonga.com)에서 실전 모의고사 5회를 다운 받아 사용하세요.

나의 오답 Note

오답 Note를 만들면…

실력을 향상하기 위해선 자신이 틀린 문제를 분석하여 다음에는 틀리지 않도록 해야 합니다. 오답노트를 만들면 내가 어려워하는 문제와 취약한 부분을 쉽게 파악할 수 있어요. 자신이 틀린 문제의 유형을 알고, 원인을 파악하여 보완해 나간다면 어느 틈에 벌써 실력이 몰라보게 향상되어 있을 거예요.

오답 Note 한글 파일은 동아출판 홈페이지 (www.bookdonga.com)에서 다운 받을 수 있습니다.

★ 다음 오답 Note 작성의 5단계에 따라 〈나의 오답 Note〉를 만들어 보세요. ★

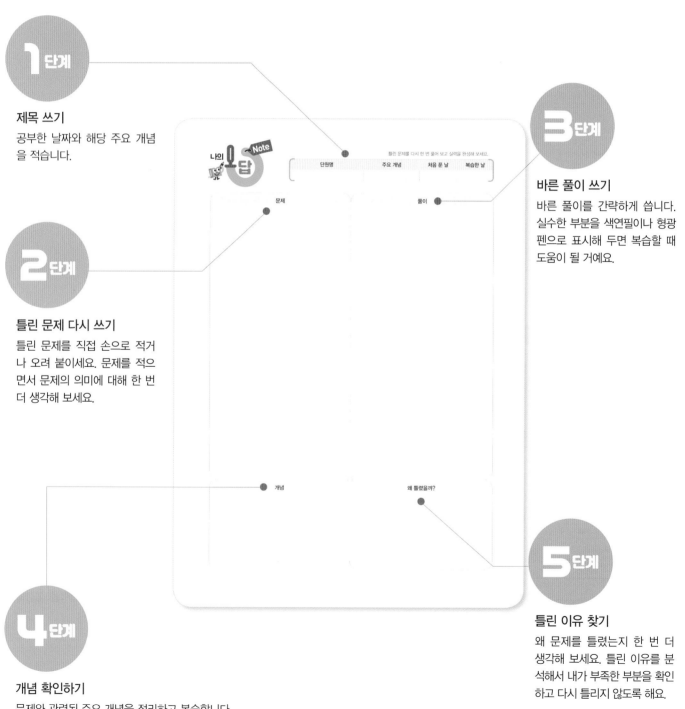

1단계

제목 쓰기
공부한 날짜와 해당 주요 개념을 적습니다.

2단계

틀린 문제 다시 쓰기
틀린 문제를 직접 손으로 적거나 오려 붙이세요. 문제를 적으면서 문제의 의미에 대해 한 번 더 생각해 보세요.

3단계

바른 풀이 쓰기
바른 풀이를 간략하게 씁니다. 실수한 부분을 색연필이나 형광펜으로 표시해 두면 복습할 때 도움이 될 거예요.

4단계

개념 확인하기
문제와 관련된 주요 개념을 정리하고 복습합니다.

5단계

틀린 이유 찾기
왜 문제를 틀렸는지 한 번 더 생각해 보세요. 틀린 이유를 분석해서 내가 부족한 부분을 확인하고 다시 틀리지 않도록 해요.

나의 **오답 Note**

단원명	주요 개념	처음 푼 날	복습한 날

문제

풀이

개념

왜 틀렸을까?

Contents 차례

유리수와 순환소수

② 단항식의 계산

③ 다항식의 계산

단원별로 학습 계획을 세워 실천해 보세요.

학습 날짜	월 일	월 일	월 일	월 일
학습 계획				
학습 실행도	0 100	0 100	0 100	0 100
자기 반성				

 **1 유리수와 순환소수**

 **개념 check**

❶ 소수의 분류

(1) 유한소수와 무한소수

① 유한소수 : 소수점 아래에 0이 아닌 숫자가 $\boxed{(1)}$ 번 나타나는 소수

② 무한소수 : 소수점 아래에 0이 아닌 숫자가 $\boxed{(2)}$ 번 나타나는 소수

(2) 순환소수

① 순환소수 : 소수점 아래의 어떤 자리에서부터 일정한 숫자의 배열이 한없이 되풀이되는 무한소수

② 순환마디 : 순환소수의 소수점 아래에서 숫자의 배열이 일정하게 되풀이되는 한 부분

③ 순환소수의 표현 : 순환마디의 양 끝의 숫자 위에 점을 찍어 나타낸다.

❷ 유한소수, 순환소수로 나타낼 수 있는 분수

정수가 아닌 유리수를 기약분수로 나타낸 후 그 분모를 소인수분해하였을 때

(1) 분모의 소인수가 2 또는 5뿐이면 그 분수는 $\boxed{\quad(3)\quad}$ 로 나타낼 수 있다.

(2) 분모의 소인수 중에 2 또는 5 이외의 소인수가 있으면 그 분수는 유한소수로 나타낼 수 없고 무한소수로 나타내어진다. 즉, 순환소수로 나타낼 수 있다.

❸ 순환소수를 분수로 나타내기

방법 ① 10의 거듭제곱 이용하기

❶ 주어진 순환소수를 x라 한다.

❷ 양변에 10의 거듭제곱을 곱하여 소수점 아래의 부분이 같은 두 식을 만든다.

❸ 두 식을 변끼리 빼서 x의 값을 구한다.

(예) 순환소수 $0.1\dot{5}$를 x라 하면 $x=0.151515\cdots$

$$100x=15.151515\cdots$$
$$-)\quad x=\ \ 0.151515\cdots$$
$$99x=15$$

➡ $x=\dfrac{15}{99}=\dfrac{5}{33}$

방법 ② 공식 이용하기

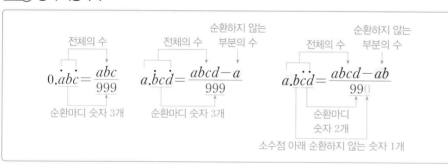

❹ 유리수와 소수의 관계

(1) 유한소수와 순환소수는 모두 $\boxed{(4)}$ 이다.

(2) 정수가 아닌 유리수는 유한소수 또는 순환소수로 나타낼 수 있다.

$$\text{소수}\begin{cases}\text{유한소수} \\ \text{무한소수}\begin{cases}\text{순환소수} \longrightarrow \text{유리수} \\ \text{순환소수가 아닌 무한소수} \text{ — 유리수가 아니다.}\end{cases}\end{cases}$$

📖 (1) 유한 (2) 무한 (3) 유한소수 (4) 유리수

---

1 다음 분수를 소수로 나타내고, 유한소수와 무한소수로 구분하시오.

(1) $\dfrac{7}{6}$ 　　(2) $\dfrac{21}{25}$

(3) $\dfrac{3}{16}$ 　　(4) $\dfrac{8}{55}$

2 다음은 분수 $\dfrac{13}{40}$ 을 유한소수로 나타내는 과정이다. (개)~(래)에 알맞은 수를 각각 구하시오.

$$\dfrac{13}{40}=\dfrac{13\times\text{(개)}}{2^3\times5\times\text{(내)}}$$
$$=\dfrac{\text{(대)}}{1000}$$
$$=\boxed{\text{(래)}}$$

3 다음 순환소수를 기약분수로 나타내시오.

(1) $0.\dot{4}\dot{5}$ 　　(2) $2.\dot{1}\dot{6}$

(3) $0.\dot{2}0\dot{7}$ 　　(4) $1.5\dot{7}\dot{2}$

(5) $0.3\dot{7}$ 　　(6) $3.6\dot{5}$

(7) $0.2\dot{3}\dot{4}$ 　　(8) $2.7\dot{3}5$

4 다음 설명으로 옳은 것에는 ○표, 옳지 않은 것에는 ×표를 하시오.

(1) 유한소수는 유리수이다.

（　　）

(2) 모든 무한소수는 순환소수이다.

（　　）

(3) 순환소수는 유리수이다.

（　　）

(4) 순환소수 중에는 유리수가 아닌 것도 있다.

（　　）

유형 01 유한소수와 무한소수

01 ●●●

다음 중 분수를 소수로 나타내었을 때, 유한소수인 것은?

① $\dfrac{10}{3}$ ② $\dfrac{1}{6}$ ③ $\dfrac{3}{8}$

④ $\dfrac{21}{11}$ ⑤ $\dfrac{11}{30}$

02 ●●●

다음 중 소수로 나타내었을 때, 무한소수는 모두 몇 개인지 구하시오.

$$\dfrac{2}{3}, \quad -\dfrac{6}{5}, \quad \pi, \quad \dfrac{15}{16}, \quad -\dfrac{25}{99}$$

유형 02 순환마디

03 ●●●

다음 중 순환소수의 순환마디를 바르게 나타낸 것은?

① $0.555\cdots \rightarrow 55$

② $2.716716716\cdots \rightarrow 716$

③ $0.4212121\cdots \rightarrow 421$

④ $6.363636\cdots \rightarrow 363$

⑤ $1.234123412341\cdots \rightarrow 1234$

04 ●●●

분수 $\dfrac{37}{33}$ 을 소수로 나타낼 때, 순환마디는?

① 12   ② 21   ③ 112

④ 121   ⑤ 212

05 ●●

다음 중 분수를 소수로 나타내었을 때, 순환마디의 숫자의 개수가 가장 많은 것은?

① $\dfrac{1}{3}$ ② $\dfrac{5}{6}$ ③ $\dfrac{3}{7}$

④ $\dfrac{4}{9}$ ⑤ $\dfrac{2}{11}$

유형 03 순환소수의 표현   최다 빈출

06 ●●●

다음 중 순환소수의 표현이 옳은 것은?

① $7.6333\cdots = 7.6\dot{3}$

② $3.012012012\cdots = 3.\dot{0}1\dot{2}$

③ $5.3444\cdots = 5.3\dot{4}\dot{4}$

④ $0.70575757\cdots = 0.70\dot{5}\dot{7}$

⑤ $3.123123123\cdots = \dot{3}.1\dot{2}$

07 ●●

다음 중 분수를 순환소수로 바르게 나타낸 것은?

① $\dfrac{6}{11} = 0.5\dot{4}\dot{5}$ ② $\dfrac{11}{3} = 3.6\dot{6}\dot{6}$

③ $\dfrac{17}{15} = 1.1\dot{3}$ ④ $\dfrac{2}{9} = 0.\dot{0}\dot{2}$

⑤ $\dfrac{40}{27} = 1.4\dot{8}\dot{1}$

유형 04 순환소수의 소수점 아래 n번째 자리의 숫자 구하기

New 08 ..

다음 순환소수 중 소수점 아래 50번째 자리의 숫자가 가장 작은 것은?

① $0.\dot{4}$ ② $2.\dot{3}\dot{6}$ ③ $1.9\dot{1}\dot{5}$
④ $5.\dot{2}0\dot{8}$ ⑤ $3.9\dot{7}\dot{2}$

09 ..

분수 $\dfrac{3}{13}$ 을 소수로 나타낼 때, 소수점 아래 90번째 자리의 숫자는?

① 2   ② 3   ③ 6
④ 7   ⑤ 9

실수주의 10 ..

분수 $\dfrac{5}{22}$ 를 소수로 나타낼 때, 소수점 아래 15번째 자리의 숫자를 a, 소수점 아래 20번째 자리의 숫자를 b라 하자. 이때 $a+b$의 값을 구하시오.

11 ...

분수 $\dfrac{2}{7}$ 를 소수로 나타낼 때, 소수점 아래 n번째 자리의 숫자를 f_n이라 하자. 이때 $f_1+f_2+\cdots+f_{30}$의 값을 구하시오.

유형 05 유한소수로 나타낼 수 있는 분수   최다 빈출

12 .

다음은 분수 $\dfrac{23}{20}$ 을 유한소수로 나타내는 과정이다. ☐ 안에 알맞은 수로 옳지 **않은** 것은?

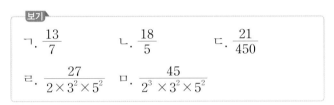

① 2   ② 5^2 ③ 5
④ 100   ⑤ 1.15

13 ..

다음 보기에서 유한소수로 나타낼 수 있는 것은 모두 몇 개인지 구하시오.

보기
ㄱ. $\dfrac{13}{7}$ ㄴ. $\dfrac{18}{5}$ ㄷ. $\dfrac{21}{450}$

ㄹ. $\dfrac{27}{2\times3^2\times5^2}$ ㅁ. $\dfrac{45}{2^3\times3^2\times5^2}$

14 ..

다음 분수 중 유한소수로 나타낼 수 **없는** 것을 모두 고르면? (정답 2개)

① $\dfrac{5}{14}$ ② $\dfrac{13}{80}$ ③ $\dfrac{6}{90}$
④ $\dfrac{21}{120}$ ⑤ $\dfrac{9}{150}$

15 ..

두 분수 $\dfrac{1}{5}$ 과 $\dfrac{5}{7}$ 사이에 있는 분모가 35인 분수 중에서 유한소수로 나타낼 수 있는 분수는 모두 몇 개인지 구하시오. (단, 분자는 자연수)

●정답 및 풀이 6쪽

유형 06 유한소수가 되도록 하는 미지수의 값 구하기 | 최다 빈출

16 ◦◦

분수 $\dfrac{14}{84} \times A$를 소수로 나타내면 유한소수가 될 때, 가장 작은 자연수 A의 값을 구하시오.

17 ◦◦

분수 $\dfrac{15}{2^2 \times x}$를 소수로 나타내면 유한소수가 될 때, 다음 중 자연수 x의 값이 될 수 <u>없는</u> 것은?

① 3
② 4
③ 5
④ 6
⑤ 7

18 ◦◦

두 분수 $\dfrac{7}{98}$과 $\dfrac{17}{36}$에 어떤 자연수 A를 각각 곱하여 모두 유한소수가 되도록 할 때, 다음 중 A의 값이 될 수 있는 것은?

① 7
② 9
③ 21
④ 63
⑤ 147

19 ◦◦◦

분수 $\dfrac{a}{75}$를 소수로 나타내면 유한소수가 되고, 기약분수로 나타내면 $\dfrac{7}{b}$이 된다. 자연수 a, b에 대하여 a의 최솟값과 그 때의 b의 값의 합을 구하시오.

유형 07 순환소수가 되도록 하는 미지수의 값 구하기

20 ◦◦

분수 $\dfrac{a}{240}$를 소수로 나타내면 순환소수가 될 때, 다음 중 자연수 a의 값이 될 수 있는 것을 모두 고르면? (정답 2개)

① 15
② 20
③ 30
④ 48
⑤ 56

21 ◦◦

분수 $\dfrac{14}{2^2 \times 5 \times a}$를 소수로 나타내면 순환소수가 될 때, a의 값이 될 수 있는 한 자리의 자연수 중 가장 큰 수를 구하시오.

22 ◦◦◦

분수 $\dfrac{3}{5a}$을 소수로 나타내었을 때, 순환소수가 되도록 하는 20 이하의 자연수 a는 모두 몇 개인지 구하시오.

유형 08 순환소수를 분수로 나타내기 (1)

23 ◦◦◦

순환소수 $x = 5.3\dot{1}\dot{7}$을 분수로 나타낼 때, 다음 중 이용할 수 있는 가장 편리한 식은?

① $10x - x$
② $100x - 10x$
③ $1000x - x$
④ $1000x - 10x$
⑤ $1000x - 100x$

24 ●●○○

다음은 순환소수 $0.\dot{3}\dot{2}$를 분수로 나타내는 과정이다. ☐ 안에 알맞은 수로 옳지 <u>않은</u> 것은?

> $x=0.\dot{3}\dot{2}$라 하면
>
> $x=0.323232\cdots$ ⋯⋯⋯ ㉠
>
> ㉠의 양변에 ☐①☐을 곱하면
>
> ☐②☐$x=32.323232\cdots$ ⋯⋯⋯ ㉡
>
> ㉡－㉠을 하면
>
> ☐③☐$x=$☐④☐ ∴ $x=$☐⑤☐

① 100　　② 100　　③ 99

④ 32　　⑤ $\dfrac{10}{33}$

25 ●●○○

다음 중 순환소수 $x=2.612612612\cdots$에 대한 설명으로 옳은 것은?

① 순환마디는 261이다.
② $2.\dot{6}\dot{1}$로 나타낸다.
③ 순환마디의 숫자는 4개이다.
④ $1000x-10x$를 이용하여 분수로 나타낼 수 있다.
⑤ 분수로 나타내면 $\dfrac{290}{111}$이다.

유형 09 순환소수를 분수로 나타내기 (2)

26 ●○○○

다음 중 순환소수를 분수로 나타낸 것으로 옳은 것은?

① $0.\dot{1}\dot{4}=\dfrac{13}{99}$　　② $0.0\dot{4}=\dfrac{4}{99}$

③ $0.3\dot{6}=\dfrac{4}{9}$　　④ $0.1\dot{0}\dot{5}=\dfrac{7}{60}$

⑤ $1.2\dot{1}\dot{5}=\dfrac{401}{330}$

27 ●●○○

순환소수 $0.1\dot{5}$에 어떤 자연수를 곱하여 유한소수가 되도록 할 때, 곱할 수 있는 가장 작은 자연수는?

① 3　　② 5　　③ 7

④ 9　　⑤ 11

28 ●●●○

어떤 기약분수를 소수로 나타내는데 채원이는 분모를 잘못 보아서 $0.4\dot{3}$으로 나타내었고, 예담이는 분자를 잘못 보아서 $0.1\dot{3}$으로 나타내었다. 처음 기약분수를 순환소수로 나타내시오.

유형 10 순환소수의 대소 관계

29 ●○○○

다음 중 가장 큰 수는?

① 3.21　　② $3.2\dot{1}$　　③ $3.\dot{2}\dot{1}$

④ $3.2\dot{1}\dot{0}$　　⑤ $3.\dot{2}1\dot{0}$

30 ●●○○

다음 중 두 수의 대소 관계가 옳은 것은?

① $0.\dot{5}>0.6$　　② $2.\dot{3}\dot{5}>2.3\dot{5}$

③ $3.\dot{8}<3.8$　　④ $0.\dot{1}0\dot{2}>0.1\dot{0}\dot{2}$

⑤ $0.\dot{7}<0.7\dot{1}$

31 ●●

$\dfrac{2}{3} < 0.\dot{x} < \dfrac{7}{8}$ 을 만족시키는 한 자리의 자연수 x의 값은?

① 5   ② 6   ③ 7
④ 8   ⑤ 9

유형 up 순환소수를 포함한 식의 계산

32 ●●

$0.\dot{2}1\dot{3} = 213 \times x$일 때, x의 값을 순환소수로 나타내면?

① $0.\dot{1}$ ② $0.\dot{0}\dot{1}$ ③ $0.00\dot{1}$
④ $0.0\dot{0}\dot{1}$ ⑤ $0.\dot{0}0\dot{1}$

33 ●●

$a = 0.\dot{5}$, $b = 0.1\dot{7}$일 때, $\dfrac{a-b}{a+b}$ 의 값을 순환소수로 나타내시오.

34 ●●●

자연수 a에 $0.\dot{8}$을 곱해야 할 것을 잘못하여 0.8을 곱했더니 바르게 계산한 결과보다 8만큼 작았다. 이때 a의 값을 구하시오.

New 35 ●●●

다음 방정식을 만족시키는 x의 값을 순환소수로 나타내시오.

$$0.\dot{3}x - 1.\dot{4} = 0.4\dot{3}$$

유형 12 유리수와 소수의 관계

36 ●●

다음 중 옳은 것을 모두 고르면? (정답 2개)

① 무한소수는 모두 순환소수이다.
② 순환소수는 모두 분수로 나타낼 수 있다.
③ $1.\dot{7}$을 기약분수로 나타내면 $\dfrac{17}{9}$이다.
④ $0.\dot{3}$과 $0.0\dot{3}$을 기약분수로 각각 나타낼 때, 그 분모는 서로 같다.
⑤ 기약분수 중에는 유한소수로 나타낼 수 없는 것도 있다.

실수 주의 37 ●●

다음 중 옳은 것은?

① 무한소수는 모두 유리수가 아니다.
② 유한소수 중에는 유리수가 아닌 것도 있다.
③ 무한소수는 모두 분수로 나타낼 수 있다.
④ 유리수 중에는 분수로 나타낼 수 없는 것도 있다.
⑤ 순환소수는 모두 유리수이다.

서술형

전국 1000여 개 학교 시험 문제를 분석하여 출제율 높은 서술형 문제만 선별했어요!

01

분수 $\dfrac{5}{7}$ 를 소수로 나타낼 때, 소수점 아래 14번째 자리의 숫자를 a, 소수점 아래 33번째 자리의 숫자를 b라 하자. 다음 물음에 답하시오. [6점]

(1) 분수 $\dfrac{5}{7}$ 를 순환소수로 나타내시오. [2점]

(2) a, b의 값을 각각 구하시오. [4점]

(1) **채점 기준 1** 분수를 순환소수로 나타내기 … 2점

$$\dfrac{5}{7}=5\div7=\underline{\hspace{3cm}}$$

(2) **채점 기준 2** a, b의 값을 각각 구하기 … 4점

순환마디는 _____ 이므로 순환마디의 숫자는 ___개이다.

$14=$___$\times2+$___이므로 소수점 아래 14번째 자리의 숫자는 ___이다.　∴ $a=$___

$33=$___$\times5+$___이므로 소수점 아래 33번째 자리의 숫자는 ___이다.　∴ $b=$___

01-1

숫자 바꾸기

분수 $\dfrac{17}{110}$ 을 소수로 나타낼 때, 소수점 아래 11번째 자리의 숫자를 a, 소수점 아래 26번째 자리의 숫자를 b라 하자. 다음 물음에 답하시오. [6점]

(1) 분수 $\dfrac{17}{110}$ 을 순환소수로 나타내시오. [2점]

(2) a, b의 값을 각각 구하시오. [4점]

(1) **채점 기준 1** 분수를 순환소수로 나타내기 … 2점

(2) **채점 기준 2** a, b의 값을 각각 구하기 … 4점

02

순환소수 $2.3\dot{5}$ 를 기약분수로 나타내려고 한다. 다음 물음에 답하시오. [6점]

(1) $x=2.3\dot{5}$ 라 할 때, $10x$와 $100x$의 값을 각각 구하시오. [2점]

(2) $100x-10x$를 이용하여 순환소수 $2.3\dot{5}$ 를 기약분수로 나타내시오. [4점]

(1) **채점 기준 1** $10x$와 $100x$의 값을 각각 구하기 … 2점

$x=2.3\dot{5}=2.3555\cdots$ 이므로

$$10x=\underline{\hspace{2.5cm}},\quad 100x=\underline{\hspace{2.5cm}}$$

(2) **채점 기준 2** $2.3\dot{5}$ 를 기약분수로 나타내기 … 4점

$$100x-10x=\underline{\hspace{2cm}}$$ 이므로

$90x=$_____　∴ $x=$_____

따라서 $2.3\dot{5}$ 를 기약분수로 나타내면 _____ 이다.

02-1

숫자 바꾸기

순환소수 $1.8\dot{4}\dot{5}$ 를 기약분수로 나타내려고 한다. 다음 물음에 답하시오. [6점]

(1) $x=1.8\dot{4}\dot{5}$ 라 할 때, $10x$와 $1000x$의 값을 각각 구하시오. [2점]

(2) $1000x-10x$를 이용하여 순환소수 $1.8\dot{4}\dot{5}$ 를 기약분수로 나타내시오. [4점]

(1) **채점 기준 1** $10x$와 $1000x$의 값을 각각 구하기 … 2점

(2) **채점 기준 2** $1.8\dot{4}\dot{5}$ 를 기약분수로 나타내기 … 4점

03

두 분수 $\dfrac{3}{8}$ 과 $\dfrac{2}{3}$ 사이에 있는 분모가 24인 분수 중에서 유한소수로 나타낼 수 없는 분수는 모두 몇 개인지 구하려고 한다. 다음 물음에 답하시오. (단, 분자는 자연수) [6점]

⑴ 유한소수로 나타낼 수 있는 분수를 모두 구하시오. [4점]

⑵ 유한소수로 나타낼 수 없는 분수는 모두 몇 개인지 구하시오. [2점]

04

분수 $\dfrac{8}{135} \times n$ 을 소수로 나타내면 유한소수가 된다. n이 두 자리의 자연수일 때, 모든 n의 값의 합을 구하시오. [6점]

05

분수 $\dfrac{a}{140}$ 를 소수로 나타내면 유한소수가 되고, 기약분수로 나타내면 $\dfrac{3}{b}$ 이 된다. 이를 만족시키는 가장 작은 자연수 a의 값과 그때의 b의 값을 각각 구하시오. [7점]

06

어떤 기약분수를 소수로 나타내는데 민형이는 분자를 잘못 보아서 $2.1\dot{4}$로 나타내었고, 재현이는 분모를 잘못 보아서 $0.8\dot{2}$로 나타내었다. 처음 기약분수를 순환소수로 나타내시오. [6점]

07

$0.3\dot{5} \times \dfrac{b}{a} = 1.\dot{3}$일 때, 서로소인 두 자연수 a, b에 대하여 $b - a$의 값을 구하시오. [7점]

08

어떤 자연수에 $0.2\dot{1}$을 곱해야 할 것을 잘못하여 $0.1\dot{2}$를 곱했더니 바르게 계산한 결과와 1.6의 차이가 생겼다. 이때 어떤 자연수를 구하시오. [7점]

01

다음 중 분수를 소수로 나타내었을 때, 순환마디가 나머지 넷과 다른 하나는? [3점]

① $\dfrac{7}{15}$　　② $\dfrac{2}{3}$　　③ $\dfrac{5}{12}$

④ $\dfrac{13}{6}$　　⑤ $\dfrac{16}{9}$

02

다음 중 순환소수의 표현이 옳은 것은? [3점]

① $0.0343434\cdots = 0.03\dot{4}\dot{3}$

② $-1.0888\cdots = -1.08\dot{8}$

③ $3.572572572\cdots = 3.5\dot{7}\dot{2}$

④ $0.416416416\cdots = 0.4\dot{1}\dot{6}$

⑤ $-2.01525252\cdots = -2.0\dot{1}5\dot{2}$

03

순환소수 $1.98\dot{4}62\dot{5}$의 소수점 아래 40번째 자리의 숫자는? [4점]

① 2　　② 4　　③ 5

④ 6　　⑤ 8

04

다음 분수 중 유한소수로 나타낼 수 <u>없는</u> 것은? [3점]

① $\dfrac{17}{32}$　　② $\dfrac{3}{45}$　　③ $\dfrac{9}{25}$

④ $\dfrac{18}{3 \times 5^2}$　　⑤ $\dfrac{21}{2^2 \times 3 \times 5}$

05

두 분수 $\dfrac{3}{5}$과 $\dfrac{5}{6}$ 사이에 있는 분모가 30인 분수 중에서 유한소수로 나타낼 수 있는 분수는 모두 몇 개인가?

(단, 분자는 자연수) [4점]

① 1개　　② 2개　　③ 3개

④ 4개　　⑤ 5개

06

분수 $\dfrac{7}{120} \times n$을 소수로 나타내면 유한소수가 될 때, 가장 작은 자연수 n의 값은? [4점]

① 2　　② 3　　③ 4

④ 5　　⑤ 6

07

두 분수 $\dfrac{18}{330}$과 $\dfrac{49}{252}$에 어떤 자연수 x를 각각 곱하면 모두 유한소수가 된다고 한다. 이때 가장 작은 자연수 x의 값은? [4점]

① 9   ② 21   ③ 33

④ 63   ⑤ 99

08

분수 $\dfrac{a}{175}$를 소수로 나타내면 유한소수가 되고, 기약분수로 나타내면 $\dfrac{1}{b}$이 된다. 자연수 a, b에 대하여 $a-b$의 값은? (단, $30 < a < 40$) [4점]

① 30   ② 32   ③ 34

④ 35   ⑤ 37

09

분수 $\dfrac{2}{a}$를 소수로 나타내면 순환소수가 될 때, 2보다 큰 한 자리의 자연수 a는 모두 몇 개인가? [4점]

① 2개   ② 3개   ③ 4개

④ 5개   ⑤ 6개

10

분수 $\dfrac{630}{5^2 \times n}$을 소수로 나타내면 순환소수가 될 때, 다음 중 자연수 n의 값이 될 수 있는 것은? [4점]

① 24   ② 27   ③ 28

④ 30   ⑤ 36

11

다음 중 순환소수 $x = 0.3323232\cdots$에 대한 설명으로 옳지 <u>않은</u> 것을 모두 고르면? (정답 2개) [4점]

① $0.3\dot{3}\dot{2}$로 나타낸다.

② 순환마디의 숫자는 2개이다.

③ 소수점 아래 10번째 자리의 숫자는 3이다.

④ $1000x - 100x$를 이용하여 분수로 나타낼 수 있다.

⑤ 분수로 나타내면 $\dfrac{329}{990}$이다.

12

다음 중 순환소수를 분수로 나타내는 과정으로 옳지 <u>않은</u> 것은? [3점]

① $0.\dot{1} = \dfrac{1}{9}$ ② $0.1\dot{8} = \dfrac{18-1}{90}$

③ $2.\dot{6}\dot{5} = \dfrac{265-2}{99}$ ④ $1.8\dot{4} = \dfrac{184-8}{90}$

⑤ $3.\dot{8}0\dot{2} = \dfrac{3802-3}{999}$

13

두 순환소수 $1.\dot{6}$과 $2.\dot{1}\dot{4}$를 분수로 나타낼 때, 그 역수를 각각 a, b라 하자. $\dfrac{a}{b}$의 값을 순환소수로 나타낼 때, 이 순환소수의 순환마디를 이루는 모든 수의 합은? [5점]

① 4   ② 6   ③ 8
④ 10   ⑤ 12

14

다음 중 두 수의 대소 관계가 옳지 <u>않은</u> 것은? [4점]

① $0.\dot{6} > 0.6$ ② $2.4\dot{3} < 2.\dot{4}$
③ $4.\dot{2} < 4.3$ ④ $0.\dot{3}1\dot{5} < 0.3\dot{1}\dot{5}$
⑤ $0.58 > 0.5\dot{8}$

15

$\dfrac{1}{45} \le 0..\dot{x} \le \dfrac{1}{3}$ 을 만족시키는 모든 한 자리의 자연수 x의 값의 합은? [4점]

① 5   ② 6   ③ 7
④ 9   ⑤ 15

16

$\dfrac{13}{6}$보다 $2.\dot{6}$만큼 큰 수를 순환소수로 나타내면? [5점]

① $4.3\dot{8}$ ② $4.\dot{3}\dot{8}$ ③ $4.8\dot{3}$
④ $4.\dot{8}\dot{3}$ ⑤ $5.8\dot{3}$

17

일차방정식 $0.3x + 0.\dot{2} = 0.\dot{3}$의 해는? [5점]

① $x = \dfrac{1}{3}$ ② $x = \dfrac{10}{27}$ ③ $x = \dfrac{11}{27}$
④ $x = \dfrac{4}{9}$ ⑤ $x = \dfrac{13}{27}$

18

다음 중 옳지 <u>않은</u> 것은? [3점]

① 모든 유한소수는 유리수이다.
② 모든 순환소수는 유리수이다.
③ 모든 무한소수는 유리수이다.
④ 모든 순환소수는 무한소수이다.
⑤ 정수가 아닌 유리수는 모두 유한소수 또는 순환소수로 나타낼 수 있다.

19

분수 $\dfrac{5}{13}$ 를 소수로 나타낼 때, 소수점 아래 52번째 자리의 숫자를 a, 소수점 아래 201번째 자리의 숫자를 b라 하자. 이때 $a+b$의 값을 구하시오. [6점]

20

분수 $\dfrac{12}{2^2 \times 5 \times a}$ 를 소수로 나타내었을 때, 유한소수가 되도록 하는 모든 한 자리의 자연수 a의 값의 합을 구하시오. [6점]

21

순환소수 $0.38\dot{1}$을 기약분수로 나타내시오. (단, 주어진 순환소수를 x로 놓고 10의 거듭제곱을 이용한다.) [4점]

22

$\dfrac{1}{2}\left(\dfrac{1}{100}+\dfrac{1}{10000}+\dfrac{1}{1000000}+\cdots\right)$을 계산하여 기약분수로 나타내면 $\dfrac{1}{a}$일 때, 자연수 a의 값을 구하시오. [7점]

23

한 자리의 자연수 a에 대하여 $0.5\dot{a}=\dfrac{a+11}{30}$일 때, a의 값을 구하시오. [7점]

01

다음 중 옳은 것은? [3점]

① $\frac{3}{5}$은 유리수가 아니다.

② $0.1\dot{6}$은 유한소수이다.

③ $-3.182182\cdots$는 무한소수이다.

④ $\frac{5}{6}$를 소수로 나타내면 유한소수이다.

⑤ $\frac{3}{32}$을 소수로 나타내면 무한소수이다.

02

분수 $\frac{5}{36}$를 소수로 나타낼 때, 순환마디는? [3점]

① 1   ② 8   ③ 38

④ 138   ⑤ 381

03

다음 중 순환소수의 표현이 옳지 <u>않은</u> 것은? [3점]

① $0.034777\cdots=0.034\dot{7}$

② $9.242424\cdots=9.\dot{2}\dot{4}$

③ $-3.090909\cdots=-3.\dot{0}\dot{9}$

④ $0.445445445\cdots=0.\dot{4}4\dot{5}$

⑤ $-5.43212121\cdots=-5.43\dot{2}\dot{1}$

04

분수 $\frac{5}{37}$를 소수로 나타낼 때, 소수점 아래 83번째 자리의 숫자는? [4점]

① 1   ② 3   ③ 5

④ 7   ⑤ 9

05

분수 $\frac{67}{495}$을 소수로 나타낼 때, 순환마디의 숫자의 개수를 a, 소수점 아래 99번째 자리의 숫자를 b라 하자. 이때 $a+b$의 값은? [4점]

① 5   ② 6   ③ 7

④ 8   ⑤ 9

06

다음 분수 중 유한소수로 나타낼 수 <u>없는</u> 것은? [3점]

① $\frac{17}{4}$ ② $\frac{27}{15}$ ③ $\frac{9}{16}$

④ $\frac{6}{2^2\times 7}$ ⑤ $\frac{18}{2\times 3\times 5}$

07

분수 $\dfrac{63}{10 \times a}$ 을 소수로 나타내면 유한소수가 될 때, 다음 중 자연수 a의 값이 될 수 <u>없는</u> 것은? [4점]

① 3　　　　　② 7　　　　　③ 9

④ 15　　　　⑤ 17

08

두 분수 $\dfrac{a}{66}$ 와 $\dfrac{a}{150}$ 를 소수로 나타내면 모두 유한소수가 될 때, 가장 작은 자연수 a의 값은? [4점]

① 9　　　　　② 11　　　　③ 21

④ 33　　　　⑤ 63

09

분수 $\dfrac{a}{360}$ 를 소수로 나타내면 순환소수가 될 때, 다음 중 자연수 a의 값이 될 수 <u>없는</u> 것은? [4점]

① 16　　　　② 18　　　　③ 20

④ 22　　　　⑤ 24

10

분수 $\dfrac{63}{175 \times n}$ 을 소수로 나타내었을 때, 순환소수가 되도록 하는 20 이하의 자연수 n은 모두 몇 개인가? [5점]

① 6개　　　　② 7개　　　　③ 8개

④ 9개　　　　⑤ 10개

11

순환소수 $x = 1.4\dot{5}\dot{9}$ 를 분수로 나타낼 때, 다음 중 이용할 수 있는 가장 편리한 식은? [3점]

① $100x - x$　　　　　② $100x - 10x$

③ $1000x - x$　　　　　④ $1000x - 10x$

⑤ $1000x - 100x$

12

다음 중 순환소수를 분수로 나타낸 것으로 옳지 <u>않은</u> 것은? [4점]

① $0.2\dot{1} = \dfrac{19}{90}$　　　　　② $0.1\dot{5} = \dfrac{7}{45}$

③ $0.\dot{6}0\dot{6} = \dfrac{101}{165}$　　　　④ $7.2\dot{3} = \dfrac{217}{30}$

⑤ $5.\dot{2}\dot{1} = \dfrac{172}{33}$

13

순환소수 $0.6\dot{3}$을 기약분수로 나타내면 $\frac{b}{a}$이다. 자연수 a, b에 대하여 $a+b$의 값은? [4점]

① 16 ② 18 ③ 20
④ 22 ⑤ 24

14

순환소수 $0.\dot{8}$의 역수를 a, 순환소수 $2.4\dot{1}$의 역수를 b라 할 때, $\frac{a}{b}$의 값은? [5점]

① $\frac{119}{44}$ ② $\frac{239}{88}$ ③ $\frac{30}{11}$

④ $\frac{241}{88}$ ⑤ $\frac{11}{4}$

15

다음 중 가장 큰 수는? [4점]

① 4.532 ② $4.5\dot{3}$ ③ $4.\dot{5}$
④ $4.5\dot{3}\dot{2}$ ⑤ $4.\dot{5}3\dot{2}$

16

$\frac{1}{4} < 0.\dot{x} < \frac{13}{18}$ 을 만족시키는 한 자리의 자연수 x의 값 중 가장 큰 수와 가장 작은 수의 합은? [4점]

① 8 ② 9 ③ 10
④ 11 ⑤ 12

17

다음 등식을 만족시키는 A의 값을 순환소수로 나타내면? [5점]

$$0.\dot{4} + A = 1.\dot{2} \times 0.6$$

① $0.1\dot{8}$ ② $0.\dot{1}\dot{8}$ ③ $0.2\dot{8}$
④ $0.\dot{2}\dot{8}$ ⑤ $2.\dot{8}$

18

다음 중 두 정수 p, $q\,(q \neq 0)$에 대하여 p를 q로 나누었을 때의 계산 결과가 될 수 없는 것은? [4점]

① 자연수 ② 정수
③ 유한소수 ④ 순환소수
⑤ 순환소수가 아닌 무한소수

19

분수 $\frac{4}{7}$ 를 소수로 나타낼 때, 소수점 아래 첫 번째 자리의 숫자부터 소수점 아래 46번째 자리의 숫자까지의 합을 구하시오. [7점]

20

두 분수 $\frac{14}{168}$ 와 $\frac{18}{132}$ 에 어떤 자연수 n을 각각 곱하면 모두 유한소수가 된다고 한다. 이때 가장 작은 자연수 n의 값을 구하시오. [6점]

21

순환소수 $1.\dot{4}$에 a를 곱한 결과가 자연수일 때, 두 자리의 자연수 a는 모두 몇 개인지 구하시오. [4점]

22

순환소수 $0.7\dot{3}$에 자연수 k를 곱하면 유한소수가 된다. k의 값 중 가장 큰 두 자리의 자연수를 M, 가장 작은 두 자리의 자연수를 m이라 할 때, $M-m$의 값을 구하시오. [6점]

23

어떤 기약분수를 순환소수로 나타내는데 도영이는 분모를 잘못 보아 $0.2\dot{3}\dot{7}$로 나타내었고, 윤오는 분자를 잘못 보아 $0.1\dot{2}\dot{7}$로 나타내었다. 처음 기약분수를 순환소수로 나타내시오. [7점]

01
`신사고 변형`

길이가 3 m인 철사를 잘라서 남는 부분 없이 모두 사용하여 정n각형을 만들려고 한다. 한 변의 길이를 유한소수로 나타낼 수 있는 정n각형은 모두 몇 개인지 구하시오. (단, n은 $3<n<20$인 자연수이고 한 변의 길이의 단위는 m이다.)

02
`동아 변형`

다음을 만족시키는 한 자리의 자연수 a의 값을 구하시오.

순환소수 $1.1\dot{a}$를 기약분수로 나타내면 $\dfrac{a+1}{6}$이다.

03
`비상 변형`

다음 그림은 각 음계에 숫자를 대응시켜 나타낸 것이다.

도 레 미 파 솔 라 시 도 레 미
0 1 2 3 4 5 6 7 8 9

순환소수 $0.4\dot{6}$의 소수점 아래의 숫자를 위 그림과 같이 음계에 대응시킨 다음, 오선지 위에 차례대로 나타내면

와 같을 때, 이와 같은 방법으로 분수 $\dfrac{13}{37}$을 오선지 위에 나타내시오.

04
`미래엔 변형`

두 자연수 x와 y가 다음 조건을 모두 만족시킬 때, $x-2y$의 값을 구하시오.

㈎ $x<100$

㈏ 분수 $\dfrac{x}{110}$를 소수로 나타내면 유한소수이다.

㈐ 분수 $\dfrac{x}{110}$를 기약분수로 나타내면 $\dfrac{7}{y}$이다.

05
`천재 변형`

아래 보기와 같이 정수 부분이 0이고, 원 모양에서 여러 점을 선택하여 순환마디를 이루는 순환소수가 있다. 원에 내접하는 다각형의 꼭짓점 중 가장 큰 숫자부터 화살표 방향대로 적혀진 숫자들이 순환마디를 이룬다고 할 때, 다음 그림에서 주어진 식을 계산하여 기약분수로 나타내시오.

보기
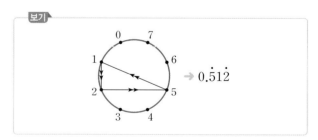
$\rightarrow 0.5\dot{1}\dot{2}$

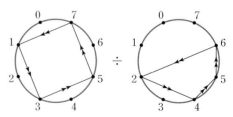

① 유리수와 순환소수

단항식의 계산

③ 다항식의 계산

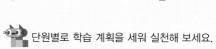
단원별로 학습 계획을 세워 실천해 보세요.

학습 날짜	월 일	월 일	월 일	월 일
학습 계획				
학습 실행도	0　　　　100	0　　　　100	0　　　　100	0　　　　100
자기 반성				

2 단항식의 계산

1 지수법칙

(1) 지수법칙 – 지수의 합

m, n이 자연수일 때

$$a^m \times a^n = a^{(1)}$$

참고 l, m, n이 자연수일 때, $a^l \times a^m \times a^n = a^{l+m+n}$

> 지수의 합
> $$a^2 \times a^3 = a^5$$

(2) 지수법칙 – 지수의 곱

m, n이 자연수일 때

$$(a^m)^n = a^{(2)}$$

참고 l, m, n이 자연수일 때, $\{(a^l)^m\}^n = a^{lmn}$

> 지수의 곱
> $$(a^2)^3 = a^6$$

(3) 지수법칙 – 지수의 차

$a \neq 0$이고, m, n이 자연수일 때

① $m > n$이면 $a^m \div a^n = a^{m-n}$

② $m = n$이면 $a^m \div a^n = \boxed{(3)}$

③ $m < n$이면 $a^m \div a^n = \dfrac{1}{a^{n-m}}$

참고 l, m, n이 자연수일 때, $a^l \div a^m \div a^n = a^{l-m-n}$ (단, $l > m+n$)

> 지수의 차   지수의 차
> $$a^6 \div a^2 = a^4 \qquad a^2 \div a^5 = \dfrac{1}{a^3}$$

(4) 지수법칙 – 지수의 분배

m이 자연수일 때

① $(ab)^m = a^m b^m$

② $\left(\dfrac{a}{b}\right)^m = \dfrac{a^m}{b^m}$ (단, $b \neq 0$)

> 지수의 분배   지수의 분배
> $$(ab)^2 = a^2 b^2 \qquad \left(\dfrac{a}{b}\right)^3 = \dfrac{a^3}{b^3}$$

2 단항식의 곱셈, 나눗셈

(1) 단항식의 곱셈

❶ 계수는 계수끼리, 문자는 문자끼리 곱하여 계산한다.

❷ 같은 문자끼리의 곱셈은 지수법칙을 이용하여 간단히 한다.

> 계수끼리의 곱
> $$(-3x^2 y) \times 5xy^3 = -15x^3 y^4$$
> 문자끼리의 곱

(2) 단항식의 나눗셈

방법 ❶ 분수 꼴로 바꾸어 계수는 계수끼리, 문자는 문자끼리 계산한다. $\Rightarrow A \div B = \boxed{(4)}$

방법 ❷ 나누는 식의 역수를 이용하여 나눗셈을 곱셈으로 바꾼 후 계수는 계수끼리, 문자는 문자끼리 계산한다. $\Rightarrow A \div B = A \times \boxed{(5)} = \dfrac{A}{B}$

3 단항식의 곱셈과 나눗셈의 혼합 계산

❶ 괄호가 있으면 지수법칙을 이용하여 괄호를 먼저 푼다.

❷ 나눗셈은 역수를 이용하여 곱셈으로 바꾸거나 분수 꼴로 바꾸어 계산한다.

❸ 계수는 계수끼리, 문자는 문자끼리 계산한다.

개념 check

1 다음 식을 간단히 하시오.

(1) $a^3 \times a^5$

(2) $x^2 \times x^3 \times x^4$

(3) $(x^3)^4$

(4) $\{(a^2)^5\}^3$

(5) $(a^3)^2 \times (a^5)^3$

2 다음 식을 간단히 하시오.

(1) $a^4 \div a^7$

(2) $x^8 \div x^2 \div x^3$

(3) $(a^3)^5 \div (a^5)^3$

(4) $(x^2 y^5)^2$

(5) $\left(-\dfrac{x^2}{y}\right)^3$

3 다음을 계산하시오.

(1) $3x^2 y^3 \times (-2xy^2)$

(2) $(-ab^2)^3 \times (2a^2 b)^2$

(3) $(2a^2 b)^3 \div 4a^3 b^2$

(4) $\left(\dfrac{2x^3}{y}\right)^2 \div \left(-\dfrac{x^4}{3y^5}\right)$

4 다음을 계산하시오.

(1) $9x^2 y \div 3x^2 y^3 \times 4x^3 y^4$

(2) $(-4xy^2) \times 3x^2 y \div 6x^2 y^3$

(3) $12a^3 b \times (2ab^2)^3 \div 6a^4 b^5$

(4) $8a^5 b^3 \div \dfrac{4}{5}ab^4 \times \left(-\dfrac{b}{a^2}\right)^2$

답 (1) $m+n$ (2) mn (3) 1 (4) $\dfrac{A}{B}$ (5) $\dfrac{1}{B}$

유형 01 지수법칙 - 지수의 합, 곱

01 ●●●

$2^2 \times 2^3 \times 2^a = 128$일 때, 자연수 a의 값은?

① 1   ② 2   ③ 3

④ 4   ⑤ 5

02 ●●●

다음 중 옳지 <u>않은</u> 것은?

① $(a^4)^6 = a^{24}$ ② $(x^7)^2 \times x = x^{15}$

③ $(a^3)^3 \times a^3 = a^9$ ④ $(x^2)^5 \times (x^4)^3 = x^{22}$

⑤ $(x^7)^2 \times (x^5)^3 = x^{29}$

03 ●●●

다음을 만족시키는 자연수 a, b에 대하여 $a+b$의 값은?

$$(3^a)^2 \times 3^4 = (3^2)^5, \quad 5^3 \times (5^4)^b = (5^2)^9 \times 5$$

① 4   ② 5   ③ 6

④ 7   ⑤ 8

04 ●●●
실수주의

$A = 2^{50}$, $B = 3^{30}$, $C = 5^{20}$일 때, 다음 중 A, B, C의 대소 관계로 옳은 것은?

① $A < B < C$ ② $A < C < B$

③ $B < C < A$ ④ $C < A < B$

⑤ $C < B < A$

유형 02 지수법칙 - 지수의 차

05 ●●●

다음 중 옳은 것은?

① $a^{12} \div a^6 = a^2$ ② $x^9 \div x^3 \div x^3 = 1$

③ $a^5 \div a^5 = 0$ ④ $(y^4)^2 \div (y^2)^3 = y^2$

⑤ $(x^3)^2 \div (x^2)^4 = x^2$

06 ●●●

$4^6 \div 2^{2x} = 4^3$일 때, 자연수 x의 값은?

① 2   ② 3   ③ 4

④ 5   ⑤ 6

07 ●●●

다음을 만족시키는 자연수 a, b에 대하여 $b-a$의 값을 구하시오.

$$8^a \div 32 = 2^4, \quad 81^b \div 9^3 = 3^{10}$$

유형 03 지수법칙 - 지수의 분배

08 ●●●

$(2x^a y^b)^c = 16x^8 y^{12}$일 때, 자연수 a, b, c에 대하여 $a-b+c$의 값을 구하시오.

09 ··

$\left(\dfrac{5x^a}{y^{4b}}\right)^3=\dfrac{cx^{12}}{y^{36}}$ 일 때, 자연수 $a,\ b,\ c$에 대하여 $a+b+c$의 값은?

① 128   ② 129   ③ 130

④ 131   ⑤ 132

10 ···

다음을 만족시키는 자연수 $a,\ b,\ c,\ d$에 대하여 $a+b-c+d$의 값을 구하시오. (단, $d>1$)

$$(x^a y^b z^c)^d=x^{15} y^{20} z^{10}$$

유형 04 지수법칙의 종합   최다 빈출

11 ·

다음 중 옳지 <u>않은</u> 것은?

① $x^6\times x^2=x^8$ ② $(x^4)^5=x^{20}$

③ $x^{14}\div x^7=x^2$ ④ $x^3\div x^9=\dfrac{1}{x^6}$

⑤ $\left(-\dfrac{a^4}{b^3}\right)^2=\dfrac{a^8}{b^6}$

12 ·

다음 중 계산 결과가 나머지 넷과 다른 하나는?

① $a^3\times a^2\times a^3$ ② $(a^2)^4$

③ $a^{12}\div a^4$ ④ $(a^5)^2\div a^2$

⑤ $(a^2)^2\times(a^3)^2$

13 ··

다음 중 $\square$ 안에 들어갈 수가 가장 작은 것은?

① $a^2\times a^{\square}=a^8$ ② $a^{\square}\div a^4=1$

③ $(a^{\square})^4=a^{20}$ ④ $(a^2 b^{\square})^3=a^6 b^{15}$

⑤ $\left(-\dfrac{b^{\square}}{a^5}\right)^2=\dfrac{b^{12}}{a^{10}}$

14 ··

$(x^5)^2\div(x^a)^3\times x^7=x^2$일 때, 자연수 a의 값은?

① 2   ② 3   ③ 4

④ 5   ⑤ 6

유형 05 지수법칙의 응용

15 ··

두께가 0.1 mm인 직사각형 모양의 종이를 가로, 세로로 번갈아 가며 반으로 접었다. 종이를 20번 접었을 때, 종이의 두께는?

① $\dfrac{2^{20}}{10}$ mm   ② $2\times\left(\dfrac{1}{10}\right)^{20}$ mm

③ $\dfrac{2^{19}}{10}$ mm   ④ $\dfrac{2^{10}}{10}$ mm

⑤ $\left(\dfrac{1}{5}\right)^{20}$ mm

16 ···

B(바이트), KB(킬로바이트), MB(메가바이트), GB(기가바이트)는 컴퓨터 기억 장치의 크기를 나타내는 단위이다. 이 단위들과 용량 사이의 관계가 다음과 같을 때, 1 GB는 몇 B인지 구하시오.

단위	1 KB	1 MB	1 GB
용량	2^{10} B	2^{10} KB	2^{10} MB

유형 06 같은 수의 덧셈식

17

$2^2+2^2+2^2+2^2=2^a$일 때, 자연수 a의 값은?

① 2   ② 4   ③ 6

④ 8   ⑤ 10

18

다음을 만족시키는 자연수 a, b, c에 대하여 $a-b+c$의 값을 구하시오.

$$3^3 \times 3^3 \times 3^3 = 3^a$$
$$3^3 + 3^3 + 3^3 = 3^b$$
$$\{(3^3)^3\}^3 = 3^c$$

19

다음을 간단히 하면?

$$\frac{2^5+2^5+2^5+2^5}{5^3+5^3+5^3} \times \frac{10^4+10^4+10^4}{4^5+4^5+4^5+4^5}$$

① $\dfrac{2}{5}$ ② $\dfrac{4}{5}$ ③ $\dfrac{5}{4}$

④ 2   ⑤ $\dfrac{5}{2}$

유형 07 문자를 사용하여 나타내기 - 지수에 미지수가 없는 경우

최다 빈출

20

$2^3=A$라 할 때, 16^3을 A를 사용하여 나타내면?

① $\dfrac{1}{A^4}$ ② $\dfrac{1}{A^2}$ ③ A^2

④ A^4 ⑤ A^8

21

$3^4=A$라 할 때, $27^8 \div 9^4$을 A를 사용하여 나타내면?

① A^2 ② $3A^2$ ③ A^4

④ $2A^4$ ⑤ $3A^4$

22

$2^4=a$, $3^2=b$라 할 때, 12^4을 a, b를 사용하여 나타내면?

① a^2b^2 ② a^2b^3 ③ a^3b^2

④ a^3b^3 ⑤ a^4b^2

23

$2^4=A$, $5^3=B$라 할 때, 20^6을 A, B를 사용하여 나타내면?

① A^2B^3 ② A^3B^2 ③ $2A^3B^2$

④ A^3B^3 ⑤ $5A^3B^3$

^{up} 유형 **08** 문자를 사용하여 나타내기 − 지수에 미지수가 있는 경우

24 ●●

$A=2^x$일 때, 8^{x+2}을 A를 사용하여 나타내면?

(단, x는 자연수)

① $16A^2$ ② $32A^2$ ③ $32A^3$

④ $64A^3$ ⑤ $64A^4$

25 ●●

$a=2^x$, $b=5^{x+1}$일 때, 10^x을 a, b를 사용하여 나타내면?

(단, x는 자연수)

① $\dfrac{1}{5}ab$ ② ab ③ $2ab$

④ a^2b ⑤ $5ab^2$

26 ●●●

$x=2^{a+1}$, $y=3^a$일 때, 6^{2a}을 x, y를 사용하여 나타내면?

(단, a는 자연수)

① $\dfrac{3}{4}xy$ ② $\dfrac{9}{16}xy^2$ ③ $\dfrac{9}{4}x^2y$

④ $\dfrac{1}{16}x^2y^2$ ⑤ $\dfrac{1}{4}x^2y^2$

27 ●●●

$A=3^x$, $B=5^{x-1}$일 때, $(1.8)^x$을 A, B를 사용하여 나타내면? (단, x는 2 이상의 자연수)

① $\dfrac{A}{5B}$ ② $\dfrac{A^2}{5B}$ ③ $\dfrac{5A}{B}$

④ $\dfrac{5A^2}{B}$ ⑤ $5A^2B$

유형 **09** 자릿수 구하기 최다 빈출

28 ●●

$2^{16} \times 5^{17}$이 n자리의 자연수일 때, n의 값은?

① 16 ② 17 ③ 18

④ 19 ⑤ 20

29 ●●

$2^7 \times 3^4 \times 5^5$이 n자리의 자연수일 때, n의 값을 구하시오.

30 ●●●

$\dfrac{2^9 \times 3^8 \times 5^{13}}{45^3}$은 몇 자리의 자연수인지 구하시오.

31 ●●●

$A=(2^6+2^6+2^6+2^6+2^6)(5^9+5^9+5^9+5^9)$일 때, A는 n자리의 자연수이고 각 자리의 숫자의 합은 k이다. 이때 $n+k$의 값은?

① 13 ② 14 ③ 15

④ 16 ⑤ 17

유형 10 단항식의 곱셈, 나눗셈

32 •◦◦

다음 중 옳지 <u>않은</u> 것은?

① $6a^3 \times 2a^2 = 12a^5$

② $(-2x^3y) \times 3xy^2 = -6x^4y^3$

③ $14x^3y^2 \times \dfrac{1}{7}xy^2 = 2x^4y^4$

④ $3x^2y \times (-2xy^2)^2 = -12x^4y^5$

⑤ $9a^3b^2 \times (-2ab^3) = -18a^4b^5$

33 ••◦

$(3x^2y)^3 \times \left(-\dfrac{2x^3}{3y^2}\right)^2$ 을 계산하시오.

34 ••◦

$(-2xy^2)^3 \div \dfrac{1}{2}xy^5 = ax^by^c$일 때, 상수 a, b, c에 대하여 $a+b+c$의 값은?

① -13 ② -8 ③ -4

④ 2 ⑤ 4

35 ••◦

$24x^Ay^6 \div (-2x^2y)^2 \div \dfrac{3}{2}xy = \dfrac{By^C}{x}$일 때, 자연수 A, B, C에 대하여 $A+B+C$의 값을 구하시오.

유형 11 단항식의 곱셈과 나눗셈의 혼합 계산 [최다 빈출]

36 ••◦

다음 중 옳은 것을 모두 고르면? (정답 2개)

① $(x^2y)^3 \times (-2xy) = -2x^7y^4$

② $3xy \times (-2xy^2)^2 = 12x^4y^5$

③ $64x^2y^3 \div 16xy^2 = 4xy$

④ $18x^2y^4 \div (-3x^2y)^2 = \dfrac{x^2}{2y^2}$

⑤ $\dfrac{4}{3}x^3y \times 9xy \div 2xy^2 = 6x^3y$

37 ••◦

다음 보기에서 옳은 것은 모두 몇 개인지 구하시오.

보기

ㄱ. $(-3x^3) \times 4x^4 \div 3x^2 = -4x^5$

ㄴ. $(-4x^2)^2 \div 2x^2 \times 3x = 24x^3$

ㄷ. $8x^2y \div 4xy \times 7x = 14x$

ㄹ. $-(xy^2)^2 \times x \div \left(\dfrac{1}{3}xy\right)^2 = -9xy^2$

38 ••◦

$(-3a^2b^3)^3 \div \dfrac{9}{4}a^4b^7 \times \left(\dfrac{1}{2}ab^2\right)^2$ 을 계산하시오.

39 •◦◦

$(2x^3y^a)^2 \times (2x^4y^2)^3 \div (2x^by^3)^4 = cx^2y^2$일 때, 자연수 a, b, c에 대하여 abc의 값은?

① 6 ② 8 ③ 16

④ 32 ⑤ 48

유형 12 단항식의 계산에서 ☐ 안의 식 구하기

40

$(2x^2y)^2 \times A \div (-4x^3y^2) = -\dfrac{1}{2}x^3y^2$을 만족시키는 단항식 A는?

① $\dfrac{1}{2}xy$ 　　② $2xy$ 　　③ $4xy$

④ $\dfrac{1}{2}x^2y^2$ 　　⑤ $2x^2y^2$

41

$(-6xy^2)^2 \div \boxed{} \times \dfrac{4}{3}xy = 8x^2y^3$일 때, ☐ 안에 알맞은 식을 구하시오.

42

다음을 모두 만족시키는 두 단항식 A, B에 대하여 $A \div B$ 를 계산하시오.

$$A \times \left(-\dfrac{1}{2}ab\right)^2 = a^5b^4$$

$$(6a^3b^2)^2 \div B = \dfrac{9}{2}a^2b^3$$

43

$8x^3y^5$에 어떤 단항식을 곱해야 할 것을 잘못하여 나누었더니 $4x^2y^3$이 되었다. 이때 바르게 계산한 식을 구하시오.

유형 13 도형에서의 활용

44

오른쪽 그림과 같은 직사각형의 넓이를 구하시오.

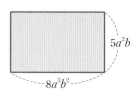

45

오른쪽 그림과 같이 밑면의 가로의 길이가 $\dfrac{4}{3}a^2$, 세로의 길이가 $6b$인 직육면체의 부피가 $20a^3b^2$일 때, 이 직육면체의 높이를 구하시오.

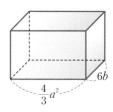

46

오른쪽 그림과 같이 밑면의 반지름의 길이가 $3a^2$인 원뿔의 부피가 $18\pi a^5b^2$ 일 때, 원뿔의 높이를 구하시오.

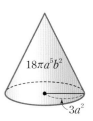

47

아래 그림의 삼각형과 직사각형의 넓이가 서로 같을 때, 다음 물음에 답하시오.

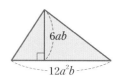

(1) 삼각형의 넓이를 구하시오.

(2) 직사각형의 세로의 길이를 구하시오.

01

$2^3 \times 2^3 \times 2^3 = 2^a$, $2^3 + 2^3 + 2^3 + 2^3 = 2^b$, $\{(2^3)^3\}^3 = 2^c$일 때, 자연수 a, b, c에 대하여 다음 물음에 답하시오. [7점]

(1) a의 값을 구하시오. [2점]

(2) b의 값을 구하시오. [2점]

(3) c의 값을 구하시오. [2점]

(4) $a+b+c$의 값을 구하시오. [1점]

(1) **채점 기준 1** a의 값 구하기 … 2점

$2^3 \times 2^3 \times 2^3 = 2^\square$ $\therefore a=$ _____

(2) **채점 기준 2** b의 값 구하기 … 2점

$2^3 + 2^3 + 2^3 + 2^3 = $ _____ $\times 2^3 = 2^\square \times 2^3 = 2^\square$

$\therefore b=$ _____

(3) **채점 기준 3** c의 값 구하기 … 2점

$\{(2^3)^3\}^3 = 2^\square$ $\therefore c=$ _____

(4) **채점 기준 4** $a+b+c$의 값 구하기 … 1점

$a+b+c=$ _____

01-1
숫자 바꾸기

$4^2 \times 4^2 \times 4^2 = 2^a$, $5^4 + 5^4 + 5^4 + 5^4 + 5^4 = 5^b$, $(27^2)^2 = 3^c$일 때, 자연수 a, b, c에 대하여 다음 물음에 답하시오. [7점]

(1) a의 값을 구하시오. [2점]

(2) b의 값을 구하시오. [2점]

(3) c의 값을 구하시오. [2점]

(4) $a+b-c$의 값을 구하시오. [1점]

(1) **채점 기준 1** a의 값 구하기 … 2점

(2) **채점 기준 2** b의 값 구하기 … 2점

(3) **채점 기준 3** c의 값 구하기 … 2점

(4) **채점 기준 4** $a+b-c$의 값 구하기 … 1점

02

$2^7 \times 5^9$을 $a \times 10^n$ 꼴로 나타내어 몇 자리의 자연수인지 구하려고 한다. 다음 물음에 답하시오. [6점]

(1) 자연수 a, n의 값을 각각 구하시오. (단, a는 두 자리의 자연수) [4점]

(2) $2^7 \times 5^9$은 몇 자리의 자연수인지 구하시오. [2점]

(1) **채점 기준 1** a, n의 값을 각각 구하기 … 4점

$2^7 \times 5^9 = 5^\square \times 2^7 \times 5^7 = $ _____ $\times 10^\square$

$\therefore a=$ _____, $n=$ _____

(2) **채점 기준 2** 몇 자리의 자연수인지 구하기 … 2점

$2^7 \times 5^9 = $ _____ $\times 10^\square$이므로

$2^7 \times 5^9$은 _____ 자리의 자연수이다.

02-1
조건 바꾸기

$6 \times 2^9 \times 5^{13}$은 n자리의 자연수이고 각 자리의 숫자의 합이 k일 때, 다음 물음에 답하시오. [7점]

(1) n의 값을 구하시오. [4점]

(2) k의 값을 구하시오. [3점]

(1) **채점 기준 1** n의 값 구하기 … 4점

(2) **채점 기준 2** k의 값 구하기 … 3점

03

$1 \times 2 \times 3 \times \cdots \times 50 = A \times 10^n$일 때, 자연수 n의 최댓값을 구하시오. (단, A는 자연수) [6점]

04

15분마다 그 수가 3배씩 증가하는 세균이 있다. 2마리의 세균이 6시간 뒤에 몇 마리가 되는지 지수법칙을 이용하여 구하시오. [7점]

05

오른쪽 그림과 같이 밑면의 가로의 길이가 16, 세로의 길이가 8, 높이가 2^{2x-1}인 직육면체가 있다. 다음 물음에 답하시오. [6점]

(1) 밑넓이를 2의 거듭제곱으로 나타내시오. [2점]

(2) 직육면체의 부피가 1024일 때, 자연수 x의 값을 구하시오. [4점]

06

$a = 7^{2x}$일 때, $\dfrac{7^{5x} - 7^{3x}}{7^x}$을 a를 사용하여 나타내시오.

(단, x는 자연수) [7점]

07

다음 그림에서 가로로 놓인 세 사각형 안의 식의 곱과 세로로 놓인 세 사각형 안의 식의 곱이 서로 같다. 이때 두 단항식 A, B에 대하여 $B \div A$를 계산하시오. [6점]

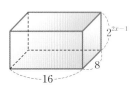

08

오른쪽 그림과 같이 부피가 $48\pi a^2 b \ \mathrm{cm}^3$인 원기둥의 밑면의 반지름의 길이가 $4a \ \mathrm{cm}$일 때, 이 원기둥의 높이를 구하시오. [6점]

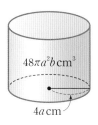

01

$2^3 \times 32 = 2^x$일 때, 자연수 x의 값은? [3점]

① 5   ② 6   ③ 7

④ 8   ⑤ 9

02

$16^3 \times (5^3)^a = 2^b \times 5^6$을 만족시키는 자연수 a, b에 대하여 $a+b$의 값은? [4점]

① 12   ② 13   ③ 14

④ 15   ⑤ 16

03

다음 중 옳지 <u>않은</u> 것은? [3점]

① $a^5 \div a^2 = a^3$ ② $a^5 \div a^{12} = \dfrac{1}{a^7}$

③ $a^7 \div a = a^6$ ④ $(a^3)^4 \div (a^2)^5 = a$

⑤ $a^{10} \div a^4 \div a^2 = a^4$

04

$5^{26} \div 5^{3x} \div 5^2 = 5^3$일 때, 자연수 x의 값은? [3점]

① 3   ② 4   ③ 5

④ 6   ⑤ 7

05

$108^4 = 2^a \times 3^b$을 만족시키는 자연수 a, b에 대하여 $b-a$의 값은? [4점]

① 2   ② 4   ③ 6

④ 8   ⑤ 10

06

한 모서리의 길이가 $m^4 n^2$인 정육면체의 부피는? [3점]

① $m^8 n^2$ ② $m^8 n^4$ ③ $m^{12} n^4$

④ $m^{12} n^6$ ⑤ $m^{12} n^8$

07

다음 보기에서 옳은 것을 모두 고른 것은? [4점]

> 보기
>
> ㄱ. $a^7 \times (a^3)^3 = a^{16}$ ㄴ. $\dfrac{(a^2)^3}{(a^4)^2} = \dfrac{1}{a^4}$
>
> ㄷ. $(a^2)^8 \div a^4 = a^6$ ㄹ. $a^{15} \div a^4 \div a^8 = a^3$
>
> ㅁ. $(a^2 b^3)^4 = a^8 b^{12}$ ㅂ. $\left(\dfrac{b^3}{a^6}\right)^2 = \dfrac{b^5}{a^8}$

① ㄱ, ㄴ, ㅂ   ② ㄱ, ㄷ, ㄹ   ③ ㄱ, ㄹ, ㅁ
④ ㄷ, ㄹ, ㅁ   ⑤ ㄷ, ㅁ, ㅂ

08

다음 중 □ 안에 들어갈 수가 나머지 넷과 다른 하나는? [4점]

① $x^5 \times x^{\square} = x^9$ ② $(-2)^{\square} = 16$
③ $(x^3)^{\square} = x^{12}$ ④ $(-3x^{\square})^4 = 81x^{16}$
⑤ $\left(\dfrac{y}{x^{\square}}\right)^2 = \dfrac{y^2}{x^6}$

09

$2^4 + 2^4 + 2^4 + 2^4 = 2^x$, $5^3 + 5^3 + 5^3 + 5^3 + 5^3 = 5^y$일 때, 자연수 x, y에 대하여 $x + 2y$의 값은? [4점]

① 8   ② 10   ③ 12
④ 14   ⑤ 16

10

$2^4 = A$라 할 때, 8^4을 A를 사용하여 나타내면? [4점]

① A^2 ② $3A^2$ ③ A^3
④ $3A^3$ ⑤ A^4

11

$a = 3^{x+1}$일 때, 9^{2x}을 a를 사용하여 나타내면?

(단, x는 자연수) [5점]

① $\dfrac{a^4}{81}$ ② $\dfrac{a^4}{9}$ ③ $\dfrac{a^4}{3}$
④ $9a^4$ ⑤ $81a^4$

12

$2^{12} \times 7 \times 5^8$은 몇 자리의 자연수인가? [4점]

① 10자리   ② 11자리   ③ 12자리
④ 13자리   ⑤ 14자리

13

$5ab^2 \times (2a^4 b)^3$을 계산하면? [3점]

① $10a^8 b^5$ ② $30a^8 b^6$ ③ $30a^{13} b^5$

④ $40a^{13} b^5$ ⑤ $40a^{13} b^6$

14

두 식 A, B가 다음과 같을 때, $A \div B$를 계산하면? [4점]

$$A = (-3x)^2 \times 5x^3 y^4$$
$$B = (3xy)^2 \div (-x^3 y^4)$$

① $-6x^5 y^6$ ② $-5x^6 y^6$ ③ $5x^6 y^5$

④ $6x^6 y^6$ ⑤ $9x^5 y^6$

15

$\left(-\dfrac{1}{12} a^5 b\right) \times (3ab^2)^2 \div \left(-\dfrac{1}{2} ab\right)^3$을 계산하면? [4점]

① $-12a^4 b^2$ ② $-6a^5 b$ ③ $3a^4 b^3$

④ $6a^4 b^2$ ⑤ $12a^5 b$

16

$Ax^5 y^2 \div 2x^B y^4 \times (-y^C)^4 = \left(\dfrac{3y}{x}\right)^2$일 때, 자연수 A, B, C에 대하여 $A+B-C$의 값은? [5점]

① 20 ② 22 ③ 24

④ 26 ⑤ 28

17

$(-6xy^2)^2 \div 6xy^2 \times \boxed{} = 8x^2 y^3$일 때, $\boxed{}$ 안에 알맞은 식은? [4점]

① $\dfrac{4}{3} xy$ ② $4xy$ ③ $8xy$

④ $\dfrac{4}{3} x^3 y^5$ ⑤ $8x^3 y^5$

18

다음 그림에서 정사각형의 넓이와 삼각형의 넓이가 서로 같을 때, 삼각형의 높이는? [5점]

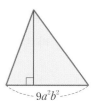

① $8a^4$ ② $8a^6$ ③ $8a^8$

④ $\dfrac{9}{2} a^6$ ⑤ $\dfrac{9}{2} a^3 b$

서술형

19

$(a^4)^2 \times (b^m)^8 \times (a^3)^n \times b^4 = a^{17}b^{20}$일 때, 자연수 m, n에 대하여 $m+n$의 값을 구하시오. [4점]

20

아이스 버킷 챌린지는 루게릭 병 환자를 돕기 위한 캠페인으로 한 참여자가 얼음물을 뒤집어쓰는 영상을 찍어 올린 후 다음 도전자 3명을 지정하여 이어 가는 방식이다. 3명의 도전자가 시작하여 도전자 1명당 하루에 3명씩 다음 도전자를 지정하였을 때, 8일 후에 새로 지정 받은 도전자는 5일 후에 새로 지정 받았던 도전자의 몇 배인지 구하시오. (단, 도전자는 서로 중복되지 않고, 모두 캠페인에 참여하였다.) [7점]

21

어떤 식에 $\dfrac{5}{2}x^2y$를 곱해야 할 것을 잘못하여 나누었더니 $-4xy$가 되었다. 바르게 계산한 식을 구하시오. [6점]

22

오른쪽 그림과 같이 밑면이 직사각형인 사각뿔이 있다. 이 사각뿔은 밑면의 가로의 길이가 $3ab$ cm, 높이가 $5a^2$ cm이고 부피가 $10a^4b^2$ cm^{3}일 때, 이 사각뿔의 밑면의 세로의 길이를 구하시오. [6점]

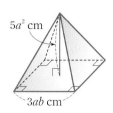

$5a^2$ cm

$3ab$ cm

23

다음 그림과 같이 모양이 다른 두 원기둥 A, B가 있다. 원기둥 A와 원기둥 B의 밑면의 반지름의 길이의 비는 1 : 3이고, 높이의 비는 4 : 3일 때, 원기둥 B의 부피는 원기둥 A의 부피의 몇 배인지 구하시오. [7점]

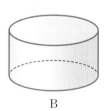

A   B

01

$3^3 \times 27 \times 9 = 3^n$일 때, 자연수 n의 값은? [3점]

① 5 　　　　② 6 　　　　③ 7

④ 8 　　　　⑤ 9

02

$81^{4n-7} = 3^{2n}$일 때, 1이 아닌 자연수 n의 값은? [4점]

① 2 　　　　② 3 　　　　③ 4

④ 5 　　　　⑤ 6

03

$64^a \div 4^b = 2^4$일 때, 자연수 a, b에 대하여 $3a - b$의 값은? [4점]

① 1 　　　　② 2 　　　　③ 3

④ 4 　　　　⑤ 5

04

$(3x^a)^b = 243x^{20}$일 때, 자연수 a, b에 대하여 $a + b$의 값은? [4점]

① 6 　　　　② 7 　　　　③ 8

④ 9 　　　　⑤ 10

05

$540^3 = 2^x \times 3^y \times 5^z$일 때, 자연수 x, y, z에 대하여 $x + y + z$의 값은? [4점]

① 16 　　　　② 17 　　　　③ 18

④ 19 　　　　⑤ 20

06

다음 중 계산 결과가 나머지 넷과 다른 하나는? [3점]

① $x^4 \times x^5$ 　　　　② $(x^3)^3$

③ $(-x^2)^4 \times x$ 　　　　④ $(x^5)^2 \div x$

⑤ $x^{15} \div x^8 \div x^2$

07

다음 보기에서 옳은 것은 모두 몇 개인가? [4점]

> 보기
> ㄱ. $(a^4 b^2)^4 = a^8 b^6$
> ㄴ. $(x^2)^7 \div x^3 = x^{11}$
> ㄷ. $\dfrac{(a^3)^2}{(a^4)^3} = \dfrac{1}{a^2}$
> ㄹ. $x^{16} \div (x^2)^2 \div x^2 = x^2$
> ㅁ. $\left(\dfrac{b^2}{a^5}\right)^2 = \dfrac{b^4}{a^{10}}$
> ㅂ. $x^5 \div (x^8 \div x^4) = x^3$

① 1개   ② 2개   ③ 3개

④ 4개   ⑤ 5개

08

다음 중 ☐ 안에 들어갈 수가 가장 큰 것은? [4점]

① $a^4 \times a^{\square} = a^{16}$ ② $a^{\square} \times a^7 = a^{15}$

③ $(a^3)^{\square} = a^{30}$ ④ $(\square a^4)^3 = 216a^{12}$

⑤ $\left(\dfrac{b}{a^{\square}}\right)^3 = \dfrac{b^3}{a^{27}}$

09

$\dfrac{2^6 + 2^6}{9^2 + 9^2 + 9^2} \times \dfrac{3^5 + 3^5 + 3^5}{8^2 + 8^2}$ 을 간단히 하면? [5점]

① 2   ② 3   ③ 4

④ 9   ⑤ 12

10

$2^3 = A$, $3^2 = B$라 할 때, 648을 A, B를 사용하여 나타내면? [4점]

① AB ② AB^2 ③ $A^2 B$

④ $A^2 B^2$ ⑤ $A^3 B^2$

11

$A = 2^x$, $B = 5^{x-1}$일 때, 10^{3x}을 A, B를 사용하여 나타내면? (단, x는 2 이상의 자연수) [5점]

① $\dfrac{1}{125} A^3 B^4$ ② $\dfrac{1}{25} A^3 B^3$ ③ $5A^3 B^2$

④ $25 A^3 B^4$ ⑤ $125 A^3 B^3$

12

$2^{16} \times 5^{12}$은 몇 자리의 자연수인가? [4점]

① 12자리   ② 13자리   ③ 14자리

④ 15자리   ⑤ 16자리

13

$4x^4y^2 \times (2x^4y)^3$을 계산하면? [3점]

① $12x^{12}y^6$ ② $12x^{16}y^5$ ③ $32x^{12}y^6$

④ $32x^{16}y^5$ ⑤ $48x^{12}y^6$

14

$(x^2y^3)^4 \div (2x^2y^5)^2 = ax^by^c$일 때, 상수 a, b, c에 대하여 abc의 값은? [3점]

① 2   ② 4   ③ 6

④ 8   ⑤ 10

15

세 식 $A = (4x)^2 \times 2x^3y^4$, $B = (x^2y)^2 \div 4x^3y$, $C = (-8xy^2)^2$에 대하여 $A \times B \div C$를 계산하면? [4점]

① $\dfrac{1}{32}x^2y$ ② $\dfrac{1}{16}x^3y^2$ ③ $\dfrac{1}{8}x^4y$

④ $\dfrac{1}{4}x^3y^2$ ⑤ $\dfrac{1}{2}x^4y$

16

$(-2x^2y)^3 \div \boxed{} \times 6x^2y^2 = 4x^3y^3$일 때, $\boxed{}$ 안에 알맞은 단항식은? [4점]

① $-12x^6y^3$ ② $-12x^5y^2$ ③ $-9x^5y^2$

④ $9x^6y^2$ ⑤ $12x^5y^2$

17

밑변의 길이가 $4x^3y^2$이고 높이가 $7xy^4$인 삼각형의 넓이는? [3점]

① $14x^3y^5$ ② $14x^4y^6$ ③ $14x^4y^8$

④ $28x^4y^6$ ⑤ $28x^4y^8$

18

다음 그림과 같이 직사각형과 정사각형 모양의 엽서가 있다. 직사각형 모양의 엽서의 넓이는 정사각형 모양의 엽서의 넓이의 몇 배인가? [5점]

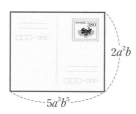

① $\dfrac{2}{5}a^2b^4$배   ② $\dfrac{2}{5}a^3b^4$배   ③ $2a^3b^4$배

④ $\dfrac{5}{2}a^2b^4$배   ⑤ $\dfrac{5}{2}a^3b^4$배

서술형

19

$(m^5)^2 \times (n^a)^2 \times (m^4)^b \times n^7 = m^{14}n^{17}$일 때, 자연수 a, b에 대하여 $a+b$의 값을 구하시오. [4점]

20

태양에서 어느 행성까지의 거리가 12.6×10^8 km일 때, 태양의 빛이 이 행성에 도달하는 데 몇 초가 걸리는지 구하시오. (단, 빛의 속력은 초속 3×10^5 km이다.) [7점]

21

어떤 식을 $7x^2y^5$으로 나누어야 할 것을 잘못하여 곱했더니 $4x^5y^8$이 되었다. 바르게 계산한 식을 구하시오.

[6점]

22

오른쪽 그림과 같이 밑면이 직각삼각형인 삼각기둥의 부피가 $42x^2y^3$일 때, 이 삼각기둥의 높이를 구하시오. [6점]

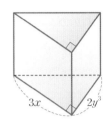

23

오른쪽 그림과 같이 가로의 길이가 ab^2, 세로의 길이가 $2a^2b^2$인 직사각형 ABCD가 있다. 이 직사각형을 $\overline{AB}$, $\overline{BC}$를 회전축으로 하여 1회전 시킬 때 생기는 두 회전체의 부피를 각각 V_1, V_2라 하자. 이때 $\dfrac{V_2}{V_1}$를 구하시오. [7점]

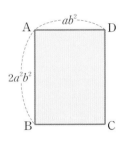

01 미래엔 변형

$1 \times 2 \times 3 \times \cdots \times 15 = 2^a \times b$에서 b가 홀수일 때, 자연수 a의 값을 구하시오.

02 신사고 변형

$(2^3 \times 2^3 \times 2^3 \times 2^3)(5^8 + 5^8 + 5^8)$은 몇 자리의 자연수인지 구하시오.

03 동아 변형

다음 그림에서 ☐ 안의 단항식은 바로 위의 색칠한 사각형의 양옆에 있는 ☐ 안의 단항식을 곱하여 간단히 한 것이다. 예를 들어 $A \times B = x^4 y^3$일 때, 단항식 A를 구하시오.

A		B		y^2
	$x^4 y^3$		C	
		$x^6 y^5$		

04 천재 변형

오른쪽 그림과 같이 밑면의 반지름의 길이가 r이고 높이가 h인 원뿔 모양의 컵에 물의 높이가 컵 높이의 $\frac{1}{3}$이 되도록 물을 담았다. 현재 수면의 반지름의 길이는 컵 윗면의 반지름의 길이의 $\frac{1}{3}$이라고 할 때, 이 컵에 물을 완전히 채우기 위해서 현재 들어 있는 물의 양의 몇 배를 더 넣어야 하는지 구하시오. (단, 컵의 두께는 생각하지 않는다.)

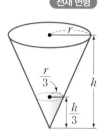

05 비상 변형

오른쪽 그림과 같이 직사각형 ABCD와 직사각형 ABCD에 내접하는 반원 O가 있다. 직선 AB를 회전축으로 하여 직사각형과 반원을 1회전 시킬 때 생기는 두 회전체의 부피를 각각 V_1, V_2라 하자. 이때 $\frac{V_1}{V_2}$을 구하시오.

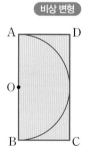

③ 다항식의 계산

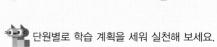
단원별로 학습 계획을 세워 실천해 보세요.

학습 날짜	월 일	월 일	월 일	월 일
학습 계획				
학습 실행도	0　　　　　100	0　　　　　100	0　　　　　100	0　　　　　100
자기 반성				

3 다항식의 계산

개념 check

1 다항식의 덧셈과 뺄셈

(1) 다항식의 덧셈과 뺄셈

$\boxed{\quad ① \quad}$ 을 이용하여 괄호를 풀고, 동류항끼리 모아서 계산한다.

이때 뺄셈은 빼는 식의 각 항의 부호를 바꾸어 더한다.

참고 (1) 괄호 앞에 $+$가 있으면 괄호 안의 부호를 그대로

$$\Rightarrow A+(B-C)=A+B-C$$

(2) 괄호 앞에 $-$가 있으면 괄호 안의 부호를 반대로

$$\Rightarrow A-(B-C)=A-B+C$$

예 $(2a+3b)+(a+2b)$ ⟩ 괄호를 푼다.
$=2a+3b+a+2b$ ⟩ 동류항끼리 모은다.
$=2a+a+3b+2b$ ⟩ 계산한다.
$=3a+5b$

$(2a+3b)-(a+2b)$ ⟩ 괄호를 푼다.
$=2a+3b-a-2b$ ⟩ 동류항끼리 모은다.
$=2a-a+3b-2b$ ⟩ 계산한다.
$=a+b$

(2) 이차식

다항식의 각 항의 차수 중 가장 큰 차수가 $\boxed{②}$ 인 다항식

예 $2x^2-x+1 \Rightarrow x$에 대한 이차식

$y^2+5 \Rightarrow y$에 대한 이차식

(3) 이차식의 덧셈과 뺄셈

분배법칙을 이용하여 괄호를 풀고, 동류항끼리 모아서 계산한다.

이때 차수가 높은 항부터 낮은 항의 순서로 정리한다.

예 $(2x^2-x+5)+(x^2-3x-2)$
$=2x^2-x+5+x^2-3x-2$
$=2x^2+x^2-x-3x+5-2$
$=3x^2-4x+3$

$(2x^2-x+5)-(x^2-3x-2)$
$=2x^2-x+5-x^2+3x+2$
$=2x^2-x^2-x+3x+5+2$
$=x^2+2x+7$

(4) 여러 가지 괄호가 있는 식의 계산

소괄호 ( ) ➡ 중괄호 { } ➡ 대괄호 [ ]의 순서로 괄호를 풀어서 계산한다.

예 $2x-[5y+\{3x-(x+2y)\}]=2x-\{5y+(3x-x-2y)\}$
$=2x-(5y+2x-2y)=2x-(2x+3y)$
$=2x-2x-3y=-3y$

2 단항식과 다항식의 곱셈

(1) (단항식)×(다항식), (다항식)×(단항식)의 계산

분배법칙을 이용하여 단항식을 다항식의 각 항에 곱하여

계산한다.

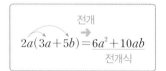

전개
$$2a(3a+5b)=6a^2+10ab$$
전개식

(2) 전개와 전개식

① $\boxed{\quad ③ \quad}$: 분배법칙을 이용하여 단항식과 다항식 또는 다항식과 단항식의 곱을 하나의 다항식으로 나타내는 것

② 전개식 : 전개하여 얻은 다항식

개념 check

1 다음 식을 계산하시오.

(1) $(a-2b+3)+(3a+6b)$

(2) $(2x-5y)+(4x-3y+2)$

(3) $(5a-b)-(a+2b-7)$

(4) $(8x-2y)-(2x-6y+1)$

2 다음 식을 계산하시오.

(1) $(x^2+x)+(4x^2-5x-9)$

(2) $(5x^2-2x+1)+(x^2+3x)$

(3) $(5x^2-4)-(2x^2-6x+3)$

(4) $(x^2-2x)-(3x^2+4x-3)$

3 다음 식을 계산하시오.

(1) $x-\{4x^2-x-(5x^2+1)\}$

(2) $2x+[6x-\{x-2y+(3x-5y)\}]$

4 다음 식을 계산하시오.

(1) $a(5a+2)$

(2) $xy(3x-2y)$

(3) $6x(-x+4y+2)$

(4) $(2a+5b-1)\times(-4b)$

답 (1) 분배법칙 (2) 2 (3) 전개

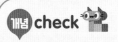

③ 다항식과 단항식의 나눗셈

방법① 분수 꼴로 바꾼 후 분자의 각 항을 분모로 나눈다.

$$\Rightarrow (A+B)\div C=\frac{A+B}{C}=\frac{A}{C}+\frac{B}{C}$$

방법② 나눗셈을 단항식의 역수의 곱셈으로 바꾸고 분배법칙을 이용하여 계산한다.

$$\Rightarrow (A+B)\div C=(A+B)\times\frac{1}{C}=\frac{A}{C}+\frac{B}{C}$$

예 $(10ab+6b)\div 2b$를 계산해 보자.

방법①

$$(10ab+6b)\div 2b$$

$\left.\rule{0pt}{20pt}\right\}$ 분수 꼴로 바꾼다.

$$=\frac{10ab+6b}{\boxed{(4)}}$$

$\left.\rule{0pt}{20pt}\right\}$ 분자의 각 항을 분모로 나눈다.

$$=\frac{10ab}{\boxed{(5)}}+\frac{6b}{\boxed{(6)}}$$

$\left.\rule{0pt}{15pt}\right\}$ 정리한다.

$$=5a+3$$

방법②

$$(10ab+6b)\div 2b$$

$\left.\rule{0pt}{20pt}\right\}$ 나눗셈을 단항식의 역수의 곱셈으로 바꾼다.

$$=(10ab+6b)\times\boxed{(7)}$$

$\left.\rule{0pt}{20pt}\right\}$ 분배법칙을 이용한다.

$$=10ab\times\frac{1}{\boxed{(8)}}+6b\times\frac{1}{\boxed{(9)}}$$

$\left.\rule{0pt}{15pt}\right\}$ 정리한다.

$$=5a+3$$

참고 나누는 식이 분수 꼴일 때는 **방법②**를 이용하는 것이 더 편리하다.

④ 단항식과 다항식의 혼합 계산

❶ 거듭제곱이 있으면 거듭제곱을 먼저 계산한다.

❷ 괄호는 소괄호 ( ) ➡ 중괄호 { } ➡ 대괄호 [ ]의 순서로 푼다.

❸ 분배법칙을 이용하여 곱셈, 나눗셈을 한다.

❹ 동류항끼리 덧셈, 뺄셈을 한다.

예 $2xy(x-3y)+(4x^4y-8x^3y^2)\div(2x)^2$

$$=2xy(x-3y)+(4x^4y-8x^3y^2)\div 4x^2$$

$$=2x^2y-6xy^2+x^2y-2xy^2$$

$$=3x^2y-8xy^2$$

⑤ 식의 값과 식의 대입

(1) **식의 값** : 주어진 식의 문자 대신 수를 대입하여 계산한 값

예 $a=2$, $b=-1$일 때, $(a^2-2ab)\div a$의 값을 구해 보자.

$$(a^2-2ab)\div a=\frac{a^2-2ab}{a}=a-2b$$
$$=2-2\times(-1)=2+2=4$$

(2) **식의 대입** : 주어진 식의 문자 대신 그 문자를 나타내는 다른 식을 대입하는 것

참고 식을 대입할 때는 반드시 괄호를 사용한다.

예 $a=b+1$일 때, $2a+b-2$를 b에 대한 식으로 나타내어 보자.

$$2a+b-2=2(b+1)+b-2=2b+2+b-2=3b$$

개념 check

5 다음 식을 계산하시오.

(1) $(8x^2-4xy)\div 2x$

(2) $(10x^2-20x)\div(-5x)$

(3) $(-9x^2y+12xy^2)\div 3xy$

(4) $(2a^2+5ab)\div\frac{1}{3}a$

6 다음 식을 계산하시오.

(1) $2a(ab-2a)\div\frac{1}{2}a^2$

(2) $(x^2+2xy)\div(-x)$
      $+(7x-2y)$

(3) $2a(a-4b)+5a(2a-b)$

(4) $4x(x-y)$
      $-(-12x^3+9x^2y)\div 3x$

7 $x=-1$, $y=1$일 때, 다음 식의 값을 구하시오.

(1) $4x+3y$

(2) $5x^2-x(2x-y)$

8 $x=2y-1$일 때, 다음 식을 y에 대한 식으로 나타내시오.

(1) $2x-3$

(2) $-x-y+1$

답 (4) $2b$　(5) $2b$　(6) $2b$　(7) $\frac{1}{2b}$　(8) $2b$　(9) $2b$

유형 01 다항식의 덧셈과 뺄셈

01.

다음 중 옳지 <u>않은</u> 것은?

① $(2x-3y)+(5x-4y)=7x-7y$

② $(-a+3b)-(2a-b)=-3a+4b$

③ $2(a-b)-(-a+3b)=a-5b$

④ $(4x+2y-3)+(3x+y+2)=7x+3y-1$

⑤ $(2x-y+2)-(3x-2y+4)=-x+y-2$

02.

$\dfrac{2x-y}{3}+\dfrac{x+y}{2}=ax+by$일 때, 상수 a, b에 대하여 $a+b$

의 값은?

① $-\dfrac{5}{6}$ ② $-\dfrac{2}{3}$ ③ 0

④ $\dfrac{7}{6}$ ⑤ $\dfrac{4}{3}$

03.

$2(3x^2-x+2)-3(x^2-2x+1)$을 계산하였을 때, x^2의 계수와 상수항의 합은?

① -2 ② -1 ③ 4

④ 6 ⑤ 9

04.

$(ax^2+x-2)-(x^2+bx-4)$를 계산하였을 때, x^2의 계수는 3, x의 계수는 4이다. 이때 상수 a, b에 대하여 $a-b$의 값은?

① 0 ② 1 ③ 3

④ 5 ⑤ 7

유형 02 여러 가지 괄호가 있는 식의 계산

05.

다음 식을 계산하시오.

$$5a-[2a-5b-\{3a-b-(4a-3b)\}]$$

06.

$3x+2y+[x+\{8y-(4x-y)+2x\}]=ax+by$일 때, 상수 a, b에 대하여 $a+b$의 값은?

① -5 ② -3 ③ 6

④ 11 ⑤ 13

07.

$2x^2-[4x-\{7x^2-(2x+3)-5x^2\}]$을 계산하였을 때, x^2의 계수와 x의 계수의 합은?

① -2 ② -1 ③ 3

④ 7 ⑤ 8

유형 03 어떤 다항식 구하기   최다 빈출

08.

$(3x-7y+3)+\boxed{}=2x+10y-1$일 때, $\boxed{}$ 안에 알맞은 식은?

① $-x-3y-4$ ② $-x-3y+4$

③ $-x+17y-4$ ④ $x-17y+4$

⑤ $x+17y-4$

09 ..

$5x-2y+3$에서 어떤 식을 뺐더니 $-3x+7y+5$가 되었다. 이때 어떤 식을 구하시오.

10 ..

$3a-\{7a-4b-(3a+2b-\boxed{})\}=3a+b$일 때, $\boxed{}$ 안에 알맞은 식은?

① $-4a-5b$ ② $-4a+5b$
③ $-a+b$ ④ $4a-5b$
⑤ $4a+5b$

11 ...

다음 표에서 가로, 세로, 대각선에 있는 세 다항식의 합이 모두 $9x^2-3x+3$이 되도록 할 때, 다항식 A를 구하시오.

	$7x^2+x+5$	
	$3x^2-x+1$	
$9x^2+2x+2$		A

유형 04 바르게 계산한 식 구하기   최다 빈출

12 ..

어떤 식에 $-x^2+4$를 더해야 할 것을 잘못하여 뺐더니 $4x^2-x+1$이 되었다. 이때 바르게 계산한 식은?

① x^2-2x+8 ② x^2-2x+9
③ $2x^2-2x+9$ ④ $2x^2-x+9$
⑤ $3x^2-x+5$

13 ..

어떤 식에서 $2x+5y-2$를 빼야 할 것을 잘못하여 더했더니 $5x-3y+4$가 되었다. 이때 바르게 계산한 식을 구하시오.

14 ..

$7x^2+x-5$에 어떤 식을 더해야 할 것을 잘못하여 뺐더니 $-x^2+4x$가 되었다. 이때 바르게 계산한 식을 구하시오.

유형 05 단항식과 다항식의 곱셈과 나눗셈

15 ..

다음 중 옳지 않은 것은?

① $2x(x-3)=2x^2-6x$
② $3xy(x^2-2y^2)=3x^3y-6xy^3$
③ $-5x(2xy-3y)=-10x^2y+15xy$
④ $(6x^2-4x)\div2x=3x-2$
⑤ $(-9x^3y^2+6xy^2)\div3xy=-3xy+2y$

실수 주의 16 ..

$-2x(x-y+3)$을 전개한 식에서 xy의 계수를 a, $4y(-2x+5y+7)$을 전개한 식에서 y^2의 계수를 b라 할 때, $b-a$의 값은?

① -20 ② -18 ③ 2
④ 18 ⑤ 20

17 ··

$(12x^2y - 8xy^2 - 4xy) \div \frac{2}{3}xy = ax + by + c$일 때, 상수 a, b, c에 대하여 $a + b + c$의 값을 구하시오.

18 ··

다항식 A에 $\frac{1}{4}ab$를 곱했더니 $-\frac{1}{4}a^2b - ab^2 + 3ab$가 되었다. 이때 다항식 A를 구하시오.

19 ··

어떤 식에 $3x$를 곱해야 할 것을 잘못하여 나누었더니 $2x + 4y - 1$이 되었다. 이때 바르게 계산한 식은?

① $6x^3 + 12x^2y - 3x^2$
② $9x^3 + 15x^2y - 6x^2$
③ $15x^3 + 36x^2y - 6x^2$
④ $18x^3 + 12x^2y - 9x^2$
⑤ $18x^3 + 36x^2y - 9x^2$

유형 06 단항식과 다항식의 혼합 계산 | 최다 빈출 |

20 ·

$-4x(x + 2) + (9x^2 - 12x) \div 3x$를 계산하였을 때, x의 계수는?

① -5 　　② -4 　　③ -3
④ -2 　　⑤ -1

21 ··

$(x^4 - 2x^3 + x^2) \div x^2 - (8x^3 + 2x^2 - 4x) \div 2x$를 계산하면?

① $-3x^2 - 3x - 3$
② $-3x^2 - 3x + 3$
③ $-3x^2 + 3x + 3$
④ $3x^2 - 3x + 3$
⑤ $3x^2 + 3x - 3$

22 ··

$(20xy - 5y^2) \div \frac{5}{3}y - \frac{6x^2 + 9xy}{3x}$를 계산하였을 때, x의 계수와 y의 계수의 합을 구하시오.

23 ··

$(x^3y^2 - 3x^2y^2) \div xy - (x - y)ay$를 계산한 식에서 xy의 계수가 -5일 때, y^2의 계수를 구하시오. (단, a는 상수)

24 ···

두 식 A, B가
$$A = 6a^2b(3ab - 2b) + (-3ab)^3 \div 9ab,$$
$$B = (8a^2b - 6ab^2) \div 2b - (2a^3b^2 - 3a^2b^3) \div \frac{1}{2}ab^2$$
일 때, $\frac{A}{B}$를 계산하시오.

유형 07 도형에서의 활용

25 ••

오른쪽 그림에서 색칠한 부분의 넓이는?

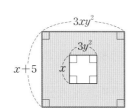

① $12xy$

② $3x^2y^2+6x^2y$

③ $3x^2y^2-5xy^2$

④ $3x^2y^2+12xy^2$

⑤ $12x^2y^2$

26 ••

오른쪽 그림과 같이 높이가 $6a^3b$인 직육면체의 부피가 $48a^4b^3-30a^3b^2$일 때, 이 직육면체의 밑넓이를 구하시오.

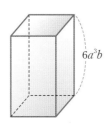

27 •••

오른쪽 그림과 같이 가로의 길이가 $6x$, 세로의 길이가 $4y$인 직사각형에서 색칠한 부분의 넓이를 구하시오.

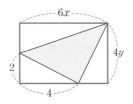

28 •••

오른쪽 그림과 같이 큰 직육면체 위에 작은 직육면체를 올려 만든 입체도형의 부피가 $28x^2y-7x$일 때, h를 x, y에 대한 식으로 나타내시오.

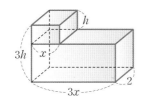

유형 08 식의 값과 식의 대입

29 ••

$x=5$, $y=-2$일 때, $2y(2x-y)+(12x^2+6xy^2)\div 3x$의 값은?

① -20 ② -10 ③ 0

④ 10 ⑤ 20

30 ••

$a=-2$, $b=\dfrac{1}{3}$일 때, $\dfrac{18a^2-6ab}{3a}-\dfrac{12ab+16b^2}{4b}$의 값은?

① -8 ② -6 ③ -4

④ -3 ⑤ -2

31 ••

$A=2x-y$, $B=3x+2y$일 때, 다음 식을 x, y에 대한 식으로 나타내면?

$$2(3A-B)-3(A-B)$$

① $-3x+3y$ ② $3x-2y$ ③ $3x+y$

④ $9x-y$ ⑤ $9x+5y$

32 •••

두 자리의 자연수 A의 십의 자리의 숫자는 $a+5$, 일의 자리의 숫자는 $5b$이다. $3a-5b=2$일 때, A를 a에 대한 식으로 나타내시오.

01

어떤 식에 $-3x+4$를 더해야 할 것을 잘못하여 뺐더니 x^2-5x+6이 되었다. 다음 물음에 답하시오. [6점]

(1) 어떤 식을 구하시오. [4점]

(2) 바르게 계산한 식을 구하시오. [2점]

(1) **채점 기준 1** 잘못 계산한 식 세우기 ⋯ 1점

어떤 식을 A라 하면

$A\boxed{}(-3x+4)=x^2-5x+6$

채점 기준 2 어떤 식 구하기 ⋯ 3점

$A=x^2-5x+6\boxed{}(-3x+4)$

$=\underline{}$

(2) **채점 기준 3** 바르게 계산한 식 구하기 ⋯ 2점

바르게 계산한 식은

$(\underline{})+(-3x+4)=\underline{}$

01-1

조건 바꾸기

어떤 식에서 $2x+4y-5$를 빼야 할 것을 잘못하여 더했더니 $-7x+5y+1$이 되었다. 다음 물음에 답하시오. [6점]

(1) 어떤 식을 구하시오. [4점]

(2) 바르게 계산한 식을 구하시오. [2점]

(1) **채점 기준 1** 잘못 계산한 식 세우기 ⋯ 1점

　

채점 기준 2 어떤 식 구하기 ⋯ 3점

(2) **채점 기준 3** 바르게 계산한 식 구하기 ⋯ 2점

02

$A=(x-2y)-3(2x+3y)$, $B=\dfrac{2x-4y}{3}-\dfrac{5x-y}{2}$ 일 때, 다음 물음에 답하시오. [6점]

(1) $-A+6B$를 x, y에 대한 식으로 나타내시오. [4점]

(2) (1)의 식의 x의 계수를 a, y의 계수를 b라 할 때, a^2-b의 값을 구하시오. [2점]

(1) **채점 기준 1** A, B를 각각 간단히 하기 ⋯ 2점

$A=(x-2y)-3(2x+3y)=\underline{}$

$B=\dfrac{2x-4y}{3}-\dfrac{5x-y}{2}=\underline{}$

채점 기준 2 $-A+6B$를 x, y에 대한 식으로 나타내기 ⋯ 2점

$-A+6B=-(\underline{})+6(\underline{})$

$=\underline{}$

(2) **채점 기준 3** a^2-b의 값 구하기 ⋯ 2점

$a=\underline{}$, $b=\underline{}$이므로

$a^2-b=\underline{}$

02-1

숫자 바꾸기

$A=-5(x-2y+1)+4\left(\dfrac{1}{2}x-\dfrac{7}{4}y+1\right)$,

$B=\dfrac{x-6}{3}-\dfrac{3y-10}{5}$ 일 때, 다음 물음에 답하시오. [6점]

(1) $A+15B$를 x, y에 대한 식으로 나타내시오. [4점]

(2) (1)의 식의 x의 계수를 a, y의 계수를 b, 상수항을 c라 할 때, a^2+b-c의 값을 구하시오. [2점]

(1) **채점 기준 1** A, B를 각각 간단히 하기 ⋯ 2점

　

채점 기준 2 $A+15B$를 x, y에 대한 식으로 나타내기 ⋯ 2점

(2) **채점 기준 3** a^2+b-c의 값 구하기 ⋯ 2점

03

$\dfrac{3x-y}{2}-\dfrac{4x+3y}{5}=ax+by$일 때, 상수 a, b에 대하여 $\dfrac{a}{b}$의 값을 구하시오. [6점]

04

다음 식을 계산하면 Ax^2+Bx+C일 때, 상수 A, B, C에 대하여 $A+B-C$의 값을 구하시오. [6점]

$$2x^2-[-4x+2-\{3x^2-2x-(x^2+3x-1)\}]$$

05

다음 ☐ 안에 알맞은 식을 구하시오. [6점]

$$a-\{-3a+b-(2b+\boxed{})\}=7a-4b$$

06

어떤 식에 $-3ab$를 곱해야 할 것을 잘못하여 나누었더니 $-a+3b-2$가 되었다. 바르게 계산한 식을 구하시오. [6점]

07

밑면의 가로의 길이가 $5ab$, 세로의 길이가 a인 직육면체의 부피가 $10a^2b^2+5a^2b$이다. 다음 물음에 답하시오. [7점]

(1) 직육면체의 높이를 구하시오. [4점]

(2) 직육면체의 겉넓이를 구하시오. [3점]

08

$x=\dfrac{15}{2}$, $y=3$일 때, $x-\{2y+(9y^2-5xy)\div 3y\}$의 값을 구하려고 한다. 다음 물음에 답하시오. [6점]

(1) 주어진 식을 간단히 하시오. [4점]

(2) (1)의 결과에 $x=\dfrac{15}{2}$, $y=3$을 대입하여 주어진 식의 값을 구하시오. [2점]

01

다음 중 옳은 것은? [3점]

① $(3a+2b)+(7a-b)=10a+3b$

② $(2x-4y)-(-x+6y)=x-10y$

③ $(2x+y-2)-(2x-3y+2)=x+4y$

④ $(9a+3b-1)+2(3a-b+3)=15a+b+5$

⑤ $2(5x-3y-1)-(-3x+2y-1)=7x-8y-1$

02

$(ax^2+5x+6)+(4x^2+b)=3x^2+cx+3$일 때, 상수 a, b, c에 대하여 $a+b+c$의 값은? [3점]

① $\dfrac{1}{2}$　　　② 1　　　③ $\dfrac{3}{2}$

④ 2　　　⑤ $\dfrac{5}{2}$

03

$\dfrac{2x-5y}{3}-\dfrac{7x-3y}{4}=ax+by$일 때, 상수 a, b에 대하여 $\dfrac{b}{a}$의 값은? [4점]

① -2　　　② $-\dfrac{13}{11}$　　　③ $\dfrac{11}{13}$

④ $\dfrac{13}{11}$　　　⑤ 2

04

$5x-[2x-3y-\{x-2y+(-3x+4y)\}]$를 계산하면? [4점]

① $x-5y$　　　② $x+y$　　　③ $x+5y$

④ $9x-y$　　　⑤ $9x+5y$

05

$3x^2-[\{x-2x^2-(5x+1)\}-4x+7]$을 계산하였을 때, x^2의 계수와 x의 계수의 합은? [4점]

① -1　　　② 3　　　③ 5

④ 8　　　⑤ 13

06

$\boxed{}-(8a+3b-2)=-6a-6b$일 때, $\boxed{}$ 안에 알맞은 식은? [3점]

① $-14a-9b-2$　　　② $-14a-3b+2$

③ $2a-3b-2$　　　④ $2a-3b+2$

⑤ $2a+3b-2$

07

다음 그림과 같은 전개도를 이용하여 직육면체를 만들었을 때, 평행한 두 면에 있는 두 다항식의 합이 모두 같다고 한다. 이때 다항식 A는? [4점]

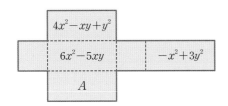

① $-x^2-4xy-2y^2$ ② $-x^2-4xy+2y^2$
③ $-x^2+4xy+2y^2$ ④ $x^2-4xy-2y^2$
⑤ $x^2-4xy+2y^2$

08

어떤 식에 $x^2-3xy+4y^2$을 더해야 할 것을 잘못하여 뺐더니 $5x^2-7xy+2y^2$이 되었다. 이때 바르게 계산한 식은? [4점]

① $-7x^2-13xy-10y^2$ ② $-7x^2+13xy-10y^2$
③ $7x^2-13xy+10y^2$ ④ $7x^2+13xy-10y^2$
⑤ $7x^2+13xy+10y^2$

09

다음 중 옳은 것은? [3점]

① $-4a(a-5b)=-4a^2-20ab$
② $3a(2a-4b-5)=6a^2-12ab-15$
③ $(-15x^2+9xy)\div 3x=-5x^2+3y$
④ $(8x^2-12xy)\div(-4x)=-2x+3y$
⑤ $(5a^2+10ab)\div \dfrac{5}{2}a=2a+4ab$

10

다항식 A에 $\dfrac{1}{2}xy$를 곱했더니 $2xy^2-4xy$가 되었다. 이때 다항식 A는? [4점]

① $4x-8$ ② $4x+8$ ③ $4y-8$
④ $4y+8$ ⑤ $4x+4y$

11

다항식 A를 $\dfrac{1}{4}a^2$으로 나누었더니 $-2a^2-3a+1$이 되었다. 이때 다항식 A의 a^2의 계수는? [4점]

① $-\dfrac{3}{4}$ ② $-\dfrac{1}{2}$ ③ $\dfrac{1}{4}$
④ $\dfrac{1}{2}$ ⑤ $\dfrac{3}{4}$

12

다음 식을 계산하였을 때, 모든 계수들의 합은? [4점]

$$-2x(4x-9y)+(2x^2y-8xy)\div \frac{2}{3}x$$

① -3 ② -1 ③ 0
④ 1 ⑤ 3

13

$\square \times (-2x) \times y \div \dfrac{1}{4} = 24x^2y - 8xy^2 + 16xy$일 때,

$\square$ 안에 알맞은 식은? [4점]

① $-3x-y-2$ ② $-3x+y-2$

③ $-3x+y+2$ ④ $3x-y+2$

⑤ $3x+y+2$

14

오른쪽 그림과 같이 밑면의 반지름의 길이가 $3a$인 원기둥의 부피가 $36\pi a^3 b - 27\pi a^2$일 때, 이 원기둥의 높이는? [5점]

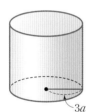

① $4ab-3b$ ② $4ab-3$

③ $12ab-9b$ ④ $12ab-9$

⑤ $12ab-3$

15

오른쪽 그림의 직사각형 ABCD에서 두 점 E, F는 각각 $\overline{\text{AB}}$, $\overline{\text{BC}}$ 위의 점이고 $\overline{\text{AD}}=4x$, $\overline{\text{BE}}=2$, $\overline{\text{BF}}=4$, $\overline{\text{CD}}=3y$일 때, 색칠한 부분의 넓이는? [5점]

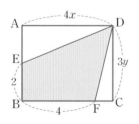

① $3x+4y$ ② $3x+6y$

③ $4x+3y$ ④ $4x+4y$

⑤ $4x+6y$

16

$x=-2$, $y=3$일 때, $(3x-4y+5)-(x-3y+4)$의 값은? [3점]

① -6 ② -3 ③ 0

④ 3 ⑤ 6

17

$a=7$, $b=-\dfrac{3}{7}$일 때,

$(-2ab+4b^2) \div \left(-\dfrac{2}{5}b\right) - (12a^2b - 9ab^2) \div 3ab$의

값은? [5점]

① 7 ② 8 ③ 9

④ 10 ⑤ 11

18

$y=3x-2$일 때, $4x-[3x+2\{y-(4x+3y)\}]$를 x에 대한 식으로 나타내면? [4점]

① $15x-8$ ② $15x-16$

③ $21x-8$ ④ $21x-16$

⑤ $27x-8$

서술형

19

어떤 식에서 $\dfrac{1}{2}a - \dfrac{4}{3}b + \dfrac{1}{7}$ 을 빼야 할 것을 잘못하여 더했더니 $3a - 2b + \dfrac{2}{7}$ 가 되었다. 이때 바르게 계산한 식을 구하시오. [4점]

20

다음 그림과 같이 두 가지 색으로 칠해진 직사각형 모양의 종이가 있다. 주황색 부분의 넓이는 $9x^2y^2 - 4xy^2$, 초록색 부분의 넓이는 $3x^2y + 10xy^2$이고 직사각형 모양의 종이의 세로의 길이가 $3xy$일 때, 직사각형 모양의 종이의 가로의 길이를 구하시오. [6점]

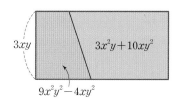

21

부피가 같은 두 원기둥 A, B가 있다. 원기둥 A의 밑면의 반지름의 길이는 $2xy$이고, 높이는 $27x - 9y$이다. 원기둥 B의 밑면의 반지름의 길이가 $3xy$일 때, 원기둥 B의 높이를 구하시오. [7점]

22

$A = 2(3x - y) - 3(4x - 2y)$, $B = \dfrac{3x - y}{2} - \dfrac{2x + y}{3}$

일 때, $2A + 6B$를 x, y에 대한 식으로 나타내시오. [6점]

23

$24^5 = 2^a \times 3^b$을 만족시키는 두 자연수 a, b에 대하여 다음 식의 값을 구하시오. [7점]

$$(-2a^3)^2 \times 3b^3 \div 2a^5b^3 - (6a^2 - 3ab) \div \dfrac{3}{2}a$$

01

$3(x+y)-2(y-x)+2y+1$을 계산하면? [3점]

① $x-3y+1$　　　　② $x+3y+1$

③ $5x-3y+1$　　　④ $5x+3y+1$

⑤ $5x+5y+1$

02

$(10x^2-4x-5)-(2x^2+x-8)=ax^2+bx+c$일 때, 상수 a, b, c에 대하여 $a-b+c$의 값은? [3점]

① 6　　　　② 8　　　　③ 10

④ 13　　　⑤ 16

03

$4(a-3b)-[5a-\{2b-(a-4b)\}]$를 계산하면? [3점]

① $-2a-18b$　　　② $-2a-6b$

③ $-2a+6b$　　　④ $2a-6b$

⑤ $2a+10b$

04

$5x^2-[x-2\{3x+2(2x-x^2)-7\}]$을 계산하였을 때, x^2의 계수와 x의 계수의 차는? [4점]

① 0　　　　② 3　　　　③ 6

④ 9　　　　⑤ 12

05

다항식 $2x^2+3x-5$의 3배에서 다항식 A를 뺐더니 $2x^2-4x+9$가 되었다. 이때 다항식 A는? [3점]

① $2x^2-13x-24$　　　② $2x^2+13x-12$

③ $4x^2-13x+12$　　　④ $4x^2+13x-24$

⑤ $4x^2+13x+12$

06

$\dfrac{1}{2}x-3y+\dfrac{7}{2}$에 다항식 A를 더하면 $2x+2y+2$이고,

$4x-y+\dfrac{11}{3}$에서 다항식 B를 빼면 $\dfrac{13}{2}x-\dfrac{2}{3}y-\dfrac{1}{3}$이

다. 이때 $2A+6B$를 계산하면? [4점]

① $-12x-8y+21$　　　② $-12x+8y-21$

③ $-12x+8y+21$　　　④ $12x-8y-21$

⑤ $12x+8y-21$

07

어떤 식에서 $2x-4xy+8y$를 **빼야** 할 것을 잘못하여 더했더니 $5x-7xy+3y$가 되었다. 이때 바르게 계산한 식은? [4점]

① $-x-xy-13y$ ② $-x-xy+13y$

③ $x-xy+13y$ ④ $x+xy-13y$

⑤ $x+xy+13y$

08

다음 중 옳지 <u>않은</u> 것은? [3점]

① $-6a(4a-3b)=-24a^2+18ab$

② $(2a-5b+3)\times(-2a)=-4a^2+10ab-6a$

③ $(15x^2-27xy)\div 3x=5x-9y$

④ $(6xy^2-2x^2)\div\dfrac{1}{5}x=30y^2-10x^2$

⑤ $(8x^2y-6xy^2+4xy)\div 2xy=4x-3y+2$

09

어떤 식을 $-\dfrac{1}{3}xy$로 나누어야 할 것을 잘못하여 곱했더니 $-3x^3y^2+\dfrac{1}{9}x^2y^2$이 되었다. 이때 바르게 계산한 식은?

[4점]

① $-27x-9$ ② $-27x-1$ ③ $-27x+1$

④ $27x-1$ ⑤ $27x+9$

10

다음 식을 계산하면 $Ax^2+Bxy+Cx$이다. 이때 상수 A, B, C에 대하여 $4A+B+C$의 값은? [4점]

$$3x(6x-4y)\div 2-(8x^2+4x^2y)\div\dfrac{2}{5}x$$

① -2 ② -1 ③ 0

④ 1 ⑤ 2

11

$-3a\times b\div\dfrac{1}{3}\times\boxed{}=3a^2b+9ab^2-15ab$일 때, $\boxed{}$ 안에 알맞은 식의 상수항은? [4점]

① -2 ② $-\dfrac{5}{3}$ ③ -1

④ 1 ⑤ $\dfrac{5}{3}$

12

$(12x^2y-6x^2y^2)\div axy-x(x-2y)$를 계산하였을 때, xy의 계수가 0이었다. 이때 x의 계수는?

(단, a는 상수) [4점]

① 1 ② 2 ③ 3

④ 4 ⑤ 5

13

윗변의 길이가 $x+y-3$, 아랫변의 길이가 $5x-3y+1$, 높이가 xy인 사다리꼴의 넓이는? [4점]

① $3x^2y - xy^2 - xy$ ② $3x^2y + xy^2 + xy$

③ $3x^2y + 2xy^2 - xy$ ④ $6x^2y - 2xy^2 - 2xy$

⑤ $6x^2y + 2xy^2 - 2xy$

14

다음 그림과 같이 큰 직사각형을 4개의 직사각형으로 나누었다. 이때 색칠한 부분의 넓이는? [5점]

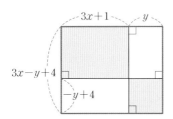

① $9x^2 + x - 3y^2 + 4y$ ② $9x^2 + 3x - 4y^2 + y$

③ $9x^2 + 3x - y^2 - 4y$ ④ $9x^2 + 3x - y^2 + 4y$

⑤ $9x^2 + 3x + y^2 + 4y$

15

오른쪽 그림과 같이 큰 직육면체와 작은 직육면체가 한 면을 맞대고 붙어 있다. 큰 직육면체의 부피가 $15b^2 + 10ab$, 작은 직육면체의 부피가 $16a^2 - 8ab$일 때, 전체 밑면의 가로의 길이인 l을 a, b에 대한 식으로 나타내면? [5점]

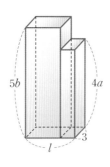

① $\frac{1}{3}a + \frac{1}{2}b$ ② $\frac{1}{2}a + \frac{1}{3}b$ ③ $a + \frac{1}{3}b$

④ $2a + \frac{1}{6}b$ ⑤ $2a + \frac{1}{3}b$

16

$a=-1$, $b=2$일 때, 다음 식의 값은? [4점]

$$\frac{a^3b - 4a^2b^2}{ab} - \frac{5a^2b + 2ab^2}{b}$$

① -8 ② -4 ③ 0

④ 4 ⑤ 8

17

$A=-3x^2+5x$, $B=4x+7$, $C=5x^2-5$일 때, $A-\{3C-2(B+2A)\}$를 x에 대한 식으로 나타내면?

[4점]

① $-30x^2 - 33x$ ② $-30x^2 + 33x - 29$

③ $-30x^2 + 33x$ ④ $-30x^2 + 33x + 29$

⑤ $-30x^2 + 39x$

18

$\frac{y-3}{2} = -x$일 때, $-2x + 5\{3y - (2x + 5y)\} + y$를 x에 대한 식으로 나타내면? [5점]

① $6x - 27$ ② $6x - 6$ ③ $6x + 27$

④ $27x - 6$ ⑤ $27x + 6$

19

다음 그림에서 두 다항식 A, B에 대하여 $A-B$를 계산하시오. [6점]

$3x+y-1$	$-x+4y$	A
$x-6y$	$2x-3y-5$	$3x-9y-5$
$2x+7y-1$	B	

20

다항식 A에 $\dfrac{2}{3}ab^2$을 곱해야 할 것을 잘못하여 나누었더니 $9ab-18a^2b$가 되었다. 이때 다항식 A를 구하시오. [4점]

21

부피가 서로 같은 원기둥 A와 원뿔 B가 있다. 원기둥 A의 밑면의 반지름의 길이는 $3ab$이고, 높이는 $\dfrac{1}{3}ab+\dfrac{1}{9}a$이다. 원뿔 B의 밑면의 반지름의 길이가 원기둥 A의 밑면의 반지름의 길이의 $\dfrac{1}{3}$일 때, 원뿔 B의 높이를 구하시오. [7점]

22

$a=\dfrac{1}{3}$, $b=-\dfrac{3}{2}$일 때, 다음 식의 값을 구하시오. [6점]

$$\frac{7}{3}(3a-6ab)+(5a^2b-10a^2b^2)\div\frac{5}{2}ab$$

23

아래 조건을 모두 만족시키는 두 단항식 A, B에 대하여 다음 물음에 답하시오. [7점]

⑺ B는 x에 대한 일차식이다.

⑻ $\dfrac{A-5x^3}{x^2}=7x^4+B$

(1) $\dfrac{A}{B}$를 x에 대한 식으로 나타내시오. [5점]

(2) $x=-1$일 때, $A-2B$의 값을 구하시오. [2점]

01 [동아 변형]

가영이는 다음과 같이 이차식이 적혀 있는 4장의 카드 중에서 2장을 뽑아 한 카드에 적혀 있는 이차식에서 다른 한 카드에 적혀 있는 이차식을 뺐더니 $6x^2-9x+2$가 되었다. 가영이가 뽑은 2장의 카드에 적혀 있는 이차식을 구하시오.

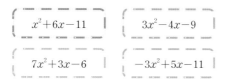

$x^2+6x-11$　　$3x^2-4x-9$

$7x^2+3x-6$　　$-3x^2+5x-11$

02 [미래엔 변형]

다음 그림에서 색칠한 부분의 넓이를 a, b에 대한 식으로 나타내시오.

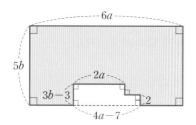

03 [천재 변형]

어느 극장의 티켓 가격은 다음과 같다.

구분	성인	청소년	어린이
가격(원)	a	b	$\dfrac{a}{2}$

지난 한 달 동안의 입장객 수가 다음 표와 같을 때, 한 달 동안 1인당 입장료의 평균을 a, b에 대한 식으로 나타내시오.

구분	성인	청소년	어린이
입장객 수(명)	$2n$	n	$3n$

04 [지학사 변형]

오른쪽 그림과 같이 직사각형을 반으로 자르기를 반복하여 5개의 직사각형으로 분할하였더니 가장 작은 직사각형의 가로의 길이가 a, 세로의 길이가 b였다. 분할한 4종류의 직사각형 중 2종류의 직사각형을 붙여서 다음 그림과 같은 도형을 만들었을 때, 이 도형의 둘레의 길이를 구하시오.

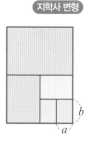

05 [천재 변형]

오른쪽 그림은 직사각형 1개와 합동인 직각삼각형 4개를 이용하여 만든 삼각형 모양의 도형이다. 다음 물음에 답하시오.

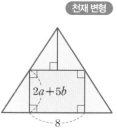

(1) 직각삼각형 1개의 넓이 A와 직사각형의 넓이 B를 a, b에 대한 식으로 각각 나타내시오.

(2) 전체 도형의 넓이 S를 a, b에 대한 식으로 나타내시오.

1 일차부등식

단원별로 학습 계획을 세워 실천해 보세요.

학습 날짜	월 일	월 일	월 일	월 일
학습 계획				
학습 실행도	0 100	0 100	0 100	0 100
자기 반성				

일차부등식

① 부등식과 그 해

(1) (①) : 부등호($>$, $<$, $\geq$, $\leq$)를 사용하여 수 또는 식의 대소 관계를 나타낸 식

예 $5 > -1$, $x < 2$, $a - 1 \geq 3$, $b + 2 \leq 2b - 4$

(2) **부등식의 표현**

$a > b$	$a < b$	$a \geq b$	$a \leq b$
• a는 b보다 크다. • a는 b 초과이다.	• a는 b보다 작다. • a는 b 미만이다.	• a는 b보다 크거나 같다. • a는 b보다 작지 않다. • a는 b 이상이다.	• a는 b보다 작거나 같다. • a는 b보다 크지 않다. • a는 b 이하이다.

(3) **부등식의 해** : 부등식이 참이 되게 하는 미지수의 값

① 좌변과 우변의 값의 대소 관계가 부등호의 방향과 ┌ 일치할 때 ➡ 참
└ 일치하지 않을 때 ➡ 거짓

② 부등식을 푼다 : 부등식의 해를 모두 구하는 것

② 부등식의 성질

(1) 부등식의 양변에 같은 수를 더하거나 양변에서 같은 수를 빼어도 부등호의 방향은 바뀌지 않는다. ➡ $a < b$이면 $a + c < b + c$, $a - c < b - c$

(2) 부등식의 양변에 같은 양수를 곱하거나 양변을 같은 양수로 나누어도 부등호의 방향은 바뀌지 않는다. ➡ $a < b$, $c > 0$이면 $ac < bc$, $\dfrac{a}{c} < \dfrac{b}{c}$

(3) 부등식의 양변에 같은 음수를 곱하거나 양변을 같은 음수로 나누면 부등호의 방향이 바뀐다.

➡ $a < b$, $c < 0$이면 $ac > bc$, $\dfrac{a}{c} > \dfrac{b}{c}$

참고 위의 부등식의 성질은 $>$, $\geq$, $\leq$인 경우에도 미찬기지로 성립한다.

③ 일차부등식과 그 해

(1) (②) : 부등식의 모든 항을 좌변으로 이항하여 정리하였을 때

(일차식)> 0, (일차식)< 0, (일차식)≥ 0, (일차식)≤ 0

중 어느 하나의 꼴로 나타나는 부등식

(2) **일차부등식의 해**

부등식의 성질을 이용하여 $x >$ (수), $x <$ (수), $x \geq$ (수), $x \leq$ (수) 중 어느 하나의 꼴로 고쳐서 해를 구한다.

(3) **부등식의 해를 수직선 위에 나타내기**

① $x > a$　　② $x < a$　　③ $x \geq a$　　④ $x \leq a$

참고 수직선에서 '●'에 대응하는 수는 부등식의 해에 포함되고, '○'에 대응하는 수는 부등식의 해에 포함되지 않는다.

개념 check

1 다음 문장을 부등식으로 나타내시오.

(1) 어떤 수 x에서 4를 뺀 수는 3보다 작거나 같다.

(2) 한 송이에 x원인 장미꽃 10송이의 가격은 9500원 미만이다.

(3) 자전거를 타고 분속 x m로 20분 동안 간 거리는 2 km 이상이다.

(4) 한 개의 무게가 500 g인 똑같은 장난감 x개를 무게가 200 g인 상자에 담았더니 그 무게가 3 kg보다 무거웠다.

2 x의 값이 0, 1, 2일 때, 다음 부등식을 푸시오.

(1) $2x \geq 1$

(2) $x + 3 > 4$

(3) $5x - 3 < 3x$

(4) $8 - 3x \leq x + 2$

3 $a < b$일 때, 다음 ☐ 안에 알맞은 부등호를 써넣으시오.

(1) $a + 3$ ☐ $b + 3$

(2) $a - 1$ ☐ $b - 1$

(3) $-4a$ ☐ $-4b$

(4) $\dfrac{a}{7}$ ☐ $\dfrac{b}{7}$

4 다음 중 일차부등식인 것에는 ○표, 일차부등식이 아닌 것에는 ×표를 하시오.

(1) $3 + x < 4$　　　　(　　)

(2) $2x + 5 \geq 2x$　　　(　　)

(3) $x^2 + 3 > -1$　　　(　　)

(4) $x - 4 \leq 3x + 1$　　(　　)

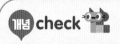

4 일차부등식의 풀이

(1) 일차부등식의 풀이

❶ 미지수 x를 포함한 항은 좌변으로, 상수항은 우변으로 이항한다.

❷ 양변을 정리하여 $ax>b$, $ax<b$, $ax\geq b$, $ax\leq b\,(a\neq 0)$ 꼴로 고친다.

❸ 양변을 x의 계수 a로 나눈다. 이때 a가 음수이면 부등호의 방향이 ☐③.

(2) 복잡한 일차부등식의 풀이

① 괄호가 있는 경우 : 분배법칙을 이용하여 괄호를 푼 후 동류항끼리 정리하여 푼다.

② 계수가 분수인 경우 : 양변에 분모의 최소공배수를 곱하여 계수를 정수로 고쳐서 푼다.

③ 계수가 소수인 경우 : 양변에 10의 거듭제곱을 곱하여 계수를 정수로 고쳐서 푼다.

주의 부등식의 양변에 분모의 최소공배수를 곱하거나 10의 거듭제곱을 곱할 때는 계수가 정수인 항에도 반드시 곱해야 한다.

5 일차부등식의 활용

(1) 일차부등식의 활용 문제 풀이 순서

❶ 미지수 정하기 : 문제의 뜻을 파악하고, 구하려는 값을 미지수 x로 놓는다.

❷ 부등식 세우기 : x를 이용하여 주어진 조건에 맞는 부등식을 세운다.

❸ 부등식 풀기 : 부등식을 풀어 x의 값의 범위를 구한다.

❹ 확인하기 : 구한 해가 문제의 뜻에 맞는지 확인한다.

주의 사람 수, 물건의 개수, 횟수 등을 미지수로 놓았을 때는 구한 해 중에서 자연수만을 답으로 해야 한다.

미지수 정하기
↓
부등식 세우기
↓
부등식 풀기
↓
확인하기

(2) 여러 가지 일차부등식의 활용

① 연속하는 수에 대한 문제

(ⅰ) 연속하는 세 정수 : x, $x+1$, $x+2$ 또는 $x-1$, ☐④, $x+1$로 놓는다.

(ⅱ) 연속하는 세 짝수(홀수) : x, $x+2$, $x+4$ 또는 $x-2$, x, $x+2$로 놓는다.

② 거리, 속력, 시간에 대한 문제

$$(거리)=(속력)\times(시간),\quad (속력)=\frac{(거리)}{(시간)},\quad (시간)=\frac{(\boxed{⑤})}{(속력)}$$

참고 ① 도중에 속력이 바뀌는 경우

$$\left(\begin{array}{c}시속\ a\,\mathrm{km}로\\ 갈\ 때\ 걸린\ 시간\end{array}\right)+\left(\begin{array}{c}시속\ b\,\mathrm{km}로\\ 갈\ 때\ 걸린\ 시간\end{array}\right)=(전체\ 걸린\ 시간)$$

② 왕복하는 경우

(왕복하는 데 걸린 시간)＝(갈 때 걸린 시간)＋(중간에 소요된 시간)＋(올 때 걸린 시간)

③ 농도에 대한 문제

$$(소금물의\ 농도)=\frac{(소금의\ 양)}{(소금물의\ 양)}\times 100\,(\%)$$

$$(\boxed{⑥}의\ 양)=\frac{(소금물의\ 농도)}{100}\times(소금물의\ 양)$$

답 (3) 바뀐다 (4) x (5) 거리 (6) 소금

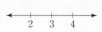

5 다음 일차부등식을 풀고, 그 해를 수직선 위에 나타내시오.

(1) $x+1>4$

<---|---|---|--->
　2　3　4

(2) $-5x>15$

<---|---|---|--->
　-4　-3　-2

(3) $x+6\geq 2x$

<---|---|---|--->
　5　6　7

(4) $8x-3\geq 3x+7$

<---|---|---|--->
　1　2　3

6 다음 일차부등식을 푸시오.

(1) $-2x>3(x+5)$

(2) $3(2x+3)\leq -2(x+4)+1$

(3) $-\dfrac{x}{4}+\dfrac{1}{2}\geq -\dfrac{x}{6}$

(4) $-0.3(x+3)<-1.2$

7 한 번에 $2000\,\mathrm{kg}$까지 운반할 수 있는 트럭이 있다. 이 트럭에 몸무게가 $65\,\mathrm{kg}$인 사람 4명이 1개에 $120\,\mathrm{kg}$인 짐을 여러 개 실어 운반하려고 할 때, 한 번에 운반할 수 있는 짐은 최대 몇 개인지 구하시오. (단, 4명 모두 트럭에 탑승한다.)

8 민주는 $20\,\mathrm{km}$ 코스의 마라톤 대회에 참가하였다. 처음에는 시속 $8\,\mathrm{km}$로 뛰다가 도중에 시속 $6\,\mathrm{km}$로 뛰어서 3시간 이내에 완주하였다. 민주가 시속 $8\,\mathrm{km}$로 뛴 거리는 최소 몇 km인지 구하시오.

유형 01 부등식

01.

다음 중 부등식이 <u>아닌</u> 것은?

① $4-1<10$　　　　② $x-3>0$

③ $0\leq8x+2$　　　　④ $10-2x\geq x+5$

⑤ $-3x-7=0$

02.

다음 보기에서 부등식인 것은 모두 몇 개인가?

보기

ㄱ. $0>-2$　　　　　　ㄴ. $5x+4=2x$

ㄷ. $x+2-3x$　　　　ㄹ. $3\times5+1=16$

ㅁ. $2-4x<2x-1$　　ㅂ. $7(x+1)-4x$

① 1개　　　　② 2개　　　　③ 3개

④ 4개　　　　⑤ 5개

유형 02 부등식으로 나타내기

03.

다음 중 문장을 부등식으로 나타낸 것으로 옳지 <u>않은</u> 것은?

① 어떤 수 x의 2배에 3을 더한 수는 15 이하이다.
　→ $2x+3\leq15$

② 어떤 수 x를 3으로 나누고 6을 뺀 수는 12보다 작다.
　→ $\dfrac{x}{3}-6<12$

③ 2000원짜리 공책 한 권과 x원짜리 연필 한 자루를 사면 3000원을 초과한다. → $2000+x>3000$

④ 한 변의 길이가 x cm인 정삼각형의 둘레의 길이는 40 cm보다 길지 않다. → $3x<40$

⑤ 시속 8 km로 x시간 동안 뛰어간 거리는 10 km 미만이다. → $8x<10$

New

04.

다음 중 부등식 $3x+2>20$으로 나타내어지는 상황을 바르게 말한 학생을 고르시오.

성규 : 어떤 수 x를 3배한 수를 2에 더하면 20이다.

기현 : x kg인 물건의 무게의 3배에 2 kg을 더하면 20 kg이 넘는다.

윤주 : 농구 경기에서 3점짜리 슛을 x개, 2점짜리 슛을 1개 넣으면 전체 득점은 20점 이상이다.

유형 03 부등식의 해

05.

다음 보기에서 $x=2$가 해가 되는 부등식을 모두 고르시오.

보기

ㄱ. $3x-1<4$　　　　ㄴ. $-x+3\leq1$

ㄷ. $2x+1\geq3x$　　　ㄹ. $\dfrac{x+1}{2}<2$

06.

다음 중 [ ] 안의 수가 주어진 부등식의 해가 <u>아닌</u> 것은?

① $x-4\leq0$　[3]　　　② $-x-1\leq1$　[-3]

③ $3x<x+5$　[2]　　　④ $-2(x-1)<5$　[-1]

⑤ $\dfrac{x-2}{2}+1<3$　[1]

07.

x의 값이 -2, -1, 0, 1일 때, 부등식 $2x+7\leq5$를 참이 되게 하는 모든 x의 값의 합을 구하시오.

●정답 및 풀이 38쪽

08.

$a < b$일 때, 다음 중 옳지 않은 것은?

① $a-4 < b-4$

② $2a+6 < 2b+6$

③ $-\dfrac{a}{2}+3 > -\dfrac{b}{2}+3$

④ $3-3a < 3-3b$

⑤ $-(a-1) > 1-b$

09.

$-2a+3 < -2b+3$일 때, 다음 중 옳은 것은?

① $a+10 < b+10$

② $-a+1 < -b+1$

③ $3a-2 < 3b-2$

④ $\dfrac{a}{3}-5 < \dfrac{b}{3}-5$

⑤ $1-\dfrac{a}{2} > 1-\dfrac{b}{2}$

10.

다음 중 ☐ 안에 들어갈 부등호의 방향이 나머지 넷과 다른 하나는?

① $a-8 < b-8$이면 $a\,\square\,b$이다.

② $5-3a > 5-3b$이면 $a\,\square\,b$이다.

③ $\dfrac{3}{7}a+1 < \dfrac{3}{7}b+1$이면 $a\,\square\,b$이다.

④ $-2a+3 < -2b+3$이면 $a\,\square\,b$이다.

⑤ $-a-6 > -b-6$이면 $a\,\square\,b$이다.

11.

다음 수직선 위의 세 수 a, b, c에 대하여 보기에서 옳은 것을 모두 고르시오.

보기

ㄱ. $ab < c$

ㄴ. $-a < -c$

ㄷ. $a+c > b+c$

ㄹ. $ac+b > bc+b$

ㅁ. $a^2+b > a^2+c$

ㅂ. $\dfrac{2-b}{a} < \dfrac{2-c}{a}$

12.

$-2 \le a < 3$일 때, $3a+1$의 값의 범위는?

① $-1 \le 3a+1 < 4$

② $-1 < 3a+1 \le 4$

③ $-5 \le 3a+1 < 10$

④ $-5 < 3a+1 \le 10$

⑤ $-6 < 3a+1 \le 9$

13.

$-1 < 4-\dfrac{1}{2}x \le 3$일 때, x의 값의 범위는?

① $-10 \le x < -2$

② $-2 < x \le 10$

③ $-2 \le x < 10$

④ $2 < x \le 10$

⑤ $2 \le x < 10$

14.

$-\dfrac{1}{4} < x \le \dfrac{1}{5}$이고 $A = -4x+1$일 때, A의 값의 범위는 $a \le A < b$이다. 이때 상수 a, b에 대하여 $a+b$의 값을 구하시오.

유형 06 일차부등식

15.

다음 중 일차부등식인 것을 모두 고르면? (정답 2개)

① $3x - 2 \leq 10$

② $5x - 1 = 4x$

③ $-3x + 2(x + 3) < -x + 8$

④ $x(2 - x) \geq 7$

⑤ $x + 6 > 5 - 2x$

16 ••

부등식 $ax + 4x + 5 \geq 2x + 8$이 x에 대한 일차부등식일 때, 다음 중 상수 a의 값이 될 수 없는 것은?

① -2 ② -1 ③ 0

④ 1 ⑤ 2

유형 07 일차부등식의 풀이

17.

일차부등식 $10 - 2x \leq 4 - 5x$를 풀면?

① $x \geq -1$ ② $x \leq -2$ ③ $x \leq -5$

④ $x \geq -5$ ⑤ $x \leq -7$

18.

다음 일차부등식 중 해가 $x > 2$인 것은?

① $2x - 4 < 0$ ② $4x + 8 < 0$

③ $x - 3 < -5$ ④ $3x - 1 > -5$

⑤ $-2x - 1 < -5$

19 ••

다음 일차부등식 중 해를 수직선 위에 나타내었을 때, 오른쪽 그림과 같은 것은?

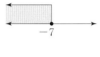

① $3x < -21$ ② $x + 4 < -3$

③ $4x - 14 \geq 2x$ ④ $6x + 2 \geq 10x + 30$

⑤ $9x - 6 \geq 7x - 20$

유형 08 복잡한 일차부등식의 풀이 　최다 빈출

20.

일차부등식 $3(x + 1) \geq 5x + 9$를 풀면?

① $x \leq -3$ ② $x < -3$ ③ $x \geq -3$

④ $x > 3$ ⑤ $x \leq 3$

21 ••

일차부등식 $2(x - 3) + 4 > 3(x - 1)$을 만족시키는 x의 값 중 가장 큰 정수는?

① -2 ② -1 ③ 0

④ 1 ⑤ 2

22 ••

일차부등식 $\dfrac{x - 1}{2} + \dfrac{x}{3} < \dfrac{1}{3}$의 해가 $x < a$일 때, a의 값은?

① -1 ② $-\dfrac{1}{5}$ ③ 1

④ $\dfrac{10}{3}$ ⑤ 5

23 ••

다음 중 일차부등식 $0.7x-1>0.4x+0.5$의 해를 수직선 위에 바르게 나타낸 것은?

①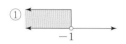
②
③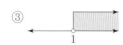
④
⑤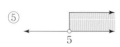

24 ••

다음 중 일차부등식 $\dfrac{x-1}{5}+0.1x\leq\dfrac{3}{2}$의 해가 <u>아닌</u> 것은?

① -1 ② 1 ③ 3
④ 5 ⑤ 7

25 ••

일차부등식 $0.2(6x-1)<\dfrac{1}{2}(2x+3)$을 만족시키는 자연수 x는 모두 몇 개인가?

① 6개 ② 7개 ③ 8개
④ 9개 ⑤ 10개

26 ••

다음 일차부등식 중 해가 나머지 넷과 다른 하나는?

① $-2x-8\leq14$
② $4x+15\geq x-18$
③ $12(x+4)\leq3(x-17)$
④ $\dfrac{x+5}{8}\geq-\dfrac{3}{4}$
⑤ $1.2x+0.8\leq1.6x+5.2$

•정답 및 풀이 40쪽

유형 09 x의 계수가 문자인 일차부등식의 풀이

27 ••

$a<0$일 때, x에 대한 일차부등식 $-ax<3a$를 풀면?

① $x>-3$ ② $x<-3$ ③ $x<0$
④ $x>3$ ⑤ $x<3$

28 •••

$a<2$일 때, 다음 중 x에 대한 일차부등식 $ax-3a>2x-6$의 해를 수직선 위에 바르게 나타낸 것은?

①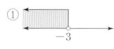
②
③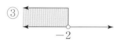
④
⑤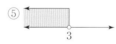

유형 10 부등식의 해가 주어질 때, 미지수의 값 구하기 〔최다 빈출〕

29 ••

x에 대한 일차부등식 $\dfrac{1}{2}x+\dfrac{2}{3}a\geq\dfrac{5}{6}$의 해를 수직선 위에 나타내면 오른쪽 그림과 같을 때, 상수 a의 값을 구하시오.

30 ••

다음 두 일차부등식의 해가 서로 같을 때, 상수 a의 값을 구하시오.

$$2x+10<3x+6,\ -3x+2(x-1)<a$$

31 ··

x에 대한 일차부등식 $ax-3<5$의 해가 $x>-4$일 때, 상수 a의 값은?

① -2 ② -1 ③ 1

④ 2 ⑤ 4

32 ···

x에 대한 일차부등식 $ax-2\le4(x-2)$를 만족시키는 x의 값 중 가장 작은 수가 3일 때, 상수 a의 값을 구하시오.

up
유형 **부등식의 해의 조건이 주어진 경우**

33 ···

x에 대한 일차부등식 $2-3x\le a$를 만족시키는 음수 x가 존재하지 않을 때, 상수 a의 값의 범위는?

① $a\le-2$ ② $a<-2$ ③ $a>-2$

④ $a\le2$ ⑤ $a<2$

34 ···

x에 대한 일차부등식 $\dfrac{x-1}{4}<a$를 만족시키는 자연수 x가 5개일 때, 상수 a의 값의 범위는?

① $1<a<\dfrac{5}{4}$ ② $1\le a<\dfrac{5}{4}$ ③ $1<a\le\dfrac{5}{4}$

④ $\dfrac{3}{4}\le a<1$ ⑤ $\dfrac{3}{4}<a\le1$

유형 12 **수에 대한 일차부등식의 활용**   최다 빈출

35 ··

어떤 정수의 2배에 3을 더한 수는 어떤 정수에서 4를 뺀 수의 3배보다 작지 않다고 한다. 어떤 정수 중 가장 큰 정수는?

① 11 ② 13 ③ 15

④ 17 ⑤ 19

36 ··

차가 7인 두 정수의 합이 25 이하라고 한다. 두 수 중 큰 수를 x라 할 때, x의 값 중 가장 큰 값은?

① 15 ② 16 ③ 17

④ 18 ⑤ 19

37 ··

연속하는 세 정수 중 작은 두 수의 합에서 큰 수를 뺀 것이 8보다 작다고 한다. 이와 같은 수 중 가장 큰 세 정수는?

① $5, 6, 7$ ② $6, 7, 8$ ③ $7, 8, 9$

④ $8, 9, 10$ ⑤ $9, 10, 11$

38 ··

민아는 두 번의 수행 평가에서 35점, 42점을 받았다. 총 세 번의 수행 평가 성적의 평균이 40점 이상이 되려면 세 번째 수행 평가에서 몇 점 이상을 받아야 하는지 구하시오.

•정답 및 풀이 41쪽

유형 13 가격, 개수에 대한 일차부등식의 활용 최다 빈출

39 ●

한 송이에 1000원인 장미꽃으로 꽃다발을 만들려고 한다. 3000원짜리 포장지로 포장하여 꽃다발의 가격이 18000원이 넘지 않게 하려고 할 때, 장미꽃을 최대 몇 송이까지 살 수 있는가?

① 14송이 ② 15송이 ③ 16송이
④ 17송이 ⑤ 18송이

40 ●●

한 개에 500원인 사탕과 한 개에 800원인 빵을 합하여 10개 살 때, 그 값이 7000원 이하가 되게 하려고 한다. 이때 빵은 최대 몇 개까지 살 수 있는지 구하시오.

41 ●●

어느 박물관의 입장료는 5명까지는 1인당 2000원이고 5명을 초과하면 추가되는 사람에 대하여 1인당 1500원이다. 이 박물관에 입장하는 데 드는 비용을 20000원 이하가 되게 하려면 최대 몇 명까지 입장할 수 있는가?

① 11명 ② 12명 ③ 13명
④ 14명 ⑤ 15명

42 ●●

어느 공영 주차장의 주차 요금이 처음 30분까지는 3000원이고 30분을 초과하면 1분에 50원씩 추가 요금이 부과된다고 한다. 주차 요금이 10000원 이하가 되게 하려면 최대 몇 분 동안 주차할 수 있는지 구하시오.

유형 14 예금액에 대한 일차부등식의 활용

43 ●

현재 성아의 통장에는 8000원이 들어 있다. 다음 달부터 매달 3000원씩 예금한다면 성아의 예금액이 30000원 이상이 되는 것은 몇 개월 후부터인지 구하시오.

44 ●●

현재까지 형은 40000원, 동생은 10000원을 저금하였다. 다음 달부터 매달 형은 5000원씩, 동생은 3000원씩 저금한다면 형의 저금액이 동생의 저금액의 2배보다 적어지는 것은 몇 개월 후부터인가?

① 20개월 ② 21개월 ③ 22개월
④ 23개월 ⑤ 24개월

유형 15 도형에 대한 일차부등식의 활용

45 ●

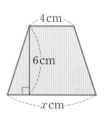

오른쪽 그림과 같이 윗변의 길이가 4 cm, 아랫변의 길이가 x cm, 높이가 6 cm인 사다리꼴의 넓이가 36 cm² 이상일 때, x의 값의 범위를 구하시오.

46 ●●

직사각형 모양의 꽃밭의 둘레에 울타리를 설치하려고 한다. 세로의 길이가 가로의 길이보다 2 m 더 길고, 울타리의 둘레의 길이가 16 m를 넘지 않게 하려면 가로의 길이는 몇 m 이하이어야 하는가?

① 2 m ② 2.5 m ③ 3 m
④ 3.5 m ⑤ 4 m

유형 16 유리한 방법을 선택하는 일차부등식의 활용 | 최다 빈출 |

47 ..

집 근처 가게에서 한 장에 10000원인 티셔츠가 도매 시장에서는 한 장에 9300원이라고 한다. 도매 시장에 다녀오려면 왕복 교통비가 6000원이 들 때, 티셔츠를 몇 장 이상 살 경우 도매 시장에서 사는 것이 유리한가?

① 8장   ② 9장   ③ 10장
④ 11장   ⑤ 12장

48 ..

어느 음악회의 입장료는 1인당 8000원이고 20명 이상의 단체에 대해서는 입장료가 1인당 6500원이라고 한다. 20명 미만의 단체는 몇 명 이상부터 20명의 단체 입장권을 사는 것이 유리한지 구하시오.

49 ...

두 자동차 A, B의 가격과 휘발유 1 L당 주행 거리는 다음 표와 같다. 휘발유 가격이 1 L당 2000원으로 일정하다고 가정하고 자동차 가격과 주유 비용만을 고려하여 자동차를 구입하려고 할 때, 자동차를 구입한 후 최소 몇 km를 초과하여 주행해야 B 자동차를 구입하는 것이 A 자동차를 구입하는 것보다 유리한가?

자동차	가격(만 원)	1 L당 주행 거리(km)
A	1500	10
B	2100	16

① 70000 km   ② 75000 km   ③ 80000 km
④ 83000 km   ⑤ 85000 km

50 ...

어느 야구장의 입장료는 1인당 9000원이다. 30명 이상의 단체 입장권을 구입하면 20 %를 할인해 준다고 할 때, 30명 미만의 단체는 몇 명 이상부터 30명의 단체 입장권을 사는 것이 유리한지 구하시오.

유형 17 정가, 원가에 대한 일차부등식의 활용

51 ..

원가가 22000원인 물건을 정가의 20 %를 할인하여 팔아서 원가의 40 % 이상의 이익을 얻으려고 할 때, 다음 중 이 물건의 정가가 될 수 없는 것은?

① 38000원   ② 38500원   ③ 39000원
④ 39500원   ⑤ 40000원

52 ...

원가가 10000원인 어떤 물건에 30 %의 이익을 붙여서 정가를 정하였는데 팔리지 않아서 할인하여 팔기로 했다. 원가의 17 % 이상의 이익을 얻으려면 정가에서 최대 몇 %까지 할인하여 팔 수 있는지 구하시오.

유형 18 거리, 속력, 시간에 대한 일차부등식의 활용 | 최다 빈출 |

53 ..

A, B 두 지점을 왕복하는데 갈 때는 시속 3 km로, 올 때는 같은 길을 시속 6 km로 걸어서 전체 걸린 시간을 3시간 이내로 하려고 한다. 두 지점 A, B 사이의 거리는 최대 몇 km인지 구하시오.

●정답 및 풀이 43쪽

54 ..

상혁이가 집에서 11 km 떨어진 공원에 가는데 처음에는 시속 5 km로 걷다가 도중에 시속 3 km로 걸어서 3시간 이내에 공원에 도착하였다. 시속 5 km로 걸은 거리는 최소 몇 km인지 구하시오.

55 ..

8시 30분이 등교 시각인 경수는 아침 8시 10분에 집에서 출발하여 분속 30 m로 걷다가 늦을 것 같아서 분속 90 m로 뛰어갔더니 지각을 하지 않았다. 집에서 학교까지의 거리가 1 km일 때, 경수가 뛰어간 거리는 최소 몇 m인가?

① 400 m   ② 500 m   ③ 600 m
④ 700 m   ⑤ 800 m

56 ..

선아는 열차 출발 시각까지 1시간의 여유가 있어서 서점에 가서 책을 사 오려고 한다. 책을 사는 데 20분이 걸리고 왕복 시속 3 km로 걷는다고 할 때, 선아는 기차역에서 최대 몇 km 이내에 있는 서점을 이용할 수 있는가?

① 1 km   ② 1.5 km   ③ 2 km
④ 2.5 km   ⑤ 3 km

57 ..

나라는 휴일에 자전거를 타고 운동을 하는데 갈 때는 시속 30 km로, 올 때는 같은 길을 시속 20 km로 달리고 소요 시간은 2시간 40분 이내로 하려고 한다. 중간에 간식을 먹는 데 걸리는 시간이 30분이라고 할 때, 나라는 최대 몇 km 지점까지 갔다 올 수 있는가?

① 25 km   ② 26 km   ③ 27 km
④ 28 km   ⑤ 29 km

58 ..

준규와 화정이가 일직선상의 산책로의 한 지점에서 동시에 출발하여 준규는 동쪽으로 분속 150 m로, 화정이는 서쪽으로 분속 100 m로 달려가고 있다. 준규와 화정이가 1 km 이상 떨어지는 것은 출발한 지 몇 분 후부터인지 구하시오.

up 유형 9 농도에 대한 일차부등식의 활용

59 ..

10 %의 소금물 300 g이 있다. 이 소금물에 물을 더 넣어 6 % 이하의 소금물을 만들려고 할 때, 최소 몇 g의 물을 더 넣어야 하는가?

① 100 g   ② 150 g   ③ 200 g
④ 250 g   ⑤ 300 g

60 ..

6 %의 소금물 500 g이 있다. 이 소금물의 물을 증발시켜 10 % 이상의 소금물을 만들려고 할 때, 최소 몇 g의 물을 증발시켜야 하는가?

① 160 g   ② 170 g   ③ 180 g
④ 190 g   ⑤ 200 g

61 ..

5 %의 설탕물 200 g에 10 %의 설탕물을 섞어서 농도가 8 % 이상인 설탕물을 만들려고 할 때, 10 %의 설탕물을 몇 g 이상 섞어야 하는지 구하시오.

01

일차부등식 $0.6x + a \geq \dfrac{4x-3}{5}$의 해가 $x \leq 1$일 때, 상수 a의 값을 구하시오. [6점]

채점 기준 1 $0.6x + a \geq \dfrac{4x-3}{5}$의 해 구하기 … 4점

$0.6x + a \geq \dfrac{4x-3}{5}$의 양변에 _____을 곱하면

_____$x +$ _____$a \geq 8x -$ _____

_____$x \geq$ _____$a -$ _____ $\therefore x \leq$ _____

채점 기준 2 a의 값 구하기 … 2점

부등식의 해가 $x \leq 1$이므로

_____ $=$ _____ , _____$a =$ _____

$\therefore a =$ _____

01-1

일차부등식 $ax + 3 \geq \dfrac{4ax-3}{5}$의 해가 $x \leq 3$일 때, 상수 a의 값을 구하시오. [6점]

채점 기준 1 주어진 부등식을 $px \geq q$ (p, q는 상수) 꼴로 나타내기 … 3점

채점 기준 2 a의 값 구하기 … 3점

01-2

일차부등식 $ax \leq x + 2a$의 해가 $x \geq -2$일 때, 일차부등식 $4(x-1) > 7x + 6a$의 해를 구하시오.

(단, a는 상수) [7점]

02

두 일차부등식 $3x + 4 > -2x + 5$, $a - 2x < \dfrac{1-3x}{4}$의 해가 서로 같을 때, 상수 a의 값을 구하시오. [6점]

채점 기준 1 $3x + 4 > -2x + 5$의 해 구하기 … 2점

$3x + 4 > -2x + 5$에서 $5x >$ _____

$\therefore x >$ _____

채점 기준 2 $a - 2x < \dfrac{1-3x}{4}$의 해 구하기 … 2점

$a - 2x < \dfrac{1-3x}{4}$에서 $4a -$ _____ $< 1 - 3x$

_____$x < 1 -$ _____a $\therefore x >$ _____

채점 기준 3 a의 값 구하기 … 2점

두 일차부등식의 해가 서로 같으므로

_____ $=$ _____ 에서 _____ $= 4a$

$\therefore a =$ _____

02-1

두 일차부등식 $2x - 7 > -4x - 3$, $4 - 3x < \dfrac{a+3x}{2}$의 해가 서로 같을 때, 상수 a의 값을 구하시오. [6점]

채점 기준 1 $2x - 7 > -4x - 3$의 해 구하기 … 2점

채점 기준 2 $4 - 3x < \dfrac{a+3x}{2}$의 해 구하기 … 2점

채점 기준 3 a의 값 구하기 … 2점

● 정답 및 풀이 44쪽

03

영주는 한 개에 500원인 초콜릿 여러 개를 선물 상자에 담아 친구 생일 선물을 만들려고 한다. 선물 상자가 1300원일 때, 영주가 10000원으로 살 수 있는 초콜릿은 최대 몇 개인지 구하시오. [6점]

채점 기준 1 일차부등식 세우기 ⋯ 3점

초콜릿을 x개 산다고 하면

_____≤ 10000

채점 기준 2 일차부등식 풀기 ⋯ 2점

_____≤ 10000에서

$500x \leq$ _____ $\therefore x \leq$ _____

채점 기준 3 답 구하기 ⋯ 1점

영주가 살 수 있는 초콜릿은 최대 _____개이다.

03-1

조건 바꾸기

한 개에 1200원인 과자와 한 개에 900원인 음료수를 합하여 20개를 사려고 한다. 전체 가격이 22500원 이하가 되게 하려면 음료수는 최소 몇 개 이상 사야 하는지 구하시오. [6점]

채점 기준 1 일차부등식 세우기 ⋯ 3점

채점 기준 2 일차부등식 풀기 ⋯ 2점

채점 기준 3 답 구하기 ⋯ 1점

04

A 편의점에서 한 개에 1200원인 과자가 B 대형 마트에서는 한 개에 900원이다. B 대형 마트에 갔다 오려면 왕복 6600원의 교통비가 든다고 할 때, 이 과자를 몇 개 이상 살 경우 B 대형 마트에서 사는 것이 유리한지 구하시오. [7점]

채점 기준 1 일차부등식 세우기 ⋯ 4점

과자를 x개 산다고 하면

A 편의점 : _____(원)

B 대형 마트 : _____(원)

이므로 _____ > _____

채점 기준 2 일차부등식 풀기 ⋯ 2점

_____ > _____에서

_____$x >$ _____ $\therefore x >$ _____

채점 기준 3 답 구하기 ⋯ 1점

과자를 _____개 이상 살 경우 B 대형 마트에서 사는 것이 유리하다.

04-1

숫자 바꾸기

A 문방구에서 한 권에 1100원인 공책이 B 문방구에서는 한 권에 900원이다. B 문방구에 갔다 오려면 왕복 2100원의 교통비가 든다고 할 때, 이 공책을 몇 권 이상 살 경우 B 문방구에서 사는 것이 유리한지 구하시오.
[7점]

채점 기준 1 일차부등식 세우기 ⋯ 4점

채점 기준 2 일차부등식 풀기 ⋯ 2점

채점 기준 3 답 구하기 ⋯ 1점

05

$-3 \leq x \leq 5$이고 $A = -2x + 4$일 때, 다음 물음에 답하시오. [6점]

(1) A의 값의 범위를 구하시오. [4점]

(2) A의 최댓값을 M, 최솟값을 m이라 할 때, $M + m$의 값을 구하시오. [2점]

06

$-7 < 2x - 3 < 5$이고 $A = -\dfrac{x+2}{3}$일 때, 다음 물음에 답하시오. [6점]

(1) x의 값의 범위를 구하시오. [3점]

(2) A의 값의 범위를 구하시오. [3점]

07

x가 절댓값이 3 이하인 정수일 때, 일차부등식 $1.6 + \dfrac{6}{5}x \leq \dfrac{1}{5}(x+4)$를 참이 되게 하는 모든 x의 값의 합을 구하시오. [6점]

08

일차부등식 $\dfrac{-x+4}{2} + \dfrac{2}{3} > \dfrac{x}{6}$의 해가 $x < a$, 일차부등식 $0.3(x-5) < 0.5x - 1.4$의 해가 $x > b$일 때, $a - 2b$의 값을 구하시오. [7점]

09

x에 대한 일차부등식 $x - 1 < \dfrac{a+x}{5}$를 만족시키는 정수 x의 최댓값이 0이 되도록 하는 정수 a의 값을 모두 구하시오. [7점]

10

x에 대한 일차부등식 $\dfrac{x-a}{3} \leq \dfrac{1}{4}$을 만족시키는 자연수 x가 3개가 되도록 하는 자연수 a의 개수를 구하시오. [7점]

11

현재 민수의 통장에는 25000원, 영수의 통장에는 12000원이 예금되어 있다. 다음 달부터 매달 민수는 3000원씩, 영수는 5000원씩 예금한다면 영수의 예금액이 민수의 예금액보다 많아지는 것은 몇 개월 후부터인지 구하시오. [6점]

12

현재 형의 나이는 13살, 동생의 나이는 8살이고, 어머니의 나이는 40살이다. 몇 년 후부터 형과 동생의 나이의 합이 어머니의 나이보다 많아지는지 구하시오. [6점]

13

높이가 0.2 cm인 500원짜리 동전으로 '동전 높이 쌓기' 대회를 매년 개최하고 있다. 작년 우승자가 쌓은 동전의 높이가 24.4 cm이고 작년 우승자의 기록을 넘어야 올해 우승자가 될 수 있다고 할 때, 올해 도전자가 현재 쌓은 동전의 높이가 11 cm이면 적어도 몇 개의 동전을 더 쌓아야 올해 우승자가 될 수 있는지 구하시오. [7점]

14

원가가 9000원인 물건을 정가의 25 %를 할인하여 팔아서 원가의 10 % 이상의 이익을 얻으려고 한다. 이때 정가는 얼마 이상으로 정해야 하는지 구하시오. [7점]

15

서진이가 버스정류장에서 버스를 기다리는데 버스 도착 시각까지 36분의 여유가 있어서 이 시간을 이용하여 편의점에 가서 물을 사오려고 한다. 왕복 시속 3 km로 걷고, 물을 사는 데 4분이 걸린다고 할 때, 다음 물음에 답하시오. [6점]

(1) 버스정류장에서 편의점까지의 거리를 x km라 할 때, 일차부등식을 세우시오. [3점]

(2) 버스정류장에서 최대 몇 m 떨어져 있는 편의점을 이용할 수 있는지 구하시오. [3점]

16

6 %의 소금물 500 g에 소금을 더 넣어 농도가 20 % 이상인 소금물을 만들려고 한다. 이때 소금은 최소 몇 g을 더 넣어야 하는지 구하시오. [7점]

01

다음 보기에서 부등식인 것은 모두 몇 개인가? [3점]

> 보기
>
> ㄱ. $x+4$　　　　　ㄴ. $3+6=9$
>
> ㄷ. $x+3<6$　　　　ㄹ. $5x+3y=8$
>
> ㅁ. $3x+4>1+3x$　　ㅂ. $5x+6\geq3x-4$

① 1개　　　　② 2개　　　　③ 3개

④ 4개　　　　⑤ 5개

02

다음 중 문장을 부등식으로 나타낸 것으로 옳은 것은?

[3점]

① x에서 6을 뺀 수는 4보다 작거나 같다. → $x-6\geq4$

② 현재 x살인 민규의 7년 후 나이는 현재 나이의 2배보다 많다. → $x+7>x+2$

③ x km의 거리를 시속 80 km로 달리면 5시간보다 적게 걸린다. → $\dfrac{80}{x}<5$

④ 4명이 1인당 x원씩 돈을 낼 때 모이는 금액은 15000원을 넘지 않는다. → $4x\leq15000$

⑤ 무게가 2 kg인 가방에 무게가 x kg인 책 5권을 넣으면 전체 무게가 10 kg 이상이 된다. → $2+5x>10$

03

x의 값이 -2, -1, 0, 1, 2일 때, 부등식 $4(x-3)\leq-9$의 해가 <u>아닌</u> 것을 모두 고르면?

(정답 2개) [3점]

① -2　　　　② -1　　　　③ 0

④ 1　　　　⑤ 2

04

$\dfrac{3-5a}{4}\geq\dfrac{3-5b}{4}$일 때, 다음 중 옳지 <u>않은</u> 것은? [3점]

① $9a+1\leq9b+1$　　② $3a-1\leq3b-1$

③ $-a-7\leq-b-7$　　④ $\dfrac{4a-3}{3}\leq\dfrac{4b-3}{3}$

⑤ $-\dfrac{a}{2}\geq-\dfrac{b}{2}$

05

$-1<x<3$이고, $A=-x+4$일 때, A의 값의 범위는?

[3점]

① $1<A<3$　　　　② $1<A<5$

③ $3<A<5$　　　　④ $3<A<7$

⑤ $5<A<7$

06

다음 일차부등식 중 해가 $x<2$인 것은? [4점]

① $3x+4<7$　　　　② $-x-4>-2$

③ $7x+1<15$　　　　④ $-4x-7>-1$

⑤ $4x-12<6$

07

다음 보기의 일차부등식 중 해를 수직선 위에 나타내었을 때, 오른쪽 그림과 같은 것을 모두 고른 것은? [4점]

> **보기**
>
> ㄱ. $x \geq -3$ ㄴ. $2x+5 > 3x+2$
>
> ㄷ. $-3(x+1) < 6$ ㄹ. $\dfrac{x}{4} < x + \dfrac{9}{4}$

① ㄱ, ㄴ   ② ㄱ, ㄷ   ③ ㄴ, ㄷ

④ ㄴ, ㄹ   ⑤ ㄷ, ㄹ

08

일차부등식 $\dfrac{3x-1}{2} + 1.5 > 0.4(3x-2)$를 풀면? [4점]

① $x < -6$ ② $x > -6$ ③ $x > 0$

④ $x < 6$ ⑤ $x > 6$

09

$a < 0$일 때, x에 대한 일차부등식 $3ax - a \leq 3$을 풀면?

[4점]

① $x \geq \dfrac{3}{a}$ ② $x \leq \dfrac{1}{a} - \dfrac{1}{3}$

③ $x \geq \dfrac{1}{a} - \dfrac{1}{3}$ ④ $x \leq \dfrac{1}{a} + \dfrac{1}{3}$

⑤ $x \geq \dfrac{1}{a} + \dfrac{1}{3}$

10

두 일차부등식 $3(x+1) \leq x+3$, $x+a \leq 6$의 해가 서로 같을 때, 상수 a의 값은? [4점]

① 4   ② 5   ③ 6

④ 7   ⑤ 8

11

연속하는 세 홀수의 합이 45 이하일 때, 이와 같은 세 홀수 중 가장 큰 수의 최댓값은? [4점]

① 11   ② 13   ③ 15

④ 17   ⑤ 19

12

다음 표는 4회에 걸친 강인이의 시험 성적표이다. 5회 모의고사에서 몇 점 이상을 받아야 다섯 번의 모의고사의 평균 점수가 80점 이상이 되는가? [4점]

1회	2회	3회	4회	5회
76점	70점	92점	73점	

① 86점   ② 87점   ③ 88점

④ 89점   ⑤ 90점

13

한 개에 900원인 삼각김밥과 한 개에 1100원인 라면을 합하여 20개를 사고, 총 가격이 21000원을 넘지 않게 하려고 한다. 이때 라면은 최대 몇 개까지 살 수 있는가?

[4점]

① 11개   ② 12개   ③ 13개
④ 14개   ⑤ 15개

14

현재 형이 모은 용돈은 15000원이고, 동생이 모은 용돈은 24000원이다. 다음 달부터 형은 매달 6000원씩, 동생은 매달 4000원씩 모을 때, 형이 모은 용돈이 동생이 모은 용돈보다 많아지게 되는 것은 몇 개월 후부터인가?

[4점]

① 3개월   ② 4개월   ③ 5개월
④ 6개월   ⑤ 7개월

15

높이가 8 cm이고, 아랫변의 길이가 윗변의 길이보다 5 cm 긴 사다리꼴이 있다. 이 사다리꼴의 넓이가 60 cm² 이상이려면 아랫변의 길이는 몇 cm 이상이어야 하는가? [4점]

① 7 cm   ② 8 cm   ③ 9 cm
④ 10 cm   ⑤ 11 cm

16

주차장을 1시간 이용하는 데 드는 비용은 5000원이고, 1시간을 초과하면 1분당 120원씩 추가된다고 한다. 1분당 주차장 평균 이용료가 100원 이하가 되게 하려면 주차장에 최대 몇 분까지 주차할 수 있는가? [5점]

① 110분   ② 120분   ③ 130분
④ 140분   ⑤ 150분

17

원가가 20000원인 물건에 25 %의 이익을 붙여서 정가를 정하였는데 팔리지 않아서 할인하여 팔기로 했다. 원가의 12 % 이상의 이익을 얻으려면 정가에서 최대 몇 %까지 할인하여 팔 수 있는가? [5점]

① 10 %   ② 10.4 %   ③ 10.6 %
④ 10.8 %   ⑤ 11 %

18

12 %의 설탕물 150 g이 있다. 이 설탕물에 물을 더 넣어 9 % 이하의 설탕물을 만들려고 한다. 이때 최소 몇 g의 물을 더 넣어야 하는가? [5점]

① 40 g   ② 50 g   ③ 60 g
④ 70 g   ⑤ 80 g

19

부등식 $2(3-x) \leq 2ax - 4$가 x에 대한 일차부등식이 되도록 하는 상수 a의 조건을 구하시오. [4점]

20

일차부등식 $3x - 2 \leq x - a$를 만족시키는 자연수 x가 4개일 때, 상수 a의 값의 범위를 구하시오. [7점]

21

현재 어머니의 나이는 48살이고 딸의 나이는 12살이다. 몇 년 후부터 어머니의 나이가 딸의 나이의 3배 미만이 되는지 구하시오. [6점]

22

동네 문구점에서 한 자루에 1500원인 볼펜이 대형 할인점에서는 한 자루에 800원이다. 대형 할인점에 다녀오려면 2600원의 왕복 교통비가 든다고 할 때, 볼펜을 몇 자루 이상 살 경우 대형 할인점에서 사는 것이 유리한지 구하시오. [6점]

23

소리가 집에서 12 km 떨어진 할아버지 댁까지 가는데 처음에는 자전거를 타고 시속 12 km로 달리다가 도중에 자전거가 고장이 나서 그 지점에서부터 시속 4 km로 걸어갔더니 2시간 이내에 도착하였다. 자전거가 고장 난 지점은 집에서 몇 km 이상 떨어진 곳인지 구하시오.

[7점]

01

다음 중 부등식이 <u>아닌</u> 것을 모두 고르면? (정답 2개)

[3점]

① $3x-1$ ② $x+4<-5x$
③ $1-7>-3$ ④ $x^2+3x \leq x^2-x+3$
⑤ $3-4x=2x+5$

02

다음 문장을 부등식으로 나타내면? [3점]

> 어떤 수 x의 2배에서 3을 뺀 수는 어떤 수 x의 -3배에 5를 더한 수보다 크지 않다.

① $2x-3<-3x+5$ ② $2x-3 \leq -3x+5$
③ $2x-3>-3x+5$ ④ $2x-3 \geq -3x+5$
⑤ $2x-3=-3x+5$

03

다음 보기에서 $x=-1$일 때 참인 부등식을 모두 고른 것은? [3점]

> **보기**
>
> ㄱ. $x>0$ ㄴ. $-x+5<4$
> ㄷ. $2+x \geq -2$ ㄹ. $2x \leq 3x+5$

① ㄱ, ㄴ ② ㄱ, ㄹ ③ ㄴ, ㄷ
④ ㄴ, ㄹ ⑤ ㄷ, ㄹ

04

$a<b$일 때, 다음 중 옳은 것은? [3점]

① $a-3>b-3$ ② $3a+5>3b+5$
③ $7-2a<7-2b$ ④ $-\dfrac{2}{5}a>-\dfrac{2}{5}b$
⑤ $\dfrac{3-2a}{4}<\dfrac{3-2b}{4}$

05

$-1 \leq x \leq 4$일 때, $a \leq 3x-5 \leq b$이다. 이때 상수 a, b에 대하여 $a+b$의 값은? [4점]

① -3 ② -1 ③ $\dfrac{1}{2}$
④ 2 ⑤ $\dfrac{5}{2}$

06

다음 보기에서 일차부등식인 것을 모두 고른 것은? [3점]

> **보기**
>
> ㄱ. $2x+3>-2x-7$ ㄴ. $2-6x \geq -2(3x+5)$
> ㄷ. $\dfrac{2}{3}x-5=x+4$ ㄹ. $\dfrac{1}{3}x-5<4x+1$

① ㄱ, ㄷ ② ㄱ, ㄹ ③ ㄴ, ㄷ
④ ㄴ, ㄹ ⑤ ㄷ, ㄹ

07

다음 중 일차부등식 $-2(x-3)+4 \geq 4(x-5)$의 해를 수직선 위에 바르게 나타낸 것은? [4점]

①
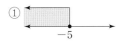
-5

②
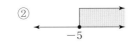
-5

③
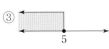
5

④
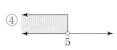
5

⑤

5

08

일차부등식 $\dfrac{2x-3}{4}+0.5(x-1) > \dfrac{3x+1}{5}$을 만족시키는 가장 작은 자연수 x의 값은? [4점]

① 3   ② 4   ③ 5
④ 6   ⑤ 7

09

일차부등식 $-2(x+a) < 3x-4$의 해가 $x > 2$일 때, 상수 a의 값은? [4점]

① -3 ② -2 ③ -1
④ 1   ⑤ 2

10

일차부등식 $2(3x-a) > 7x-1$을 만족시키는 자연수 x가 5개일 때, 상수 a의 값의 범위는? [5점]

① $-5 < a \leq -3$ ② $-\dfrac{5}{2} \leq a < -2$

③ $-\dfrac{5}{2} \leq a < 0$ ④ $-\dfrac{3}{2} \leq a < 0$

⑤ $-\dfrac{3}{2} < a \leq 2$

11

어떤 홀수의 2배에 3을 더한 수는 어떤 홀수의 3배에서 10을 뺀 수보다 크다고 한다. 이를 만족시키는 어떤 홀수 중 가장 큰 수는? [4점]

① 7   ② 9   ③ 11
④ 13   ⑤ 15

12

어느 놀이기구의 1인당 탑승 요금은 어른이 5000원, 어린이가 2000원이다. 어른과 어린이를 합하여 12명이 놀이기구에 탑승하는 데 총 요금이 55000원 이하가 되게 하려면 어른은 최대 몇 명까지 탑승할 수 있는가? [4점]

① 6명   ② 7명   ③ 8명
④ 9명   ⑤ 10명

13

어느 미술관에서 30명의 입장료는 28000원이고, 한 명씩 추가할 때마다 800원씩 받는다고 한다. 한 사람의 평균 입장료가 900원 이하가 되게 하려면 몇 명 이상 미술관에 입장해야 하는가? [4점]

① 40명   ② 41명   ③ 42명

④ 43명   ⑤ 44명

14

현재 현진이가 모은 용돈은 17500원이고, 세희가 모은 용돈은 12000원이다. 다음 주부터 매주 현진이는 700원씩, 세희는 2500원씩 모을 때, 세희가 모은 용돈이 현진이가 모은 용돈의 2배보다 많아지는 것은 몇 주 후부터인가? [4점]

① 20주   ② 21주   ③ 22주

④ 23주   ⑤ 24주

15

세로의 길이가 가로의 길이보다 3 cm 더 긴 직사각형이 있다. 이 직사각형의 둘레의 길이가 58 cm 이하일 때, 세로의 길이는 몇 cm 이하이어야 하는가? [4점]

① 16 cm   ② 17 cm   ③ 18 cm

④ 19 cm   ⑤ 20 cm

16

현수와 준하가 같은 지점에서 동시에 출발하여 서로 반대 방향으로 직선 도로를 따라 자전거를 타고 가고 있다. 현수는 분속 720 m로, 준하는 분속 880 m로 갈 때, 현수와 준하 사이의 거리가 4.8 km 이상이 되려면 두 사람이 몇 분 이상 자전거를 타야 하는가? [4점]

① 2분   ② 3분   ③ 4분

④ 5분   ⑤ 6분

17

어느 서점에서 책의 원가에 25 %의 이익을 붙여 정가를 정하였다. 책을 손해 없이 판매하려면 정가의 최대 몇 %까지 할인하여 판매할 수 있는가? [5점]

① 17.5 %   ② 20 %   ③ 23 %

④ 25.5 %   ⑤ 27 %

18

농도가 6 %인 소금물 300 g과 농도가 12 %인 소금물을 섞어서 농도가 10 % 이하인 소금물을 만들려고 한다. 이때 농도가 12 %인 소금물을 몇 g 이하로 섞어야 하는가? [5점]

① 450 g   ② 500 g   ③ 550 g

④ 600 g   ⑤ 650 g

19

$a < -3$일 때, x에 대한 일차부등식
$ax - 4a \geq -3(x-4)$의 해 중 가장 큰 정수를 구하시오. [4점]

20

다음 두 일차부등식의 해가 서로 같고
두 일차부등식의 해를 수직선 위에 나
타내면 오른쪽 그림과 같을 때, 상수
a, b에 대하여 $a+b$의 값을 구하시오. [6점]

$\frac{2}{3}$

$$-\frac{1}{4}x + a > \frac{1}{2}(x+a), \ 3(x-2) + b < 5$$

21

일차부등식 $\dfrac{x}{5} - \dfrac{x-3}{3} \geq \dfrac{a}{2}$ 를 만족시키는 양수 x가 존재하지 않을 때, 상수 a의 값의 범위를 구하시오. [7점]

22

어떤 일을 마치는 데 어른 한 명이 혼자 하면 5일이 걸리고, 어린이 한 명이 혼자 하면 8일이 걸린다고 한다. 어른과 어린이를 합하여 7명이 이 일을 하루 안에 마치려고 할 때, 어른은 최소 몇 명이 필요한지 구하시오. [6점]

23

어느 패밀리 레스토랑에서는 다음과 같은 할인 혜택이 있고 1인당 식사 비용은 12000원이다. 이때 몇 명 이상부터 생일 이벤트로 할인 받는 것보다 통신사 제휴 카드로 할인 받는 것이 유리한지 구하시오. (단, 하나의 할인 혜택만 받을 수 있다.) [7점]

구분	통신사 제휴 카드 할인	생일 이벤트 할인
요금 혜택	전체 이용 요금의 20 % 할인	생일자 포함 동반 4인까지 40 % 할인

01 ▸ 신사고 변형

다음은 세 수 x, y, z에 대하여 예빈, 주영, 정민이가 나눈 대화이다. 세 학생의 대화를 보고 x, y, z의 대소 관계를 말하시오.

예빈	$yz < 0$이고 $y > z$야.
주영	$xy > 0$이 성립해.
정민	$yz > xz$가 성립해.

02 ▸ 천재 변형

두 일차부등식 $5(x-1) < a - (x+7)$,

$0.3x - \dfrac{1}{4} \geq \dfrac{x+b}{8}$의 해를 각각 수직선 위에 나타내면 다음과 같을 때, 상수 a, b에 대하여 $a+5b$의 값을 구하시오.

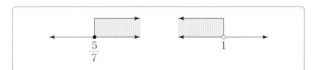

03 ▸ 동아 변형

A, B 두 사람이 가위바위보 게임을 하고 있다. 이기면 3점 득점, 비기면 2점 득점, 지면 1점 득점을 한다고 할 때, A, B 두 사람이 20회 가위바위보를 한 결과 A의 득점의 합이 B의 득점의 합보다 8점 이상 많으려면 A가 B를 몇 회 이상 이겨야 하는지 구하시오. (단, A, B 두 사람이 비긴 횟수는 5회이다.)

04 ▸ 교학사 변형

다음 표는 음식 100 g에 들어 있는 나트륨의 양을 조사한 것이다.

음식	나트륨(mg)
쌀밥	2
토마토	5
삼겹살	44
우유	55
감자튀김	230
배추김치	624

오늘 수현이는 점심에 나트륨의 양을 450 mg 이하로 먹기 위해 기존 점심 식단에 위의 표를 이용해서 한 가지 음식만을 더 추가하려고 한다. 기존 점심 식단이 아래 표와 같고 우유 또는 감자튀김을 추가한다고 할 때, 각각 몇 g 이하로 먹어야 하는지 구하시오.

쌀밥 250 g	삼겹살 200 g
토마토 100 g	배추김치 50 g

〈수현이의 점심 식단〉

기출에서 pick한

부록

○ 기출에서 pick한 고난도 50

○ 중간고사 대비 실전 모의고사 5회

○ 특별한 부록
동아출판 홈페이지 (www.bookdonga.com)에서
〈실전 모의고사 5회〉를 다운 받아 사용하세요.

Ⅰ-1 유리수와 순환소수

01

분수 $\dfrac{3}{7}$을 소수로 나타낼 때, 소수점 아래 n번째 자리의 숫자를 $f(n)$이라 하자. 이때 $\dfrac{f(1)+f(2)+\cdots+f(38)}{6}$의 값을 구하시오.

02

다음 식을 만족시키는 한 자리의 자연수 x_n에 대하여 $x_1+x_2+x_3+\cdots+x_{20}$의 값을 구하시오.

$$\frac{x_1}{10}+\frac{x_2}{10^2}+\frac{x_3}{10^3}+\cdots+\frac{x_{20}}{10^{20}}+\cdots=\frac{14}{55}$$

03

분수 $\dfrac{1}{2},\ \dfrac{1}{3},\ \dfrac{1}{4},\ \cdots,\ \dfrac{1}{100}$을 소수로 나타낼 때, 순환소수는 모두 몇 개인지 구하시오.

04

다음 두 학생의 대화를 보고, 남학생이 생각하는 분수 x는 모두 몇 개인지 구하시오. (단, 분수 x의 분자는 자연수)

05

x에 대한 일차방정식 $60x+7=4a$의 해를 소수로 나타내었을 때, 유한소수가 되도록 하는 모든 자연수 a의 값의 합을 구하시오. (단, $2<a<10$)

06

분수 $\dfrac{x}{350}$ 에 대하여 다음 조건을 모두 만족시키는 자연수 x의 값을 구하시오.

> (가) 소수로 나타내면 유한소수가 된다.
>
> (나) 기약분수로 나타내면 $\dfrac{9}{y}$ 이다.
>
> (다) $100 < x < 150$

07

분수 $\dfrac{7 \times b}{2 \times 3 \times 5^2 \times a}$ 를 소수로 나타내면 순환소수가 될 때, 한 자리의 자연수 a, b에 대하여 순서쌍 (a, b)는 모두 몇 개인지 구하시오.

08

$\dfrac{1}{3}\left(\dfrac{4}{10} + \dfrac{4}{100} + \dfrac{4}{1000} + \cdots\right)$ 를 계산한 값을 순환소수로 나타내시오.

09

두 자리의 자연수 x에 대하여 분수 $\dfrac{x}{11}$ 를 소수로 나타내면 순환마디가 54인 순환소수가 된다고 한다. 이를 만족시키는 자연수 x는 모두 몇 개인지 구하시오.

10

음이 아닌 한 자리의 정수 a와 자연수 n에 대하여 $0.\dot{a}7\dot{5} = \dfrac{n}{37}$ 일 때, a, n의 값을 각각 구하시오.

11

순환소수 $1.\dot{4}\dot{8}$에 자연수 a를 곱하여 어떤 자연수의 제곱이 되게 하려고 한다. a의 값이 될 수 있는 수 중 두 번째로 작은 자연수를 구하시오.

12

$x=0.4\dot{a}\dot{b}$일 때, $1-\dfrac{1}{1-\dfrac{1}{x}}=1.68\dot{1}$을 만족시키는 음이 아

닌 한 자리의 정수 a, b에 대하여 $a+b$의 값을 구하시오.

13

한 자리의 자연수 x, y에 대하여 $x>y$일 때, 두 순환소수 $0.\dot{x}\dot{y}$와 $0.\dot{y}\dot{x}$의 합은 $0.\dot{4}$이다. 두 순환소수의 차가 $0.\dot{a}\dot{b}$일 때, 한 자리의 자연수 a, b에 대하여 $a+b$의 값을 구하시오.

14

한 자리의 자연수 a, b에 대하여 $a>b$일 때, $0.\dot{a}\dot{b}+0.\dot{b}\dot{a}=0.\dot{8}$이다. $0.\dot{a}\dot{b}\times x=0.\dot{b}\dot{a}$를 만족시키는 x가 유한소수일 때, $\dfrac{a}{b}$의 값을 구하시오.

I-2 단항식의 계산

15

$a=2^{30}$일 때, $16a$의 일의 자리의 숫자를 구하시오.

16

$13^{200}<x^{300}<5^{400}$을 만족시키는 자연수 x는 모두 몇 개인지 구하시오.

17

$(-81)^2\div(-3)^{2x}=9^{y-6}$일 때, 자연수 x, y에 대하여 $x+y$의 값을 구하시오. (단, $y>6$)

18

$5^{4x}(2^{4x+1}+2^{4x+3})=10^{21}$일 때, 자연수 x의 값을 구하시오.

19

$\dfrac{4^6+4^6+4^6+4^6}{3^6+3^6+3^6}\times\dfrac{9^{12}+9^{12}+9^{12}}{2^{12}+2^{12}+2^{12}+2^{12}}=3^n$일 때, 자연수 n의 값을 구하시오.

20

$A=2^{x-2}$, $B=3^{x+1}$, $C=5^{x-1}$일 때, 180^x을 A, B, C를 사용하여 나타내시오. (단, x는 3 이상의 자연수)

21

자연수 a, n에 대하여
$1\times2\times3\times4\times\cdots\times30=a\times10^n$일 때, n의 값 중에서 가장 큰 값을 구하시오.

22

$\dfrac{3^{20}\times5^{10}\times8^6}{18^8}$이 n자리의 자연수이고, 각 자리의 숫자의 합이 k일 때, $n+k$의 값을 구하시오.

23

$(8^8+8^8+8^8+8^8)(5^{20}+5^{20}+5^{20}+5^{20}+5^{20})\times a$가 23자리의 자연수가 되도록 하는 모든 자연수 a의 값의 합을 구하시오.

24

다음을 만족시키는 두 단항식 A, B에 대하여 $\dfrac{A}{B}$ 를 계산하시오.

$$0.2\dot{7}a^8b^6 \div A = (-0.\dot{3}a^3b^2)^2, \quad A \times B = 2.\dot{2}\dot{7}ab^2$$

25

밑면의 가로의 길이가 $3xy$, 세로의 길이가 $4xy^3$인 직육면체 모양의 상자를 다음 그림과 같은 규칙으로 쌓는다고 할 때, 〈4단계〉의 상자 전체의 부피는 $48x^6y^4$이라 한다. 이때 상자 한 개의 높이를 구하시오.

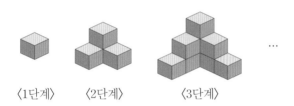

〈1단계〉　〈2단계〉　　　〈3단계〉　　…

26

다음 그림과 같이 반지름의 길이가 $3a^2b$인 구의 부피는 밑면의 반지름의 길이와 높이가 각각 $2ab$, $9a^3b$인 원뿔의 부피의 몇 배인지 구하시오.

27

오른쪽 그림과 같이 가로, 세로의 길이가 각각 $3a^2b$, $5ab^2$인 직사각형을 직선 l을 회전축으로 하여 1회전 시킬 때 생기는 회전체의 부피를 구하시오.

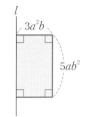

I-3 다항식의 계산

28

다항식 $ax^2 + bxy + c$를 $-4x$로 나누었더니 몫이 $3x - 2y$이고, 나머지가 5이었다. 이때 상수 a, b, c에 대하여 $a + b + c$의 값을 구하시오.

29

끈을 2개로 잘라서 다음 그림과 같이 한 변의 길이가 $3x^2 - 2x + 1$인 정사각형과 한 변의 길이가 $2x^2 + 5x - 3$인 정삼각형을 만들려고 한다. 더 긴 끈으로 정사각형을 만든다고 할 때, 2개로 나눈 끈의 길이의 차를 구하시오.

(단, 끈은 남김없이 사용한다.)

$3x^2 - 2x + 1$　　　$2x^2 + 5x - 3$

●정답 및 풀이 54쪽

30

두 식 X, Y에 대하여 $X \odot Y = XY^2$, $X \triangledown Y = 2X \div 3Y$
라 하자. 세 다항식 A, B, C에 대하여 $A = 8x^2y - 15xy$,
$B = -2xy$, $C = 9x^4y^4(5x-2)$일 때, $(A \odot B) - (C \triangledown B)$
를 계산하시오.

31

두 식 A, B가
$$A = y^2(6x - y) - (3x - 2y) \times xy,$$
$$B = (6x^3y^2 - 12x^2y^3 - 4xy^4) \div 2xy$$
일 때, $\dfrac{A+B}{y} - C = 9x^2 - xy + 2y^2$을 만족시키는 다항식
C를 x, y에 대한 식으로 나타내시오.

32

다음 그림과 같이 직사각형 모양의 꽃밭에 일정한 폭을 가지
는 길을 만들었다. 남아 있는 꽃밭의 넓이가
$ax^2y + bxy^2 + cxy$일 때, 상수 a, b, c에 대하여 $a + b - c$
의 값을 구하시오.

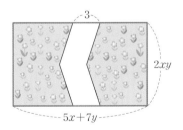

33

다음 그림은 어느 아파트의 도면이다. 이 아파트의 도면의
넓이를 a, b에 대한 식으로 나타내시오.

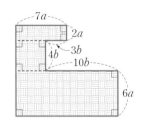

34

다음 그림과 같이 모든 모서리가 수직으로 만나는 입체도형
의 겉넓이를 구하시오.

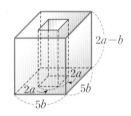

35

다음 그림과 같이 한 변의 길이가 12인 정사각형 $ABCD$의
내부에 점 P가 있다. 정사각형의 네 변 위에
$\overline{AE} = \overline{CG} = \dfrac{1}{3}\overline{AB}$, $\overline{CF} = \overline{AH} = \dfrac{1}{4}\overline{BC}$가 되도록 네 점 E,
F, G, H를 잡을 때, 색칠한 부분의 넓이를 구하시오.

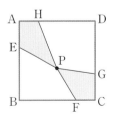

36

$a = 1.\dot{3}$, $b = 0.1\dot{6}$일 때, $\dfrac{8a^2 + 4ab}{2a} - \dfrac{5ab - 20b^2}{5b}$의 값을 구하시오.

37

$a + b + c = 0$일 때,

$\dfrac{a}{3}\left(\dfrac{1}{b} - \dfrac{1}{c}\right) + \dfrac{b}{3}\left(\dfrac{1}{a} - \dfrac{1}{c}\right) + \dfrac{c}{3}\left(\dfrac{1}{a} + \dfrac{1}{b}\right)$의 값을 구하시오.

(단, $abc \neq 0$)

II-1 일차부등식

38

$\dfrac{5x - 2}{3}$의 값을 소수점 아래 첫째 자리에서 반올림하면 6이 될 때, x의 값의 범위를 구하시오.

39

$x - 4y = 3$이고, $-5 \leq x < 1$일 때, 모든 정수 y의 값의 합을 구하시오.

40

일차부등식 $0.5a + 0.2 < 0.2a - 1$을 만족시키는 a에 대하여 x에 대한 일차부등식 $a(x - 2) < 8 - 4x$의 해를 구하시오.

41

일차부등식 $(a - 2b)x + 3a + b > 0$의 해가 $x > 2$일 때, 일차부등식 $(5a + b)x + 10a - 2b < 0$의 해를 구하시오.

(단, a, b는 상수)

42

일차부등식 $(5a-1)x-3<2x+b$의 해가 $x>\dfrac{1}{4}$일 때, 상수 a, b에 대하여 $a+b$의 최댓값을 구하시오. (단, $a\leq0$)

43

일차부등식 $0.7(x-2)-\dfrac{4}{5}x\leq0.3(7-a-2x)-\dfrac{1}{4}(a+3)$ 을 만족시키는 양수 x가 존재하지 않을 때, 상수 a의 최솟값을 구하시오.

44

x에 대한 일차부등식 $\dfrac{x+1}{4}\leq a-x$를 만족시키는 x의 값 중 32와 서로소인 자연수가 5개일 때, 상수 a의 값의 범위를 구하시오.

45

3 kg의 소포와 6 kg의 소포를 합하여 10개의 소포를 다음 요금표를 적용하여 보내려고 한다. 요금의 합계가 74000원 이하가 되도록 하려고 할 때, 3 kg의 소포를 적어도 몇 개 이상 보내야 하는지 구하시오.

무게	요금
2 kg 미만	5000원
2 kg^{이상}~ 5 kg^{미만}	6000원
5 kg^{이상}~10 kg^{미만}	8000원
10 kg^{이상}~20 kg^{미만}	11000원
20 kg^{이상}~30 kg^{미만}	14000원

46

수정이네 반 학생들이 단체복을 온라인으로 구매하려고 한다. 1장에 6000원인 티셔츠를 사는 데 다음과 같은 할인 방법 중 한 가지를 선택할 수 있다고 할 때, 할인 쿠폰을 적용하는 것보다 장당 할인을 받는 것이 유리하려면 티셔츠를 몇 장 이상 구매해야 하는지 구하시오.

선택	할인 방법
1	5000원 할인 쿠폰
2	장당 5% 할인

47

어느 지역의 버스 요금은 거리에 관계없이 1인당 1200원이다. 또, 택시 요금은 출발 후 2 km까지는 기본 요금이 3000원이고, 이후부터는 100 m당 65원씩 부과된다. 다음 그림의 출발 지점에서 네 사람이 함께 이동할 때, 택시를 타는 것이 버스를 타는 것보다 유리한 장소 중 출발 지점에서 최대한 멀리 갈 수 있는 장소를 말하시오.

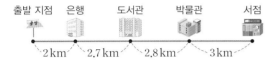

출발 지점   은행   도서관   박물관   서점

2 km ～ 2.7 km ～ 2.8 km ～ 3 km

48

도윤이네 가족은 한 달 동안 먹는 물의 양이 많아서 정수기를 사용하기로 하였다. 다음과 같이 어느 정수기의 구매 비용은 94만 원이고, 렌탈 비용은 처음 3개월까지는 무료이고 그 이후부터는 매달 27000원씩 지불하면 된다고 한다. 정수기를 몇 개월 이상 사용해야 구매하는 것이 렌탈하는 것보다 유리한지 구하고, 이때의 렌탈 비용과 구매 비용의 차를 구하시오.

냉온수기 정수기
파격가 : 94만 원
렌탈 문의 : 매달 27000원
(처음 3개월간 무료)

49

어느 가게 주인이 유리컵 1000개를 구입하고, 운반하던 도중에 50개를 깨뜨렸다. 나머지 컵을 모두 팔아서 전체 구입 가격의 14 % 이상의 이익이 남게 하려면 유리컵 한 개에 몇 % 이상의 이익을 붙여서 팔아야 하는지 구하시오.

50

어떤 일을 완성하는 데 A 그룹의 사람들은 한 사람당 8일이 걸리고, B 그룹의 사람들은 한 사람당 12일이 걸린다. A, B 두 그룹에 속한 사람들 중 10명이 함께 하루 만에 이 일을 완성하려고 할 때, B 그룹에 속한 사람은 최대 몇 명이어야 하는지 구하시오.

선택형	18문항 70점	총점
서술형	5문항 30점	100점

01

다음 중 순환소수 3.213213213…에 대한 설명으로 옳은 것은? [3점]

① 유리수가 아니다.
② 유한소수이다.
③ 순환마디는 132이다.
④ $3.\overset{\cdot}{2}\overset{\cdot}{1}$로 나타낸다.
⑤ 분수로 나타내면 $\dfrac{1070}{333}$이다.

02

분수 $\dfrac{9}{7}$를 소수로 나타낼 때, 소수점 아래 50번째 자리의 숫자는? [4점]

① 1   ② 2   ③ 5
④ 7   ⑤ 8

03

다음 보기에서 유한소수로 나타낼 수 있는 것을 모두 고른 것은? [4점]

보기

ㄱ. $\dfrac{1}{2\times7}$ ㄴ. $\dfrac{6}{2^3\times3}$ ㄷ. $\dfrac{12}{5^3}$

ㄹ. $\dfrac{9}{2^2\times5^2}$ ㅁ. $\dfrac{3}{2^2\times3^2\times5}$

① ㄱ, ㄴ, ㄷ   ② ㄱ, ㄷ, ㅁ
③ ㄴ, ㄷ, ㄹ   ④ ㄴ, ㄷ, ㅁ
⑤ ㄷ, ㄹ, ㅁ

04

다음은 순환소수 $0.\overset{\cdot}{1}\overset{\cdot}{3}$을 분수로 나타내는 과정이다. ☐ 안에 들어갈 모든 수들의 합은? [4점]

$x=0.\overset{\cdot}{1}\overset{\cdot}{3}$이라 하면
$x=0.131313\cdots$ …… ㉠
$\boxed{}x=13.131313\cdots$ …… ㉡
㉡−㉠을 하면 $\boxed{}x=\boxed{}$
∴ $x=\dfrac{13}{\boxed{}}$

① 310   ② 311   ③ 312
④ 313   ⑤ 314

05

어떤 자연수에 0.5를 곱해야 할 것을 잘못하여 $0.\overset{\cdot}{5}$를 곱했더니 바르게 계산한 결과보다 10만큼 작았다. 이때 어떤 자연수는? [5점]

① 165   ② 170   ③ 175
④ 180   ⑤ 185

06

다음 중 옳은 것은? [3점]

① $a^4\times a^3=a^{12}$ ② $(a^6\div a^2)^3=a^{12}$
③ $a^9\div a^3\div a^3=a$ ④ $(a^4)^4\div a^2=a^4$
⑤ $a^6\times a^3\div a^2=a^9$

07

$\dfrac{3^2+3^2+3^2}{2^3+2^3+2^3+2^3} \times \dfrac{8^3+8^3+8^3+8^3}{3^4+3^4+3^4}$ 을 계산하면? [5점]

① $\dfrac{2^2}{3}$　　　② $\dfrac{2^4}{3^2}$　　　③ $\dfrac{2^6}{3^2}$

④ $\dfrac{2^4}{3^4}$　　　⑤ $\dfrac{2^6}{3^4}$

08

$a=2^{x+1}$일 때, 8^x을 a를 사용하여 나타내면?

(단, x는 자연수) [4점]

① $\dfrac{a}{2}$　　　② $\dfrac{a^2}{4}$　　　③ $\dfrac{a^3}{8}$

④ $\dfrac{a^4}{16}$　　　⑤ $\dfrac{a^4}{32}$

09

$\left(\dfrac{2x}{y^2}\right)^a \times xy^2 = \dfrac{8x^b}{y^c}$일 때, 자연수 a, b, c에 대하여 $a+b+c$의 값은? [4점]

① 9　　　② 10　　　③ 11

④ 12　　　⑤ 13

10

$(x^3y^2)^2 \times (-2xy^2)^2 \div \dfrac{x^3y}{2} = Ax^By^C$일 때, 상수 A, B, C에 대하여 ABC의 값은? [4점]

① 70　　　② 140　　　③ 210

④ 280　　　⑤ 350

11

$\dfrac{3a-b}{4} - \dfrac{a+2b}{3}$ 를 계산하면? [3점]

① $\dfrac{5a-5b}{12}$　　　② $\dfrac{5a+5b}{12}$　　　③ $\dfrac{5a-11b}{12}$

④ $\dfrac{5a+11b}{12}$　　　⑤ $\dfrac{13a-11b}{12}$

12

$(-2x^2+5x-4)+\boxed{}=3x^2+2x-3$일 때, $\boxed{}$ 안에 알맞은 식은? [3점]

① $5x^2-3x+1$　　　② $5x^2+3x-1$

③ $5x^2+3x+1$　　　④ $10x^2-6x+2$

⑤ $10x^2+6x+2$

13

$(12x^2+4x) \div (-4x) + (-3x^2y+2y) \div \dfrac{y}{2}$ 를 계산하였을때, x^2의 계수는? [4점]

① -6　　　　② -3　　　　③ -1

④ 3　　　　⑤ 6

14

$A=-x+4y$, $B=2x-3y$일 때, $3A-6B$를 x, y에 대한 식으로 나타내면? [4점]

① $-15x-30y$　　　　② $-15x-6y$

③ $-15x+30y$　　　　④ $-9x-30y$

⑤ $-9x+30y$

15

$a<b$일 때, 다음 중 옳은 것은? [3점]

① $a-5>b-5$　　　　② $-3a<-3b$

③ $-a-3<-b-3$　　　　④ $-2a+1>-2b+1$

⑤ $5a-3>5b-3$

16

일차부등식 $2-3.2x \leq -6$을 만족시키는 x의 값 중 가장 작은 정수는? [4점]

① 4　　　　② 3　　　　③ 2

④ -3　　　　⑤ -4

17

삼각형의 세 변의 길이가 $x\,\mathrm{cm}$, $(x+2)\,\mathrm{cm}$, $(x+5)\,\mathrm{cm}$일 때, x의 값의 범위는? [4점]

① $1<x<2$　　　　② $x>1$　　　　③ $2<x<3$

④ $x>2$　　　　⑤ $x>3$

18

한 사람당 입장료가 4000원인 어느 미술관에서 20명 이상의 단체에 대해서는 입장료의 20 %를 할인해 준다고 한다. 은영이네 반 학생들이 미술관에 입장하려고 할 때, 20명 단체의 표를 사서 할인 혜택을 받는 것은 몇 명 이상이어야 유리한가? [5점]

① 15명　　　　② 16명　　　　③ 17명

④ 18명　　　　⑤ 19명

● 정답 및 풀이 57쪽

서술형

19

한 자리의 자연수 a에 대하여 순환소수 $0.21\dot{a}$를 기약분수로 나타내면 $\dfrac{b}{225}$가 된다고 한다. 이때 $a+b$의 값을 구하시오. (단, b는 자연수) [7점]

20

$2^8 \times 5^{10}$이 n자리의 자연수이고 각 자리의 숫자의 합이 a일 때, $n+a$의 값을 구하시오. [7점]

21

$(x+y):(x-2y)=2:1$일 때, $\dfrac{x^2+5y^2}{3xy}$의 값을 구하시오. (단, x, y는 자연수) [4점]

22

일차방정식 $x-5=\dfrac{x-a}{3}$의 해가 6보다 크지 않을 때, 상수 a의 값의 범위를 구하시오. [6점]

23

민지는 네 번의 수학 시험에서 각각 79점, 86점, 82점, 81점을 받았다. 다섯 번째 시험까지의 평균 점수가 85점 이상이 되게 하려면 다섯 번째 시험에서는 몇 점 이상을 받아야 하는지 구하시오. [6점]

선택형	18문항 70점	총점
서술형	5문항 30점	100점

01

두 분수 $\frac{4}{7}$ 와 $\frac{8}{11}$ 을 소수로 나타낼 때, 순환마디의 숫자의 개수를 각각 a, b라 하자. 이때 $a+b$의 값은? [4점]

① 6 ② 7 ③ 8
④ 9 ⑤ 10

02

두 분수 $\frac{n}{24}$ 과 $\frac{n}{35}$ 을 소수로 나타내면 모두 유한소수가 될 때, 두 자리의 자연수 n은 모두 몇 개인가? [4점]

① 3개 ② 4개 ③ 5개
④ 6개 ⑤ 7개

03

다음 중 순환소수를 분수로 바르게 나타낸 것은? [3점]

① $0.\dot{0}\dot{7} = \frac{7}{99}$ ② $0.\dot{2}\dot{6} = \frac{13}{33}$

③ $0.0\dot{6}\dot{1} = \frac{61}{99}$ ④ $15.\dot{1} = \frac{50}{3}$

⑤ $2.1\dot{3} = \frac{32}{15}$

04

다음 중 두 수의 대소 관계가 옳은 것을 모두 고르면?

(정답 2개) [4점]

① $0.\dot{3} < 0.3$ ② $0.\dot{4}\dot{5} > 0.\dot{5}$
③ $1.\dot{2}6 > 1.26$ ④ $2.\dot{3}0 < 2.\dot{3}$
⑤ $3.1\dot{5} < 3.\dot{1}\dot{5}$

05

다음 중 옳은 것을 모두 고르면? (정답 2개) [3점]

① $a^{10} \div a^5 = a^2$ ② $x^4 \div x^2 \div x^2 = 1$
③ $a^9 \div a^9 = 0$ ④ $(y^4)^3 \div (y^2)^3 = y^2$
⑤ $a^6 \div a^3 \div a^2 = a$

06

$(3x^a)^b = 243x^{10}$일 때, 자연수 a, b에 대하여 $a+b$의 값은? [3점]

① 7 ② 8 ③ 9
④ 10 ⑤ 11

07

$4^5 \times 5^{12} \times 6^4$은 n자리의 자연수이다. 이때 n의 값은?

[4점]

① 14   ② 15   ③ 16

④ 17   ⑤ 18

08

다음 중 옳지 <u>않은</u> 것은? [3점]

① $2x^3 \times (-3x^2) = -6x^5$

② $(-2x^2y)^2 \times (-xy)^3 = -4x^7y^5$

③ $6x^3y^2 \div \dfrac{1}{2x^2y} = 12xy$

④ $(4x^2)^2 \div 4x^4 = 4$

⑤ $(-3x^2y^3)^2 \div \left(\dfrac{1}{3}xy\right)^2 = 81x^2y^4$

09

$(-3xy)^3 \div (3xy^2)^2 \times \boxed{} = -12x^3$일 때, $\boxed{}$ 안에 알맞은 식은? [5점]

① $2x^2y$ ② $2x^2y^2$ ③ $4x^2y$

④ $4x^2y^2$ ⑤ $8x^2y$

10

$3x^2 - \{5x - (2x^2 - 3x + 11)\}$을 계산하면? [4점]

① $x^2 - 8x - 11$ ② $x^2 - 2x - 11$

③ $x^2 - 2x + 11$ ④ $5x^2 - 8x - 11$

⑤ $5x^2 - 8x + 11$

11

어떤 식에 $x^2 - 4x + 9$를 더해야 할 것을 잘못하여 뺐더니 $3x^2 + 7x - 13$이 되었다. 이때 바르게 계산한 식은?

[4점]

① $5x^2 - x + 5$ ② $5x^2 + x - 5$

③ $5x^2 + x + 5$ ④ $10x^2 - x + 5$

⑤ $10x^2 + x - 5$

12

$\dfrac{16x^2y^5 - 8x^3y^3}{8x^2y^2}$을 계산하면? [4점]

① $-2y^3 - xy$ ② $-2y^3 + 3xy$

③ $2y^3 - 3xy$ ④ $2y^3 - xy$

⑤ $xy^3 + 2xy$

13

오른쪽 그림과 같이 세로의 길이가 $5xy$인 직사각형의 넓이가 $10x^2y+15xy^2$일 때, 이 직사각형의 가로의 길이는? [4점]

① $x+2y$ ② $x+3y$ ③ $2x+y$

④ $2x+3y$ ⑤ $3x+2y$

14

다음 중 문장을 부등식으로 나타낸 것으로 옳지 <u>않은</u> 것을 모두 고르면? (정답 2개) [4점]

① x의 3배에서 2를 뺀 수는 8보다 작다.

    ➡ $3x-2<8$

② x에서 5를 뺀 수는 x의 4배보다 작지 않다.

    ➡ $x-5\leq4x$

③ x원짜리 연필 12자루의 값은 10000원 이하이다.

    ➡ $12x\leq10000$

④ 가로의 길이가 10 cm, 세로의 길이가 x cm인 직사각형의 둘레의 길이는 30 cm 이상이다.

    ➡ $x+10\geq30$

⑤ 오늘 부산의 기온은 x ℃이다. (단, 최저 기온은 3 ℃, 최고 기온은 20 ℃이다.)

    ➡ $3\leq x\leq20$

15

$-1<x<3$이고 $A=3x+2$일 때, A의 값의 범위는?

[3점]

① $-1<A<5$ ② $-1<A<11$

③ $1<A<5$ ④ $1<A<11$

⑤ $5<A<11$

16

일차부등식 $\dfrac{x}{3}-\dfrac{4}{5}<\dfrac{x}{5}$를 만족시키는 자연수 x는 모두 몇 개인가? [4점]

① 1개   ② 3개   ③ 5개

④ 7개   ⑤ 9개

17

희재는 한 개에 200원인 사탕 15개와 한 개에 600원인 초콜릿 몇 개를 사서 2000원을 들여 포장하려고 한다. 전체 금액을 10000원 이하가 되게 하려면 초콜릿은 최대 몇 개까지 살 수 있는가? [5점]

① 5개   ② 6개   ③ 7개

④ 8개   ⑤ 9개

18

준기는 집에서 TV를 시청하다가 야구 경기가 시작하기 전까지 30분의 여유가 있어 상점에서 간식을 사 오려고 한다. 간식을 사는 데 10분이 걸리고 왕복 시속 3 km로 걷는다면 집에서 최대 몇 km 이내에 있는 상점을 이용할 수 있는가? [5점]

① 0.3 km   ② 0.5 km   ③ 0.8 km

④ 1 km   ⑤ 1.2 km

서술형

19

분수 $\dfrac{28 \times a}{60}$ 를 소수로 나타내었을 때, 유한소수가 되도록 하는 한 자리의 자연수 a의 값을 모두 구하시오. [4점]

20

$(4x^3y^2 - 6xy^3) \div (-2xy) - (2x^3y + 6xy^2) \div (-2x)$ 를 계산하면 $ax^m y^n + by^2$이다. 이때 상수 a, b, m, n에 대하여 $a + b + m + n$의 값을 구하시오. [6점]

21

세 식 A, B, C에 대하여 다음 물음에 답하시오. [7점]

$$A = 2x^2y^2 \div (-4xy^3) \times 4y^2$$
$$B = (27x^4y^2 - 9x^2y^4) \div \left(\frac{3}{2}xy\right)^2$$
$$C = \frac{2x^2y^4 - 5x^3y^3}{3x^2y^2}$$

(1) 세 식 A, B, C를 각각 간단히 하시오. [6점]

(2) $2A + 3B - 6C$를 x, y에 대한 식으로 나타내시오.

[1점]

22

일차부등식 $\dfrac{2a-1}{3} < \dfrac{-a+4}{2}$ 를 만족시키는 a에 대하여 x에 대한 일차부등식 $ax + 4 \geq 2x + 2a$의 해를 구하시오. [7점]

23

아랫변의 길이가 $9\,\mathrm{cm}$이고 높이가 $4\,\mathrm{cm}$인 사다리꼴의 넓이가 $32\,\mathrm{cm}^2$ 이상일 때, 사다리꼴의 윗변의 길이는 몇 cm 이상이어야 하는지 구하시오. [6점]

선택형	18문항 70점	총점
서술형	5문항 30점	100점

01

다음 중 순환소수 4.141414…에 대한 설명으로 옳은 것은? [3점]

① 유리수가 아닌 무한소수이다.

② 순환마디는 41이다.

③ $4.\dot{1}$로 나타낸다.

④ $\dfrac{13}{3}$보다 작은 수이다.

⑤ 소수점 아래 60번째 자리의 숫자는 1이다.

02

두 분수 $\dfrac{3}{104}$과 $\dfrac{13}{280}$에 어떤 자연수 x를 각각 곱하여 소수로 나타내면 모두 유한소수가 된다고 할 때, x의 값이 될 수 있는 가장 작은 자연수는? [4점]

① 7 ② 13 ③ 49
④ 91 ⑤ 169

03

순환소수 $x=0.2\dot{3}\dot{6}$을 분수로 나타낼 때, 다음 중 이용할 수 있는 가장 편리한 식은? [3점]

① $10x-x$ ② $100x-10x$
③ $1000x-x$ ④ $1000x-10x$
⑤ $1000x-100x$

04

분수 $\dfrac{a}{6}$를 소수로 나타내면 4.1666…일 때, 자연수 a의 값은? [3점]

① 11 ② 17 ③ 25
④ 31 ⑤ 49

05

$\dfrac{4}{15}<0.\dot{x}\leq\dfrac{7}{9}$을 만족시키는 한 자리의 자연수 x의 값의 합은? [4점]

① 15 ② 18 ③ 22
④ 25 ⑤ 27

06

다음 중 옳은 것을 모두 고르면? (정답 2개) [3점]

① $5^3\times5^6=5^9$ ② $(2^3)^2=2^5$
③ $(-2^3)^4=-2^{12}$ ④ $2^7\div2^7=1$
⑤ $3^{10}\div(3^2)^4=\dfrac{1}{3^2}$

07

$x^8 \times x^\square \div x^2 \div x^3 = x^{10}$일 때, $\square$ 안에 알맞은 수는?

[4점]

① 3   ② 5   ③ 7

④ 9   ⑤ 11

08

$A = (2^3 \times 2^3 \times 2^3)(5^4 + 5^4 + 5^4 + 5^4)$일 때, A는 몇 자리의 자연수인가? [5점]

① 6자리   ② 7자리   ③ 8자리

④ 9자리   ⑤ 10자리

09

다음 중 옳지 <u>않은</u> 것은? [4점]

① $(-2x)^2 \times (-x^3 y) = -4x^5 y$

② $10a^2 b^3 \div 5ab^2 = 2ab$

③ $a^3 b^2 \times (-ab^2) \div (a^2 b)^2 = -b^2$

④ $(-2x^3 y^2)^2 \times 3xy^2 \div 6x^4 y^5 = 2x^3 y^2$

⑤ $6x^4 y \div \dfrac{3}{2} y^3 \times xy^3 = 4x^5 y$

10

다음 그림에서 정사각형과 삼각형의 넓이가 서로 같을 때, 삼각형의 높이는? [4점]

 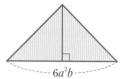

① $3a^2 b^5$ ② $3a^3 b^5$ ③ $6a^2 b^5$

④ $6a^3 b^5$ ⑤ $9a^2 b^5$

11

다음 중 옳지 <u>않은</u> 것은? [4점]

① $(3a+b) + (a-4b) = 4a - 3b$

② $5(a-2b) - (3a-b) = 2a - 9b$

③ $2(x+2y-5) - (4x-3y-4) = -2x + y - 6$

④ $(x-3y+1) + (2x+5y-4) = 3x + 2y - 3$

⑤ $(5x^2 - 6x + 2) - 5(x^2 + 4x + 1) = -26x - 3$

12

$a - \{5a - 2b - (2a - \square)\} = -7a - b$일 때, $\square$ 안에 알맞은 식은? [4점]

① $a + 3b$ ② $3a - 3b$ ③ $3a + 3b$

④ $5a - 3b$ ⑤ $5a + 3b$

13

$2x(x-5y)+(8x^3y-4xy^2)\div\dfrac{2}{3}xy$를 계산하면? [4점]

① $7x^2-10xy-6y$ ② $7x^2-10xy+6y$

③ $7x^2+10xy+6y$ ④ $14x^2-10xy-6y$

⑤ $14x^2+10xy+6y$

14

$A=2x-y$, $B=3x+2y$일 때, $A+2B$를 x, y에 대한 식으로 나타내면? [4점]

① $4x+3y$ ② $8x+3y$ ③ $8x+6y$

④ $12x+6y$ ⑤ $12x+8y$

15

다음 보기에서 부등식은 모두 몇 개인가? [3점]

> **보기**
>
> ㄱ. $x-2>4$ ㄴ. $x<7$
>
> ㄷ. $3x-1$ ㄹ. $x-3\geq2x$
>
> ㅁ. $2x=5$ ㅂ. $-x+1=2(x-1)$

① 1개   ② 2개   ③ 3개

④ 4개   ⑤ 5개

16

일차부등식 $\dfrac{x+2}{3}\geq\dfrac{x-1}{2}-x$를 풀면? [4점]

① $x\geq-7$ ② $x\leq-7$ ③ $x\leq-\dfrac{7}{5}$

④ $x\geq-\dfrac{7}{5}$ ⑤ $x\geq\dfrac{7}{5}$

17

일차부등식 $6x-3<3(x+a)$를 만족시키는 자연수 x가 2개일 때, 상수 a의 값의 범위는? [5점]

① $1<a<2$ ② $1\leq a<2$ ③ $1<a\leq2$

④ $1\leq a\leq2$ ⑤ $a>2$

18

6 %의 소금물 50 g과 9 %의 소금물을 섞어서 8 % 이상인 소금물을 만들려고 한다. 이때 9 %의 소금물은 최소 몇 g 넣어야 하는가? [5점]

① 30 g   ② 50 g   ③ 80 g

④ 100 g   ⑤ 120 g

19

두 분수 $\dfrac{7}{10}$ 과 $\dfrac{11}{12}$ 사이에 있는 분모가 60인 분수 중에서 유한소수로 나타낼 수 있는 분수는 모두 몇 개인지 구하시오. (단, 분자는 자연수) [4점]

20

오른쪽 그림과 같이 밑변의 길이가 $2a^2b$, 높이가 $6ab^2$인 직각삼각형을 직선 l을 회전축으로 하여 1회전 시킬 때 생기는 회전체의 부피를 구하시오. [6점]

21

$A=3x-y$, $B=2x+3y$일 때, $3(2A-3B)-2(5A-2B)$를 x, y에 대한 식으로 나타내시오. [6점]

22

일차부등식 $-3(a+x)<10-2x$를 만족시키는 음수 x가 존재하지 않을 때, 상수 a의 값의 범위를 구하시오.

[7점]

23

연아는 학교에 오전 9시까지 등교해야 하는데 어느 날 집에서 오전 8시 40분에 출발하여 분속 50 m로 걷다가 늦을 것 같아서 도중에 분속 250 m로 뛰었더니 늦지 않고 학교에 도착하였다. 집에서 학교까지의 거리가 2.6 km일 때, 연아가 분속 50 m로 걸은 거리는 최대 몇 m인지 구하시오. [7점]

선택형	18문항 70점	총점
서술형	5문항 30점	100점

01

다음 중 순환소수의 표현이 옳은 것은? [3점]

① $0.45666\cdots = 0.45\dot{6}$

② $0.101010\cdots = 0.\dot{1}0\dot{1}$

③ $0.024024024\cdots = 0.0\dot{2}\dot{4}$

④ $0.123123123\cdots = 0.\dot{1}\dot{2}\dot{3}$

⑤ $0.431431431\cdots = \dot{0}.43\dot{1}$

02

다음 분수 중 유한소수로 나타낼 수 있는 것은? [4점]

① $\dfrac{1}{2^2 \times 7}$ ② $\dfrac{3}{56}$ ③ $\dfrac{27}{450}$

④ $\dfrac{6}{72}$ ⑤ $\dfrac{2^2 \times 5}{12}$

03

분수 $\dfrac{a}{120}$ 를 소수로 나타내면 유한소수가 되고, 기약분수로 나타내면 $\dfrac{9}{b}$ 가 된다. a 가 100보다 크고 110보다 작은 자연수일 때, $\dfrac{a-b}{3}$ 를 순환소수로 나타내면? [5점]

① $32.\dot{3}$ ② $32.\dot{4}$ ③ $32.\dot{5}$

④ $32.\dot{6}$ ⑤ $32.\dot{7}$

04

다음 중 순환소수를 분수로 나타낸 것으로 옳은 것은? [3점]

① $0.\dot{0}\dot{3} = \dfrac{1}{33}$ ② $0.\dot{1}\dot{2} = \dfrac{2}{15}$

③ $0.0\dot{5}\dot{7} = \dfrac{19}{33}$ ④ $15.\dot{6} = \dfrac{52}{3}$

⑤ $3.1\dot{2} = \dfrac{103}{30}$

05

다음 중 옳지 않은 것은? [3점]

① 유한소수는 유리수이다.

② 순환소수는 유리수이다.

③ 순환소수는 무한소수이다.

④ 순환소수 중에는 분수로 나타낼 수 없는 수도 있다.

⑤ 정수가 아닌 유리수는 유한소수 또는 순환소수로 나타낼 수 있다.

06

$24^3 = 2^x \times 3^y$ 일 때, 자연수 x, y 에 대하여 xy 의 값은? [4점]

① 6   ② 15   ③ 18

④ 24   ⑤ 27

07

다음을 만족시키는 자연수 a, b에 대하여 $a+b$의 값은? [5점]

$$(0.\dot1)^a = \frac{1}{3^b}, \quad (5.\dot4)^3 = \left(\frac{7}{3}\right)^b$$

① 8 ② 9 ③ 10
④ 11 ⑤ 12

08

$8^5 + 8^5 + 8^5 + 8^5 = 2^a$일 때, 자연수 a의 값은? [4점]

① 13 ② 15 ③ 17
④ 18 ⑤ 19

09

$5^4 = A$라 할 때, 25^6을 A를 사용하여 나타내면? [4점]

① $\frac{1}{2}A^2$ ② A^2 ③ $\frac{1}{3}A^3$
④ A^3 ⑤ $\frac{1}{16}A^4$

10

$(x^2y^3)^3 \div \dfrac{x^4y^6}{2} \times (-4xy^2)^2$을 계산하면? [4점]

① $8x^{10}y^5$ ② $32x^4y^7$ ③ $32x^4y^{19}$
④ $32x^6y^5$ ⑤ $32x^{12}y^5$

11

$(2a^2 - 3a + 2) + (5a^2 + 5a - 7)$을 계산하면? [3점]

① $a^2 - 2a + 5$ ② $5a^2 - 2a - 5$
③ $7a^2 + 2a - 5$ ④ $7a^2 + 2a + 5$
⑤ $9a^2 - 2a + 5$

12

$3x - [6x - \{4y + 2(x - 8y)\}] = Ax + By$일 때, 상수 A, B에 대하여 $A+B$의 값은? [4점]

① -16 ② -15 ③ -14
④ -13 ⑤ -12

13

$(6x^2y-12xy) \div 3y - (4x^2-6x) \div \dfrac{2}{3}x$를 계산하였을 때, x의 계수와 상수항의 합은? [4점]

① -1 ② 0 ③ 1

④ 2 ⑤ 3

14

$x=\dfrac{4}{5}$, $y=-\dfrac{2}{3}$일 때, $\dfrac{2x^2y-3xy^2}{xy} - \dfrac{3y^2-xy}{2y}$의 값은? [4점]

① 3 ② 4 ③ 5

④ 6 ⑤ 7

15

다음 중 옳지 <u>않은</u> 것은? [3점]

① $a<b$이고 $c>0$이면 $ac<bc$이다.
② $a>b$이면 $a-3>b-3$이다.
③ $a<b$이고 $c<0$이면 $a+c<b+c$이다.
④ $ac<bc$이고 $c<0$이면 $a>b$이다.
⑤ $a<0<b$이면 $a^2<ab$이다.

16

다음 일차부등식 중 그 해가 주어진 수직선의 x의 값의 범위와 같은 것은? [4점]

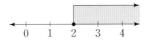

① $3x+7 \leq x+11$ ② $x+7 \leq 5x+11$
③ $-2x+5 \geq x+11$ ④ $-x+3 \leq x-1$
⑤ $5x+4 < 3x+8$

17

일차부등식 $ax+7>2x-3$의 해가 $x<10$일 때, 상수 a의 값은? [4점]

① $\dfrac{1}{2}$ ② 1 ③ $\dfrac{3}{2}$

④ 2 ⑤ $\dfrac{5}{2}$

18

한 번에 $750\,kg$까지 운반할 수 있는 엘리베이터에 몸무게가 $65\,kg$인 사람 1명과 $60\,kg$인 사람 1명이 무게가 $50\,kg$인 상자 여러 개를 실어 운반하려고 한다. 한 번에 운반할 수 있는 상자는 최대 몇 개인가? (단, 두 사람 모두 엘리베이터에 탑승한다.) [5점]

① 8개   ② 9개   ③ 10개
④ 11개   ⑤ 12개

19

어떤 기약분수를 소수로 나타내는데 민정이는 분모를 잘못 보아서 $0.3\dot{7}$로 나타내었고, 소윤이는 분자를 잘못 보아서 $1.4\dot{7}$로 나타내었다. 처음 기약분수를 구하시오. [4점]

20

$3^{x+3}+3^{y-3}=246$이고 $3^{y-1}=27$일 때, 자연수 x, y에 대하여 $x-y$의 값을 구하시오. (단, $y>3$) [6점]

21

다음 표에서 가로 방향으로는 덧셈을, 세로 방향으로는 뺄셈을 할 때, 다항식 ㈎, ㈏, ㈐, ㈑에 대하여 ㈎＋㈏＋㈐＋㈑를 계산하시오. [7점]

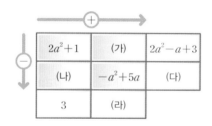

22

아래 그림과 같은 전개도로 직육면체를 만들었을 때, 평행한 두 면에 있는 두 다항식의 합이 모두 같다고 한다. 다음 물음에 답하시오. [6점]

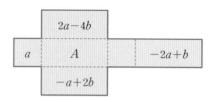

⑴ 평행한 두 면에 있는 다항식의 합을 구하시오. [3점]
⑵ 다항식 A를 구하시오. [3점]

23

일차부등식 $x-\dfrac{4x-3}{3}>-2$의 해가 $x<a$이고, 일차부등식 $0.2(3x-2)\leq0.3x-0.6$의 해가 $x\leq b$일 때, ab의 값을 구하시오. [7점]

선택형	18문항 70점	총점
서술형	5문항 30점	100점

01

순환소수 $0.3\dot{4}$의 소수점 아래 101번째 자리의 숫자는?

[3점]

① 0　　　　　② 3　　　　　③ 4
④ 7　　　　　⑤ 9

02

다음 분수를 소수로 나타낼 때, 유한소수로 나타낼 수 없는 분수는 모두 몇 개인가? [3점]

$$\frac{3}{14}, \quad \frac{21}{15}, \quad \frac{3}{35}, \quad \frac{26}{2\times3\times5\times7}, \quad \frac{36}{3^2\times5\times13}$$

① 1개　　　　② 2개　　　　③ 3개
④ 4개　　　　⑤ 5개

03

두 분수 $\frac{2}{5}$와 $\frac{5}{6}$ 사이에 있는 분모가 30인 분수 중에서 유한소수로 나타낼 수 있는 분수는 모두 몇 개인가?

(단, 분자는 자연수) [4점]

① 1개　　　　② 2개　　　　③ 3개
④ 4개　　　　⑤ 5개

04

분수 $\frac{6}{a}$을 소수로 나타내면 순환소수가 될 때, 다음 중 자연수 a의 값이 될 수 없는 것은? [3점]

① 9　　　　　② 13　　　　　③ 14
④ 18　　　　⑤ 24

05

다음 중 순환소수를 분수로 나타낸 것으로 옳은 것은?

[3점]

① $2.\dot{3}=\dfrac{7}{11}$　　　　　② $0.\dot{4}\dot{5}=\dfrac{9}{11}$

③ $4.7\dot{1}=\dfrac{467}{90}$　　　　　④ $2.\dot{1}6\dot{2}=\dfrac{80}{37}$

⑤ $1.\dot{3}7\dot{4}=\dfrac{1361}{999}$

06

다음 ☐ 안에 들어갈 수가 가장 큰 것은? [4점]

① $a^2\times a^{\square}=a^6$

② $(2x^2)^3=\square x^6$

③ $a^6\div a^{\square}=a$

④ $(a^2)^{\square}\div a^3=a^7$

⑤ $\left(\dfrac{x^3}{2x^2y}\right)^2=\dfrac{x^{\square}}{4x^4y^2}$

07

$a=2^{x-2}$, $b=3^{x-2}$일 때, 6^x을 a, b를 사용하여 나타내면?

(단, x는 3 이상의 자연수) [5점]

① $9ab$ ② $12ab$ ③ $18ab$

④ $24ab$ ⑤ $36ab$

08

$2^8 \times 5^7$이 n자리의 자연수일 때, n의 값은? [4점]

① 5   ② 6   ③ 7

④ 8   ⑤ 9

09

$x^5 y^9 \div (x^4 y^2)^2 \times \left(\dfrac{x^2}{y}\right)^3 = x^a y^b$일 때, 자연수 a, b에 대하여 $a-b$의 값은? [4점]

① 1   ② 2   ③ 3

④ 4   ⑤ 5

10

오른쪽 그림과 같이 밑면의 반지름의 길이가 $3ab^2$인 원기둥의 부피가 $18\pi a^3 b^5$일 때, 이 원기둥의 높이는? [4점]

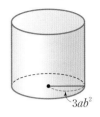

① ab ② $2ab$

③ $3ab$ ④ $2a^2 b$

⑤ $3a^2 b$

11

다음 ☐ 안에 알맞은 식은? [5점]

$$2a^2 - [a - \{\boxed{} - 3(a-4)\}] = 6a^2 - 7a + 25$$

① $2a^2 - a + 13$ ② $2a^2 + a - 13$

③ $4a^2 - 3a + 13$ ④ $4a^2 + 3a - 13$

⑤ $4a^2 + 3a + 13$

12

다항식 A에 $2x^2 - 3x + 2$를 더했더니 $-3x^2 + x + 4$가 되었고, 다항식 B에서 $-3x^2 + 2x - 5$를 뺐더니 $2x^2 - 5x + 3$이 되었다. 이때 $A+B$를 계산하면? [4점]

① $-6x^2 + x - 8$ ② $-6x^2 + x$

③ $-6x^2 + x + 8$ ④ $-3x^2 - x - 8$

⑤ $-3x^2 + x - 8$

13

$(15ab-9a^2)\div(-3a)+(-18ab^2+12b^2)\div6b^2$을 계산하면? [4점]

① $-5b-2$ ② $-5b+2$ ③ $5b-2$

④ $5b+2$ ⑤ $10b-2$

14

$A=x+y$, $B=x-y$일 때,
$A-\{B-3A-(A+4B)\}$를 x, y에 대한 식으로 나타내면? [4점]

① $4x+y$ ② $4x+2y$ ③ $8x+2y$

④ $8x+4y$ ⑤ $12x+y$

15

다음 부등식 중 $x=3$이 해가 <u>아닌</u> 것은? [4점]

① $3(x-2)\geq2$ ② $\dfrac{9-x}{2}<x+1$

③ $2x+2\leq3x-5$ ④ $5x\leq2x+9$

⑤ $3-3x\leq-x-2$

16

$-1<x\leq3$일 때, $5x+1$의 값의 범위는? [3점]

① $-4<5x+1\leq8$ ② $-4<5x+1\leq16$

③ $-2<5x+1\leq8$ ④ $-2<5x+1\leq16$

⑤ $-1<5x+1\leq8$

17

일차부등식 $\dfrac{x-1}{18}-1>\dfrac{7x-34}{3}-2(x+10)$의 해는? [4점]

① $x<58$ ② $x>58$ ③ $x<109$

④ $x>109$ ⑤ $x<116$

18

등산을 하는데 올라갈 때는 시속 $3\,\text{km}$로 걷고, 내려올 때는 같은 길을 시속 $5\,\text{km}$로 걸어서 전체 걸리는 시간을 4시간 이내로 하려고 한다. 최대 몇 km까지 올라갔다 내려올 수 있는가? [5점]

① $6\,\text{km}$ ② $\dfrac{13}{2}\,\text{km}$ ③ $7\,\text{km}$

④ $\dfrac{15}{2}\,\text{km}$ ⑤ $8\,\text{km}$

● 정답 및 풀이 64쪽

19

$0.\dot{3}=0.\dot{1}\times a$, $0.\dot{3}\dot{2}=0.0\dot{1}\times b$일 때, 자연수 a, b에 대하여 $a+b$의 값을 구하시오. [6점]

20

어떤 식에 $3x^4y^3$을 곱해야 할 것을 잘못하여 나누었더니 $\dfrac{4}{x^2y}$가 되었다. 이때 바르게 계산한 식을 구하시오. [4점]

21

일차부등식 $3x-2 \geq 7x+a$를 만족시키는 자연수 x가 3개일 때, 정수 a는 모두 몇 개인지 구하시오. [6점]

22

다음 그림과 같이 가로의 길이가 $7a+2b$, 세로의 길이가 $4b$인 직사각형 ABCD가 있다. $\overline{BE}=3a$, $\overline{CF}=b$일 때, $\triangle AEF$의 넓이를 구하시오. [7점]

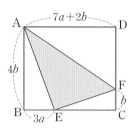

23

동네 과일가게에서는 배 한 개의 가격이 1000원인데 과일 도매 시장에서는 600원이라고 한다. 현재 동네 과일 가게에서 전 품목을 25 % 할인하여 팔고 있고 과일 도매 시장에 갔다 오는 데 왕복 교통비가 2400원이 든다고 할 때, 배를 몇 개 이상 사야 과일 도매 시장에서 사는 것이 유리한지 구하시오. [7점]

단원명	주요 개념	처음 푼 날	복습한 날

문제

풀이

개념

왜 틀렸을까?

☐ 문제를 잘못 이해해서

☐ 계산 방법을 몰라서

☐ 계산 실수

☐ 기타:

단원명	주요 개념	처음 푼 날	복습한 날

문제

풀이

개념

왜 틀렸을까?

☐ 문제를 잘못 이해해서

☐ 계산 방법을 몰라서

☐ 계산 실수

☐ 기타:

틀린 문제를 다시 한 번 풀어 보고 실력을 완성해 보세요.

단원명	주요 개념	처음 푼 날	복습한 날

문제

풀이

개념

왜 틀렸을까?

☐ 문제를 잘못 이해해서

☐ 계산 방법을 몰라서

☐ 계산 실수

☐ 기타:

틀린 문제를 다시 한 번 풀어 보고 실력을 완성해 보세요.

단원명	주요 개념	처음 푼 날	복습한 날

문제

풀이

개념

왜 틀렸을까?

☐ 문제를 잘못 이해해서

☐ 계산 방법을 몰라서

☐ 계산 실수

☐ 기타:

과학 고수들의
필독서

HIGH TOP

#2015 개정 교육과정
#믿고 보는 과학 개념서
#통합과학
#물리학 #화학 #생명과학 #지구과학
#과학 #잘하고싶다 #중요 #개념 #열공
#포기하지마 #엄지척 #화이팅

01
기초부터 심화까지
자세하고 빈틈 없는 개념 설명

02
풍부한 그림 자료,
수준 높은 문제 수록

03
새 교육과정을 완벽 반영한
깊이 있는 내용

중학교 1~3학년 / **고등학교** 통합과학 / 물리학 Ⅰ, Ⅱ / 화학 Ⅰ, Ⅱ / 생명과학 Ⅰ, Ⅱ / 지구과학 Ⅰ, Ⅱ

동아출판이 만든 진짜 기출예상문제집

동아출판

특급기출

중간고사

중학수학 2-1

정답 및 풀이

I. 수와 식의 계산

1 유리수와 순환소수

개념 check 8쪽

1 (1) $1.1666\cdots$, 무한소수 (2) 0.84, 유한소수
  (3) 0.1875, 유한소수 (4) $0.1454545\cdots$, 무한소수

2 (가) 5^2 (나) 5^2 (다) 325 (라) 0.325

3 (1) $\dfrac{5}{11}$ (2) $\dfrac{214}{99}$ (3) $\dfrac{23}{111}$ (4) $\dfrac{1571}{999}$ (5) $\dfrac{17}{45}$

  (6) $\dfrac{329}{90}$ (7) $\dfrac{116}{495}$ (8) $\dfrac{1231}{450}$

4 (1) ○ (2) × (3) ○ (4) ×

기출 유형 9쪽~13쪽

01 ③	02 3개	03 ②	04 ①
05 ③	06 ④	07 ③	08 ④
09 ⑤	10 9	11 135	12 ②
13 3개	14 ①, ③	15 2개	16 3
17 ⑤	18 ④	19 46	20 ②, ⑤
21 9	22 8개	23 ④	24 ⑤
25 ⑤	26 ⑤	27 ④	28 $0.8\dot{6}$
29 ③	30 ④	31 ③	32 ②, ⑤
33 $0.\dot{5}\dot{1}$	34 90	35 $5.6\dot{3}$	36 ②, ⑤
37 ⑤			

서술형 14쪽~15쪽

01 (1) $0.\dot{7}1428\dot{5}$ (2) $a=1$, $b=4$
01-1 (1) $0.1\dot{5}\dot{4}$ (2) $a=4$, $b=5$

02 (1) $10x=23.555\cdots$, $100x=235.555\cdots$ (2) $\dfrac{106}{45}$

02-1 (1) $10x=18.454545\cdots$, $1000x=1845.454545\cdots$

  (2) $\dfrac{203}{110}$

03 (1) $\dfrac{12}{24}$, $\dfrac{15}{24}$ (2) 4개

04 162
05 $a=21$, $b=20$
06 $0.3\dot{7}$
07 11
08 18

실전 중단원 학교 시험 1회 16쪽~19쪽

01 ⑤	02 ③	03 ①	04 ②	05 ②
06 ②	07 ⑤	08 ①	09 ③	10 ②
11 ①, ④	12 ④	13 ⑤	14 ④	15 ②
16 ③	17 ②	18 ③	19 10	20 29
21 $\dfrac{21}{55}$	22 198	23 6		

실전 중단원 학교 시험 2회 20쪽~23쪽

01 ③	02 ②	03 ④	04 ②	05 ③
06 ④	07 ⑤	08 ④	09 ②	10 ①
11 ④	12 ④	13 ②	14 ②	15 ③
16 ②	17 ④	18 ⑤	19 206	20 33
21 10개	22 87	23 $1.9\dot{4}\dot{5}$		

교과서 속 특이 문제 24쪽

01 8개 02 6 03

04 57 05 $\dfrac{1427}{1249}$

2 단항식의 계산

개념 check 26쪽

1 (1) a^8 (2) x^9 (3) x^{12} (4) a^{30} (5) a^{21}

2 (1) $\dfrac{1}{a^3}$ (2) x^3 (3) 1 (4) x^4y^{10} (5) $-\dfrac{x^6}{y^3}$

3 (1) $-6x^3y^5$ (2) $-4a^7b^{11}$ (3) $2a^3b$ (4) $-12x^2y^3$

4 (1) $12x^3y^2$ (2) $-2x$ (3) $16a^2b^2$ (4) $10b$

기출 유형 ○27쪽~32쪽

01 ②	02 ③	03 ④	04 ⑤
05 ④	06 ②	07 1	08 3
09 ⑤	10 10	11 ③	12 ⑤
13 ②	14 ④	15 ①	16 2^{30} B
17 ②	18 32	19 ⑤	20 ④
21 ③	22 ①	23 ②	24 ④
25 ①	26 ⑤	27 ②	28 ②
29 8	30 11자리	31 ⑤	32 ④
33 $\dfrac{12x^{12}}{y}$	34 ①	35 11	36 ①, ③
37 3개	38 $-3a^4b^6$	39 ④	40 ④
41 $6xy^2$	42 $\dfrac{b}{2a}$	43 $16x^4y^7$	44 $40a^5b^3$
45 $\dfrac{5}{2}ab$	46 $6ab^2$	47 (1) $36a^3b^2$ (2) $12a^2$	

서술형 □33쪽~34쪽

01 (1) 9 (2) 5 (3) 27 (4) 41
1-1 (1) 12 (2) 5 (3) 12 (4) 5
02 (1) $a=25$, $n=7$ (2) 9자리   2-1 (1) 13 (2) 15
03 12   04 2×3^{24} 마리
05 (1) 2^7 (2) 2   06 a^2-a
07 $\dfrac{3a^2}{b}$ 08 $3b$ cm

실전 중단원 학교 시험 1회 35쪽~38쪽

01 ④	02 ③	03 ④	04 ⑤	05 ②
06 ④	07 ③	08 ⑤	09 ④	10 ③
11 ①	12 ②	13 ④	14 ②	15 ④
16 ③	17 ①	18 ②	19 5	20 27배

21 $-25x^5y^3$ 22 $2ab$ cm   23 $\dfrac{27}{4}$배

실전 중단원 학교 시험 2회 39쪽~42쪽

01 ④	02 ①	03 ②	04 ④	05 ③
06 ⑤	07 ①	08 ①	09 ②	10 ②
11 ⑤	12 ③	13 ④	14 ①	15 ③
16 ②	17 ②	18 ⑤	19 6	20 4200초

21 $\dfrac{4x}{49y^2}$ 22 $14x$ 23 $2a$

교과서 속 특이 문제 ○43쪽

01 11   02 10자리   03 x^2y^3 04 26배
05 $\dfrac{3}{2}$

3 다항식의 계산

개념 check 46쪽~47쪽

1 (1) $4a+4b+3$ (2) $6x-8y+2$
 (3) $4a-3b+7$ (4) $6x+4y-1$
2 (1) $5x^2-4x-9$ (2) $6x^2+x+1$
 (3) $3x^2+6x-7$ (4) $-2x^2-6x+3$
3 (1) x^2+2x+1 (2) $4x+7y$
4 (1) $5a^2+2a$ (2) $3x^2y-2xy^2$
 (3) $-6x^2+24xy+12x$ (4) $-8ab-20b^2+4b$
5 (1) $4x-2y$ (2) $-2x+4$ (3) $-3x+4y$ (4) $6a+15b$
6 (1) $4b-8$ (2) $6x-4y$
 (3) $12a^2-13ab$ (4) $8x^2-7xy$
7 (1) -1 (2) 2
8 (1) $4y-5$ (2) $-3y+2$

기출 유형 ○48쪽~51쪽

01 ③	02 ⑤	03 ③	04 ⑤
05 $2a+7b$	06 ⑤	07 ①	08 ③
09 $8x-9y-2$	10 ②	11 x^2-2x+4	12 ④
13 $x-13y+8$	14 $15x^2-2x-10$		15 ⑤
16 ④	17 0	18 $-a-4b+12$	
19 ⑤	20 ①	21 ②	22 4
23 2	24 $6a^2b-5ab$	25 ④	26 $8ab^2-5b$
27 $6x+8y-4$	28 $2xy-\dfrac{1}{2}$	29 ①	30 ①
31 ④	32 $13a+48$		

서술형 □52쪽~53쪽

01 (1) $x^2-8x+10$ (2) $x^2-11x+14$
1-1 (1) $-9x+y+6$ (2) $-11x-3y+11$
02 (1) $-6x+6y$ (2) 30   2-1 (1) $2x-6y-1$ (2) -1
03 $-\dfrac{7}{11}$ 04 4
05 $3a-5b$
06 $-9a^3b^2+27a^2b^3-18a^2b^2$
07 (1) $2b+1$ (2) $10a^2b+20ab^2+14ab+2a$
08 (1) $\dfrac{8}{3}x-5y$ (2) 5

01 ④	02 ②	03 ③	04 ③	05 ⑤
06 ③	07 ⑤	08 ③	09 ④	10 ③
11 ③	12 ④	13 ②	14 ②	15 ⑤
16 ①	17 ④	18 ③	19 $2a+\dfrac{2}{3}b$	

20 $3xy+x+2y$ 21 $12x-4y$

22 $-7x+3y$ 23 40

01 ④	02 ⑤	03 ②	04 ⑤	05 ④
06 ③	07 ④	08 ④	09 ③	10 ③
11 ⑤	12 ④	13 ①	14 ④	15 ⑤
16 ⑤	17 ④	18 ①	19 $5x-2y-6$	

20 $6a^2b^3-12a^3b^3$ 21 $9ab+3a$ 22 12

23 (1) $-\dfrac{7}{5}x^5$ (2) -3

교과서 속 특이 문제
62쪽

01 $3x^2-4x-9$, $-3x^2+5x-11$

02 $24ab+2a+14$

03 $\left(\dfrac{7}{12}a+\dfrac{b}{6}\right)$원

04 $8a+4b$

05 (1) $A=4a+10b$, $B=16a+40b$ (2) $S=32a+80b$

Ⅱ. 부등식과 연립방정식

1 일차부등식

개념 check
64쪽~65쪽

1 (1) $x-4\leq3$ (2) $10x<9500$
  (3) $20x\geq2000$ (4) $500x+200>3000$

2 (1) 1, 2 (2) 2 (3) 0, 1 (4) 2

3 (1) < (2) < (3) > (4) <

4 (1) ○ (2) × (3) × (4) ○

5 (1) $x>3$, 풀이 참조 (2) $x<-3$, 풀이 참조
  (3) $x\leq6$, 풀이 참조 (4) $x\geq2$, 풀이 참조

6 (1) $x<-3$ (2) $x\leq-2$ (3) $x\leq6$ (4) $x>1$

7 14개

8 8 km

01 ⑤	02 ②	03 ④	04 기현
05 ㄴ, ㄹ	06 ②	07 -3	08 ④
09 ②	10 ④	11 ㄱ, ㅂ	12 ③
13 ⑤	14 $\dfrac{11}{5}$	15 ①, ⑤	16 ①
17 ②	18 ⑤	19 ④	20 ①
21 ③	22 ③	23 ⑤	24 ⑤
25 ③	26 ③	27 ②	28 ⑤
29 -1	30 -6	31 ①	32 2
33 ④	34 ③	35 ③	36 ②
37 ④	38 43점	39 ②	40 6개
41 ①	42 170분	43 8개월	44 ②
45 $x\geq8$	46 ③	47 ④	48 17명
49 ③	50 25명	51 ①	52 10 %
53 6 km	54 5 km	55 ③	56 ①
57 ②	58 4분	59 ③	60 ⑤
61 300 g			

서술형
74쪽~77쪽

01 $-\dfrac{2}{5}$ 01-1 -6

01-2 $x<-\dfrac{7}{3}$ 02 $\dfrac{1}{2}$

02-1 2 03 17개

03-1 5개 04 23개

04-1 11권 05 (1) $-6\leq A\leq10$ (2) 4

06 (1) $-2<x<4$ (2) $-2<A<0$

07 -6 08 5

09 -4, -3, -2, -1 10 1

11 7개월 12 20년

13 68개 14 13200원

15 (1) $\dfrac{x}{3}+\dfrac{4}{60}+\dfrac{x}{3}\leq\dfrac{36}{60}$ (2) 800 m

16 87.5 g

01 ③	02 ④	03 ④, ⑤	04 ③	05 ②
06 ③	07 ⑤	08 ②	09 ⑤	10 ③
11 ④	12 ④	13 ⑤	14 ③	15 ④
16 ①	17 ②	18 ②	19 $a\neq-1$	

20 $-8<a\leq-6$ 21 7년 22 4자루 23 6 km

실전 중단원 학교 시험 2회 82쪽~85쪽

01 ①, ⑤	02 ②	03 ⑤	04 ④	05 ②
06 ②	07 ③	08 ②	09 ①	10 ②
11 ③	12 ⑤	13 ①	14 ②	15 ①
16 ②	17 ②	18 ④	19 4	20 10
21 $a \geq 2$	22 2명	23 9명		

교과서 속 특이 문제 86쪽

01 $z < y < x$	02 3	03 10회

04 우유 : $\dfrac{800}{11}$ g, 감자튀김 : $\dfrac{400}{23}$ g

부록

고난도50 88쪽~96쪽

01 28	02 88	03 85개	04 5개
05 11	06 126	07 61개	08 $0.1\dot{4}\dot{8}$
09 8개	10 $a=6, n=25$	11 132	12 5
13 9	14 7	15 4	16 3개
17 10	18 5	19 18	20 $\dfrac{80}{9} A^2 B^2 C$
21 7	22 21	23 6	24 $\dfrac{11}{4} a^3 b^2$
25 $\dfrac{1}{4} x^4$	26 3a배	27 $45\pi a^5 b^4$	28 1
29 $6x^2 - 23x + 13$		30 $47x^4 y^3 - 66x^3 y^3$	
31 $-9x^2 + 3xy - 5y^2$		32 30	
33 $56a^2 + 70ab - 12b^2$		34 $8a^2 + 32ab + 30b^2$	
35 42	36 5	37 $-\dfrac{1}{3}$	38 $3.7 \leq x < 4.3$
39 -3	40 $x > 2$	41 $x > -1$	42 $-\dfrac{15}{4}$
43 5	44 $\dfrac{23}{2} \leq a < 14$	45 3개	46 17장
47 도서관	48 38개월, 5000원		49 20 %
50 6명			

중간고사 대비 실전 모의고사 1회 97쪽~100쪽

01 ⑤	02 ⑤	03 ③	04 ②	05 ④
06 ②	07 ③	08 ③	09 ③	10 ④
11 ③	12 ①	13 ①	14 ③	15 ④
16 ②	17 ⑤	18 ③	19 56	20 17
21 2	22 $a \geq 3$	23 97점		

중간고사 대비 실전 모의고사 2회 101쪽~104쪽

01 ③	02 ②	03 ⑤	04 ③, ④	05 ②, ⑤
06 ①	07 ②	08 ③	09 ③	10 ⑤
11 ①	12 ④	13 ④	14 ②, ④	15 ②
16 ③	17 ④	18 ②	19 3, 6, 9	20 8

21 (1) $A = -2xy$, $B = 12x^2 - 4y^2$, $C = \dfrac{2}{3} y^2 - \dfrac{5}{3} xy$

(2) $36x^2 + 6xy - 16y^2$

22 $x \leq 2$　23 7 cm

중간고사 대비 실전 모의고사 3회 105쪽~108쪽

01 ④	02 ④	03 ④	04 ③	05 ④
06 ①, ④	07 ③	08 ②	09 ④	10 ①
11 ①	12 ⑤	13 ④	14 ②	15 ③
16 ④	17 ③	18 ④	19 4개	20 $8\pi a^5 b^4$

21 $-22x - 11y$　22 $a \leq -\dfrac{10}{3}$　23 600 m

중간고사 대비 실전 모의고사 4회 109쪽~112쪽

01 ③	02 ③	03 ④	04 ①	05 ④
06 ⑤	07 ⑤	08 ③	09 ④	10 ②
11 ③	12 ④	13 ①	14 ④	15 ⑤
16 ④	17 ②	18 ⑤	19 $\dfrac{37}{90}$	20 -2

21 $4a^2 - 2a$　22 (1) $a - 2b$　(2) $3a - 3b$　23 -6

중간고사 대비 실전 모의고사 5회 113쪽~116쪽

01 ②	02 ④	03 ④	04 ⑤	05 ④
06 ②	07 ⑤	08 ④	09 ①	10 ②
11 ③	12 ③	13 ②	14 ③	15 ③
16 ②	17 ③	18 ④	19 32	20 $36x^6 y^5$

21 4개　22 $\dfrac{19}{2} ab + 4b^2$　23 17개

1 유리수와 순환소수

I. 수와 식의 계산

8쪽

개념 check

1 답 (1) 1.1666···, 무한소수
(2) 0.84, 유한소수
(3) 0.1875, 유한소수
(4) 0.1454545···, 무한소수

(1) $\dfrac{7}{6}$=1.1666···이므로 무한소수이다.

(2) $\dfrac{21}{25}$=0.84이므로 유한소수이다.

(3) $\dfrac{3}{16}$=0.1875이므로 유한소수이다.

(4) $\dfrac{8}{55}$=0.1454545···이므로 무한소수이다.

2 답 (가) 5^2 (나) 5^2 (다) 325 (라) 0.325

$\dfrac{13}{40}=\dfrac{13\times\boxed{5^2}}{2^3\times5\times\boxed{5^2}}=\dfrac{\boxed{325}}{1000}=\boxed{0.325}$

참고 분모를 10의 거듭제곱 꼴로 나타내면 분수를 유한소수로 나타낼 수 있다. 이때 기약분수의 분모의 소인수 2 또는 5의 지수 중 큰 지수에 맞추어 분모, 분자에 적당한 수를 곱하여 분모를 10의 거듭제곱 꼴로 고친다.

3 답 (1) $\dfrac{5}{11}$ (2) $\dfrac{214}{99}$ (3) $\dfrac{23}{111}$ (4) $\dfrac{1571}{999}$ (5) $\dfrac{17}{45}$ (6) $\dfrac{329}{90}$
(7) $\dfrac{116}{495}$ (8) $\dfrac{1231}{450}$

(1) $0.\dot{4}\dot{5}=\dfrac{45}{99}=\dfrac{5}{11}$

(2) $2.\dot{1}\dot{6}=\dfrac{216-2}{99}=\dfrac{214}{99}$

(3) $0.\dot{2}0\dot{7}=\dfrac{207}{999}=\dfrac{23}{111}$

(4) $1.\dot{5}7\dot{2}=\dfrac{1572-1}{999}=\dfrac{1571}{999}$

(5) $0.3\dot{7}=\dfrac{37-3}{90}=\dfrac{34}{90}=\dfrac{17}{45}$

(6) $3.6\dot{5}=\dfrac{365-36}{90}=\dfrac{329}{90}$

(7) $0.2\dot{3}\dot{4}=\dfrac{234-2}{990}=\dfrac{232}{990}=\dfrac{116}{495}$

(8) $2.7\dot{3}\dot{5}=\dfrac{2735-273}{900}=\dfrac{2462}{900}$
$=\dfrac{1231}{450}$

4 답 (1) ○ (2) × (3) ○ (4) ×
(2) π=3.141592···와 같이 순환소수가 아닌 무한소수도 있으므로 모든 무한소수가 순환소수인 것은 아니다.
(4) 모든 순환소수는 분수로 나타낼 수 있으므로 유리수이다.

기출 유형

9쪽~13쪽

유형 01 유한소수와 무한소수

9쪽

(1) 유한소수 : 소수점 아래에 0이 아닌 숫자가 유한 번 나타나는 소수
(2) 무한소수 : 소수점 아래에 0이 아닌 숫자가 무한 번 나타나는 소수

01 답 ③

① $\dfrac{10}{3}$=3.333···   ② $\dfrac{1}{6}$=0.1666···

③ $\dfrac{3}{8}$=0.375   ④ $\dfrac{21}{11}$=1.909090···

⑤ $\dfrac{11}{30}$=0.3666···

따라서 유한소수인 것은 ③이다.

02 답 3개

$\dfrac{2}{3}$=0.666···, $-\dfrac{6}{5}$=-1.2, π=3.141592···,

$\dfrac{15}{16}$=0.9375, $-\dfrac{25}{99}$=-0.252525···

따라서 무한소수는 $\dfrac{2}{3}$, π, $-\dfrac{25}{99}$의 3개이다.

유형 02 순환마디

9쪽

순환마디 : 순환소수의 소수점 아래에서 숫자의 배열이 일정하게 되풀이되는 한 부분
예 0.248248248··· → 순환마디 : 248

03 답 ②

① 0.555··· → 5
③ 0.4212121··· → 21
④ 6.363636··· → 36
⑤ 1.234123412341··· → 2341
따라서 바르게 나타낸 것은 ②이다.

04 답 ①

$\dfrac{37}{33}$=1.121212···이므로 순환마디는 12이다.

05 답 ③

① $\dfrac{1}{3}$=0.333···이므로 순환마디는 3이다. → 1개

② $\dfrac{5}{6}$=0.8333···이므로 순환마디는 3이다. → 1개

③ $\dfrac{3}{7}$=0.428571428571428571···이므로 순환마디는 428571이다. → 6개

④ $\dfrac{4}{9}$=0.444···이므로 순환마디는 4이다. → 1개

⑤ $\dfrac{2}{11}$=0.181818···이므로 순환마디는 18이다. → 2개

따라서 순환마디의 숫자의 개수가 가장 많은 것은 ③이다.

유형 **03** 순환소수의 표현   9쪽

순환소수는 순환마디의 양 끝의 숫자 위에 점을 찍어 나타낸다.

예 $1.525252\cdots \rightarrow 1.\dot{5}\dot{2}$

06 답 ④

① $7.6333\cdots = 7.6\dot{3}$

② $3.012012012\cdots = 3.\dot{0}1\dot{2}$

③ $5.3444\cdots = 5.3\dot{4}$

⑤ $3.123123123\cdots = 3.\dot{1}2\dot{3}$

따라서 옳은 것은 ④이다.

07 답 ③

① $\dfrac{6}{11} = 0.545454\cdots = 0.\dot{5}\dot{4}$

② $\dfrac{11}{3} = 3.666\cdots = 3.\dot{6}$

③ $\dfrac{17}{15} = 1.1333\cdots = 1.1\dot{3}$

④ $\dfrac{2}{9} = 0.222\cdots = 0.\dot{2}$

⑤ $\dfrac{40}{27} = 1.481481481\cdots = 1.\dot{4}8\dot{1}$

따라서 바르게 나타낸 것은 ③이다.

유형 **04** 순환소수의 소수점 아래 n번째 자리의 숫자 구하기   10쪽

순환소수의 소수점 아래 n번째 자리의 숫자는

① 순환마디의 숫자의 개수를 구한다.

② 규칙성을 이용하여 n을 순환마디의 숫자의 개수로 나눈 후, 나머지로부터 순환마디의 순서에 따라 소수점 아래 n번째 자리의 숫자를 구한다.

예 $0.\dot{2}\dot{5}$의 소수점 아래 13번째 자리의 숫자 구하기

→ 순환마디의 숫자가 2개이므로

$\quad 13 = 2 \times 6 + 1$

→ $0.\dot{2}\dot{5}$의 소수점 아래 13번째 자리의 숫자는 순환마디의 첫 번째 숫자인 2이다.

08 답 ④

① 소수점 아래 50번째 자리의 숫자는 4이다.

② $50 = 2 \times 25$이므로 소수점 아래 50번째 자리의 숫자는 순환마디의 맨 마지막 숫자인 6이다.

③ $50 = 3 \times 16 + 2$이므로 소수점 아래 50번째 자리의 숫자는 순환마디의 두 번째 숫자인 1이다.

④ $50 = 1 + 2 \times 24 + 1$이므로 소수점 아래 50번째 자리의 숫자는 순환마디의 첫 번째 숫자인 0이다.

⑤ 소수점 아래 50번째 자리의 숫자는 2이다.

따라서 가장 작은 것은 ④이다.

09 답 ⑤

$\dfrac{3}{13} = 0.\dot{2}3076\dot{9}$이므로 순환마디의 숫자는 6개이다.

이때 $90 = 6 \times 15$이므로 소수점 아래 90번째 자리의 숫자는 순환마디의 맨 마지막 숫자인 9이다.

10 답 9

$\dfrac{5}{22} = 0.2\dot{2}\dot{7}$이므로 순환마디의 숫자는 2개이다.

이때 $15 = 1 + 2 \times 7$이므로 소수점 아래 15번째 자리의 숫자는 순환마디의 맨 마지막 숫자인 7이다.   ∴ $a = 7$

또, $20 = 1 + 2 \times 9 + 1$이므로 소수점 아래 20번째 자리의 숫자는 순환마디의 첫 번째 숫자인 2이다.   ∴ $b = 2$

∴ $a + b = 7 + 2 = 9$

11 답 135

$\dfrac{2}{7} = 0.\dot{2}8571\dot{4}$이므로 순환마디의 숫자는 6개이다.

이때 $30 = 6 \times 5$이므로 소수점 아래 첫 번째 자리의 숫자부터 30번째 자리의 숫자까지의 합은 순환마디의 숫자들의 합의 5배이다.

∴ $f_1 + f_2 + \cdots + f_{30} = (2 + 8 + 5 + 7 + 1 + 4) \times 5$
$= 27 \times 5 = 135$

유형 **05** 유한소수로 나타낼 수 있는 분수   10쪽

유한소수로 나타낼 수 있는 분수 구분하는 순서

① 주어진 분수를 기약분수로 나타내고, 분모를 소인수분해한다.

② 분모의 소인수가 2 또는 5뿐이면 → 유한소수

분모에 2 또는 5 이외의 소인수가 있으면 → 순환소수

12 답 ②

$\dfrac{23}{20} = \dfrac{23}{2^{\boxed{2}} \times 5} = \dfrac{23 \times \boxed{5}}{2^{\boxed{2}} \times 5 \times \boxed{5}} = \dfrac{115}{\boxed{100}} = \boxed{1.15}$

따라서 옳지 않은 것은 ②이다.

13 답 3개

ㄷ. $\dfrac{21}{450} = \dfrac{7}{150} = \dfrac{7}{2 \times 3 \times 5^2}$

ㄹ. $\dfrac{27}{2 \times 3^2 \times 5^2} = \dfrac{3}{2 \times 5^2}$

ㅁ. $\dfrac{45}{2^3 \times 3^2 \times 5^2} = \dfrac{1}{2^3 \times 5}$

따라서 유한소수로 나타낼 수 있는 것은 ㄴ, ㄹ, ㅁ의 3개이다.

14 답 ①, ③

① $\dfrac{5}{14} = \dfrac{5}{2 \times 7}$

② $\dfrac{13}{80} = \dfrac{13}{2^4 \times 5}$

③ $\dfrac{6}{90} = \dfrac{1}{15} = \dfrac{1}{3 \times 5}$

④ $\dfrac{21}{120} = \dfrac{7}{40} = \dfrac{7}{2^3 \times 5}$

⑤ $\dfrac{9}{150} = \dfrac{3}{50} = \dfrac{3}{2 \times 5^2}$

따라서 유한소수로 나타낼 수 없는 것은 ①, ③이다.

본책

15 답 2개

$\frac{1}{5}=\frac{7}{35}$, $\frac{5}{7}=\frac{25}{35}$이고 $35=5\times7$이므로 분모가 35인 분수를 유한소수로 나타낼 수 있으려면 분자는 7의 배수이어야 한다.

따라서 $\frac{7}{35}$과 $\frac{25}{35}$ 사이에 있는 분모가 35인 분수 중 유한소수로 나타낼 수 있는 분수는 $\frac{14}{35}$, $\frac{21}{35}$의 2개이다.

유형 **06** 유한소수가 되도록 하는 미지수의 값 구하기　11쪽

주어진 분수를 기약분수로 나타내고, 분모를 소인수분해한다.
이때 분모의 소인수가 2 또는 5뿐이면 유한소수가 되므로

(1) $\frac{A}{B}\times x$ 꼴 (A, B는 서로소, x는 자연수)

　➡ x는 분모의 소인수 중 2 또는 5를 제외한 소인수들의 곱의 배수이어야 한다.

(2) $\frac{A}{B\times x}$ 꼴 (A, B는 서로소, x는 자연수)

　➡ x는 소인수가 2 또는 5로만 이루어진 수 또는 분자의 약수 또는 이들의 곱으로 이루어진 수이어야 한다.

16 답 3

$\frac{14}{84}\times A=\frac{1}{2\times3}\times A$가 유한소수가 되려면 A는 3의 배수이어야 한다.

따라서 가장 작은 자연수 A는 3이다.

17 답 ⑤

$\frac{15}{2^2\times x}$가 유한소수가 되려면 x는 소인수가 2 또는 5로만 이루어진 수 또는 15의 약수 또는 이들의 곱으로 이루어진 수이어야 한다.

따라서 x의 값이 될 수 없는 것은 ⑤이다.

18 답 ④

$\frac{7}{98}\times A=\frac{1}{2\times7}\times A$가 유한소수가 되려면 A는 7의 배수이어야 한다.

또, $\frac{17}{36}\times A=\frac{17}{2^2\times3^2}\times A$가 유한소수가 되려면 A는 $3^2=9$의 배수이어야 한다.

따라서 A는 7과 9의 공배수인 63의 배수이어야 하므로 A의 값이 될 수 있는 것은 ④이다.

참고 $\frac{7}{98}$을 기약분수로 나타내지 않고 분모를 소인수분해하면

$98=2\times7^2$에서 A는 49와 9의 공배수라고 잘못 답할 수 있으므로 주의한다.

19 답 46

$\frac{a}{75}=\frac{a}{3\times5^2}$가 유한소수가 되려면 a는 3의 배수이어야 한다.

또, $\frac{a}{75}$를 기약분수로 나타내면 $\frac{7}{b}$이므로 a는 7의 배수이어야 한다.

즉, a는 3과 7의 공배수인 21의 배수이어야 하므로 a의 최솟값은 21이다.

$a=21$일 때, $\frac{21}{75}=\frac{7}{25}$이므로 $b=25$

따라서 a의 최솟값과 그때의 b의 값의 합은 $21+25=46$

유형 **07** 순환소수가 되도록 하는 미지수의 값 구하기　11쪽

주어진 분수를 기약분수로 나타내었을 때, 분모에 2 또는 5 이외의 소인수가 있어야 한다.

20 답 ②, ⑤

$\frac{a}{240}=\frac{a}{2^4\times3\times5}$가 순환소수가 되려면 a는 3의 배수가 아니어야 한다.

따라서 a의 값이 될 수 있는 것은 ②, ⑤이다.

21 답 9

$\frac{14}{2^2\times5\times a}=\frac{7}{2\times5\times a}$이 순환소수가 되려면 기약분수로 나타내었을 때, 분모에 2 또는 5 이외의 소인수가 있어야 한다.

한 자리의 자연수 중 2 또는 5 이외의 소인수가 있는 수는 3, 6, 7, 9이고 이 중에서 분자인 7과 약분되어도 2 또는 5 이외의 소인수가 있는 수는 3, 6, 9이므로 a의 값이 될 수 있는 것은 3, 6, 9이다.

따라서 a의 값이 될 수 있는 한 자리의 자연수 중 가장 큰 수는 9이다.

22 답 8개

$\frac{3}{5a}$이 순환소수가 되려면 기약분수로 나타내었을 때, 분모에 2 또는 5 이외의 소인수가 있어야 한다.

20 이하의 자연수 중 2 또는 5 이외의 소인수가 있는 수는 3, 6, 7, 9, 11, 12, 13, 14, 15, 17, 18, 19이고 이 중에서 분자인 3과 약분되어도 2 또는 5 이외의 소인수가 있는 수는 7, 9, 11, 13, 14, 17, 18, 19이므로 a의 값이 될 수 있는 수는 모두 8개이다.

유형 **08** 순환소수를 분수로 나타내기 (1)　11쪽

소수점 아래 부분이 같은 두 순환소수의 차는 정수가 됨을 이용하여 소수점 아래 부분을 같게 한 후 순환하는 부분을 없앤다.

23 답 ④

$10x=53.171717\cdots$　$\cdots\cdots$ ㉠

$1000x=5317.171717\cdots$　$\cdots\cdots$ ㉡

㉡$-$㉠을 하면 $990x=5264$　$\therefore x=\frac{5264}{990}=\frac{2632}{495}$

따라서 가장 편리한 식은 ④이다.

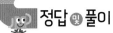
24 답 ⑤

$x=0.\dot{3}\dot{2}$라 하면

$x=0.323232\cdots$ ⋯⋯⋯ ㉠

㉠의 양변에 $\boxed{100}$을 곱하면

$\boxed{100}x=32.323232\cdots$ ⋯⋯⋯ ㉡

㉡－㉠을 하면

$\boxed{99}x=\boxed{32}$ $\quad\therefore x=\boxed{\dfrac{32}{99}}$

따라서 옳지 않은 것은 ⑤이다.

25 답 ⑤

①, ②, ③ $x=2.612612612\cdots=2.\dot{6}1\dot{2}$이므로 순환마디는 612 이고 순환마디의 숫자는 3개이다.

④, ⑤ $\quad1000x=2612.612612612\cdots$

$\quad\quad-)\quad\quad x=\quad\;\;2.612612612\cdots$

$\quad\quad\overline{\quad\quad 999x=2610\quad\quad\quad\quad\quad\quad}$

$\quad\quad\quad\quad\therefore x=\dfrac{2610}{999}=\dfrac{290}{111}$

따라서 옳은 것은 ⑤이다.

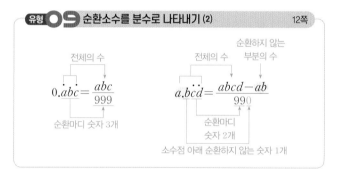

26 답 ⑤

① $0.\dot{1}\dot{4}=\dfrac{14}{99}$ ② $0.0\dot{4}=\dfrac{4}{90}=\dfrac{2}{45}$

③ $0.3\dot{6}=\dfrac{36-3}{90}=\dfrac{33}{90}=\dfrac{11}{30}$ ④ $0.\dot{1}0\dot{5}=\dfrac{105}{999}=\dfrac{35}{333}$

⑤ $1.2\dot{1}\dot{5}=\dfrac{1215-12}{990}=\dfrac{1203}{990}=\dfrac{401}{330}$

따라서 옳은 것은 ⑤이다.

27 답 ④

$0.1\dot{5}=\dfrac{15-1}{90}=\dfrac{14}{90}=\dfrac{7}{45}=\dfrac{7}{3^2\times5}$이므로 유한소수가 되려면 $3^2=9$의 배수를 곱해야 한다.

따라서 곱할 수 있는 가장 작은 자연수는 9이다.

28 답 $0.8\dot{6}$

$0.4\dot{3}=\dfrac{43-4}{90}=\dfrac{39}{90}=\dfrac{13}{30}$에서 채원이는 분모를 잘못 보았으므 로 바르게 본 분자는 13이다.

$0.1\dot{3}=\dfrac{13-1}{90}=\dfrac{12}{90}=\dfrac{2}{15}$에서 예담이는 분자를 잘못 보았으므 로 바르게 본 분모는 15이다.

따라서 처음 기약분수는 $\dfrac{13}{15}$이므로 순환소수로 나타내면

$\dfrac{13}{15}=0.8\dot{6}$

[방법 1] 순환소수를 풀어 쓴 후, 각 자리의 숫자를 차례대로 비교한다.

[방법 2] 순환소수를 분수로 나타낸 후 통분하여 대소를 비교한다.

29 답 ③

① 3.21

② $3.2\dot{1}=3.2111\cdots$

③ $3.\dot{2}\dot{1}=3.212121\cdots$

④ $3.\dot{2}1\dot{0}=3.210210\cdots$

⑤ $3.2\dot{1}\dot{0}=3.2101010\cdots$

따라서 가장 큰 수는 ③이다.

30 답 ④

① $0.\dot{5}=0.555\cdots<0.6$

② $2.\dot{3}\dot{5}=2.353535\cdots<2.3\dot{5}=2.3555\cdots$

③ $3.\dot{8}=3.888\cdots>3.8$

④ $0.\dot{1}0\dot{2}=0.102102\cdots>0.1\dot{0}\dot{2}=0.10202\cdots$

⑤ $0.\dot{7}=0.777\cdots>0.7\dot{1}=0.7111\cdots$

따라서 옳은 것은 ④이다.

31 답 ③

$0.\dot{x}=\dfrac{x}{9}$이므로 $\dfrac{2}{3}<\dfrac{x}{9}<\dfrac{7}{8}$에서

$\dfrac{48}{72}<\dfrac{8x}{72}<\dfrac{63}{72}$, $48<8x<63$ $\quad\therefore 6<x<\dfrac{63}{8}$

따라서 한 자리의 자연수 x는 7이다.

다른 풀이

$\dfrac{2}{3}<0.\dot{x}<\dfrac{7}{8}$에서 $0.\dot{6}<0.\dot{x}<0.875$

따라서 한 자리의 자연수 x는 7이다.

순환소수를 포함한 식의 계산은 순환소수를 분수로 나타낸 후 계산한다.

32 답 ⑤

$0.\dot{2}1\dot{3}=\dfrac{213}{999}=213\times\dfrac{1}{999}$이므로

$x=\dfrac{1}{999}=0.\dot{0}0\dot{1}$

33 답 $0.5\dot{1}$

$a=0.\dot{5}=\dfrac{5}{9}$, $b=0.1\dot{7}=\dfrac{17-1}{90}=\dfrac{16}{90}=\dfrac{8}{45}$이므로

$a+b=\dfrac{5}{9}+\dfrac{8}{45}=\dfrac{33}{45}=\dfrac{11}{15}$

$a-b=\dfrac{5}{9}-\dfrac{8}{45}=\dfrac{17}{45}$

$\therefore \dfrac{a-b}{a+b}=(a-b)\div(a+b)$

$=\dfrac{17}{45}\div\dfrac{11}{15}=\dfrac{17}{45}\times\dfrac{15}{11}$

$=\dfrac{17}{33}$

따라서 $\dfrac{17}{33}$을 순환소수로 나타내면

$\dfrac{17}{33}=0.\dot{5}\dot{1}$

34 답 90

$0.\dot{8}a-0.8a=8$에서

$\dfrac{8}{9}a-\dfrac{4}{5}a=8$, $\dfrac{4}{45}a=8$ $\qquad \therefore a=90$

35 답 $5.6\dot{3}$

$0.\dot{3}x-1.\dot{4}=0.4\dot{3}$에서

$\dfrac{3}{9}x-\dfrac{14-1}{9}=\dfrac{43-4}{90}$, $\dfrac{1}{3}x-\dfrac{13}{9}=\dfrac{13}{30}$

$\dfrac{1}{3}x=\dfrac{13}{30}+\dfrac{13}{9}$, $\dfrac{1}{3}x=\dfrac{169}{90}$ $\qquad \therefore x=\dfrac{169}{30}$

따라서 $\dfrac{169}{30}$를 순환소수로 나타내면

$\dfrac{169}{30}=5.6\dot{3}$

유형 ⓛ2 유리수와 소수의 관계 13쪽

소수 $\begin{cases} \text{유한소수} \rule[-0.5ex]{0pt}{2ex} \\ \text{무한소수} \begin{cases} \text{순환소수} \\ \text{순환소수가 아닌 무한소수} \end{cases} \end{cases}$ $\begin{matrix} \text{유리수} \\ \\ \text{유리수가 아니다.} \end{matrix}$

36 답 ②, ⑤

① 무한소수 중에는 순환소수가 아닌 무한소수도 있다.

③ $1.\dot{7}=\dfrac{17-1}{9}=\dfrac{16}{9}$

④ $0.\dot{3}=\dfrac{3}{9}=\dfrac{1}{3}$, $0.0\dot{3}=\dfrac{3}{90}=\dfrac{1}{30}$이므로 기약분수로 나타낼 때,
분모는 서로 같지 않다.

⑤ 기약분수 중에서 분모에 2 또는 5 이외의 소인수가 있는 수는
유한소수로 나타낼 수 없다.

따라서 옳은 것은 ②, ⑤이다.

---

37 답 ⑤

① 무한소수 중 순환소수는 유리수이다.

② 유한소수는 모두 유리수이다.

③ 순환소수가 아닌 무한소수는 분수로 나타낼 수 없다.

④ 모든 유리수는 분수로 나타낼 수 있다.

⑤ 순환소수는 모두 분수로 나타낼 수 있으므로 유리수이다.

따라서 옳은 것은 ⑤이다.

🄲 서술형 14쪽~15쪽

01 답 (1) $0.\dot{7}1428\dot{5}$ (2) $a=1$, $b=4$

(1) **채점 기준 1** 분수를 순환소수로 나타내기 … 2점

$\dfrac{5}{7}=5\div7=\underline{0.\dot{7}1428\dot{5}}$

(2) **채점 기준 2** a, b의 값을 각각 구하기 … 4점

순환마디는 $\underline{714285}$이므로 순환마디의 숫자는 $\underline{6}$개이다.

$14=\underline{6}\times2+\underline{2}$이므로 소수점 아래 14번째 자리의 숫자는
순환마디의 두 번째 숫자인 $\underline{1}$이다.

$\therefore a=\underline{1}$

$33=\underline{6}\times5+\underline{3}$이므로 소수점 아래 33번째 자리의 숫자는
순환마디의 세 번째 숫자인 $\underline{4}$이다.

$\therefore b=\underline{4}$

01-1 답 (1) $0.1\dot{5}\dot{4}$ (2) $a=4$, $b=5$

(1) **채점 기준 1** 분수를 순환소수로 나타내기 … 2점

$\dfrac{17}{110}=17\div110=0.1\dot{5}\dot{4}$

(2) **채점 기준 2** a, b의 값을 각각 구하기 … 4점

순환마디는 54이므로 순환마디의 숫자는 2개이다.

$11=1+2\times5$이므로 소수점 아래 11번째 자리의 숫자는 순환
마디의 맨 마지막 숫자인 4이다.

$\therefore a=4$

$26=1+2\times12+1$이므로 소수점 아래 26번째 자리의 숫자는
순환마디의 첫 번째 숫자인 5이다.

$\therefore b=5$

02 답 (1) $10x=23.555\cdots$, $100x=235.555\cdots$ (2) $\dfrac{106}{45}$

(1) **채점 기준 1** $10x$와 $100x$의 값을 각각 구하기 … 2점

$x=2.3\dot{5}=2.3555\cdots$이므로

$10x=\underline{23.555\cdots}$, $100x=\underline{235.555\cdots}$

(2) **채점 기준 2** $2.3\dot{5}$를 기약분수로 나타내기 … 4점

$100x-10x=\underline{212}$이므로

$90x=\underline{212}$ $\qquad \therefore x=\dfrac{212}{90}=\dfrac{106}{45}$

따라서 $2.3\dot{5}$를 기약분수로 나타내면 $\dfrac{106}{45}$이다.

02-1 답 (1) $10x = 18.454545\cdots$, $1000x = 1845.454545\cdots$

(2) $\dfrac{203}{110}$

(1) **채점 기준 1** $10x$와 $1000x$의 값을 각각 구하기 … 2점

$x = 1.8\dot{4}\dot{5} = 1.8454545\cdots$이므로

$10x = 18.454545\cdots$, $1000x = 1845.454545\cdots$

(2) **채점 기준 2** $1.8\dot{4}\dot{5}$를 기약분수로 나타내기 … 4점

$1000x - 10x = 1827$이므로

$990x = 1827$ $\qquad \therefore x = \dfrac{1827}{990} = \dfrac{203}{110}$

따라서 $1.8\dot{4}\dot{5}$를 기약분수로 나타내면 $\dfrac{203}{110}$이다.

03 답 (1) $\dfrac{12}{24}$, $\dfrac{15}{24}$ (2) 4개

(1) $\dfrac{3}{8} = \dfrac{9}{24}$, $\dfrac{2}{3} = \dfrac{16}{24}$이고 $24 = 2^3 \times 3$이므로 분모가 24인 분수를 유한소수로 나타낼 수 있으려면 분자는 3의 배수이어야 한다. ……❶

따라서 $\dfrac{9}{24}$와 $\dfrac{16}{24}$ 사이에 있는 분모가 24인 분수 중 유한소수로 나타낼 수 있는 분수는 $\dfrac{12}{24}$, $\dfrac{15}{24}$이다. ……❷

(2) $\dfrac{9}{24}$와 $\dfrac{16}{24}$ 사이에 있는 분모가 24인 분수 중 유한소수로 나타낼 수 없는 분수는 $\dfrac{10}{24}$, $\dfrac{11}{24}$, $\dfrac{13}{24}$, $\dfrac{14}{24}$의 4개이다. ……❸

채점 기준	배점
❶ 유한소수로 나타낼 수 있는 분수의 분자의 조건 구하기	2점
❷ 유한소수로 나타낼 수 있는 분수 구하기	2점
❸ 유한소수로 나타낼 수 없는 분수는 모두 몇 개인지 구하기	2점

04 답 162

$\dfrac{8}{135} \times n = \dfrac{8}{3^3 \times 5} \times n$이 유한소수가 되려면

n은 $3^3 = 27$의 배수이어야 한다. ……❶

따라서 두 자리의 자연수 n은 27, 54, 81이므로 ……❷

그 합은 $27 + 54 + 81 = 162$ ……❸

채점 기준	배점
❶ n의 조건 구하기	3점
❷ n의 값 모두 구하기	2점
❸ 모든 n의 값의 합 구하기	1점

05 답 $a = 21$, $b = 20$

$\dfrac{a}{140} = \dfrac{a}{2^2 \times 5 \times 7}$가 유한소수가 되려면 a는 7의 배수이어야 한다.

또, $\dfrac{a}{140}$를 기약분수로 나타내면 $\dfrac{3}{b}$이므로 a는 3의 배수이어야 한다. ……❶

즉, a는 7과 3의 공배수인 21의 배수이어야 하므로 가장 작은 자연수 a의 값은 21이다. ……❷

따라서 $a = 21$일 때, $\dfrac{21}{140} = \dfrac{3}{20}$이므로 $b = 20$ ……❸

채점 기준	배점
❶ a의 조건 구하기	3점
❷ 가장 작은 a의 값 구하기	2점
❸ b의 값 구하기	2점

06 답 $0.\dot{3}\dot{7}$

$2.\dot{1}\dot{4} = \dfrac{214 - 2}{99} = \dfrac{212}{99}$에서 민형이는 분자를 잘못 보았으므로 바르게 본 분모는 99이다. ……❶

$0.8\dot{2} = \dfrac{82 - 8}{90} = \dfrac{74}{90} = \dfrac{37}{45}$에서 재현이는 분모를 잘못 보았으므로 바르게 본 분자는 37이다. ……❷

따라서 처음 기약분수는 $\dfrac{37}{99}$이므로 순환소수로 나타내면

$\dfrac{37}{99} = 0.\dot{3}\dot{7}$ ……❸

채점 기준	배점
❶ 처음 기약분수의 분모 구하기	2점
❷ 처음 기약분수의 분자 구하기	2점
❸ 처음 기약분수를 순환소수로 나타내기	2점

07 답 11

$0.3\dot{5} = \dfrac{35 - 3}{90} = \dfrac{32}{90} = \dfrac{16}{45}$, $1.\dot{3} = \dfrac{13 - 1}{9} = \dfrac{12}{9} = \dfrac{4}{3}$이므로 ……❶

$0.3\dot{5} \times \dfrac{b}{a} = 1.\dot{3}$에서

$\dfrac{16}{45} \times \dfrac{b}{a} = \dfrac{4}{3}$, $\dfrac{b}{a} = \dfrac{4}{3} \times \dfrac{45}{16} = \dfrac{15}{4}$

따라서 $a = 4$, $b = 15$이므로 ……❷

$b - a = 15 - 4 = 11$ ……❸

채점 기준	배점
❶ $0.3\dot{5}$, $1.\dot{3}$을 각각 분수로 나타내기	3점
❷ a, b의 값을 각각 구하기	3점
❸ $b - a$의 값 구하기	1점

08 답 18

어떤 자연수를 x라 하면 $0.2\dot{1} > 0.1\dot{2}$이므로

$0.2\dot{1}x - 0.1\dot{2}x = 1.6$에서 ……❶

$\dfrac{21 - 2}{90}x - \dfrac{12 - 1}{90}x = \dfrac{16}{10}$, $\dfrac{19}{90}x - \dfrac{11}{90}x = \dfrac{8}{5}$ ……❷

$\dfrac{8}{90}x = \dfrac{8}{5}$ $\qquad \therefore x = 18$

따라서 어떤 자연수는 18이다. ……❸

채점 기준	배점
❶ 어떤 자연수를 x로 놓고 식 세우기	3점
❷ $0.2\dot{1}$, $0.1\dot{2}$를 각각 분수로 나타내어 식 간단히 하기	2점
❸ 어떤 자연수 구하기	2점

실제 중단원 학교 시험 ①회   16쪽~19쪽

01 ⑤	02 ③	03 ①	04 ②	05 ②
06 ②	07 ⑤	08 ①	09 ③	10 ②
11 ①, ④	12 ④	13 ⑤	14 ④	15 ②
16 ③	17 ②	18 ③	19 10	20 29
21 $\dfrac{21}{55}$	22 198	23 6		

01 답 ⑤   유형 02

① $\dfrac{7}{15}=0.4666\cdots$ → 순환마디: 6

② $\dfrac{2}{3}=0.666\cdots$ → 순환마디: 6

③ $\dfrac{5}{12}=0.41666\cdots$ → 순환마디: 6

④ $\dfrac{13}{6}=2.1666\cdots$ → 순환마디: 6

⑤ $\dfrac{16}{9}=1.777\cdots$ → 순환마디: 7

따라서 순환마디가 나머지 넷과 다른 하나는 ⑤이다.

02 답 ③   유형 03

① $0.0343434\cdots=0.0\dot{3}\dot{4}$

② $-1.0888\cdots=-1.0\dot{8}$

④ $0.416416416\cdots=0.\dot{4}1\dot{6}$

⑤ $-2.01525252\cdots=-2.0\dot{1}\dot{5}\dot{2}$

따라서 옳은 것은 ③이다.

03 답 ①   유형 04

순환소수 $1.9\dot{8}462\dot{5}$의 순환마디는 84625이고 순환마디의 숫자는 5개이다.

이때 $40=1+5\times7+4$이므로 소수점 아래 40번째 자리의 숫자는 순환마디의 네 번째 숫자인 2이다.

04 답 ②   유형 05

① $\dfrac{17}{32}=\dfrac{17}{2^5}$ ② $\dfrac{3}{45}=\dfrac{1}{15}=\dfrac{1}{3\times5}$

③ $\dfrac{9}{25}=\dfrac{9}{5^2}$ ④ $\dfrac{18}{3\times5^2}=\dfrac{6}{5^2}$

⑤ $\dfrac{21}{2^2\times3\times5}=\dfrac{7}{2^2\times5}$

따라서 유한소수로 나타낼 수 없는 것은 ②이다.

05 답 ②   유형 05

$\dfrac{3}{5}=\dfrac{18}{30}$, $\dfrac{5}{6}=\dfrac{25}{30}$이고 $30=2\times3\times5$이므로 분모가 30인 분수를 유한소수로 나타낼 수 있으려면 분자는 3의 배수이어야 한다.

따라서 $\dfrac{18}{30}$과 $\dfrac{25}{30}$ 사이에 있는 분모가 30인 분수 중 유한소수로 나타낼 수 있는 분수는 $\dfrac{21}{30}$, $\dfrac{24}{30}$의 2개이다.

06 답 ②   유형 06

$\dfrac{7}{120}\times n=\dfrac{7}{2^3\times3\times5}\times n$이 유한소수가 되려면 n은 3의 배수이어야 한다.

따라서 가장 작은 자연수 n은 3이다.

07 답 ⑤   유형 06

$\dfrac{18}{330}\times x=\dfrac{3}{55}\times x=\dfrac{3}{5\times11}\times x$가 유한소수가 되려면 x는 11의 배수이어야 한다.

또, $\dfrac{49}{252}\times x=\dfrac{7}{36}\times x=\dfrac{7}{2^2\times3^2}\times x$가 유한소수가 되려면 x는 $3^2=9$의 배수이어야 한다.

따라서 x는 11과 9의 공배수인 99의 배수이어야 하므로 가장 작은 자연수 x는 99이다.

08 답 ①   유형 06

$\dfrac{a}{175}=\dfrac{a}{5^2\times7}$가 유한소수가 되려면 a는 7의 배수이어야 한다.

이때 $30<a<40$이므로 $a=35$이다.

$a=35$일 때, $\dfrac{35}{175}=\dfrac{1}{5}$이므로 $b=5$

∴ $a-b=35-5=30$

09 답 ③   유형 07

$\dfrac{2}{a}$가 순환소수가 되려면 기약분수로 나타내었을 때, 분모에 2 또는 5 이외의 소인수가 있어야 한다.

따라서 2보다 큰 한 자리의 자연수 a는 3, 6, 7, 9의 4개이다.

10 답 ②   유형 07

$\dfrac{630}{5^2\times n}=\dfrac{2\times3^2\times7}{5\times n}$이 순환소수가 되려면 기약분수로 나타내었을 때, 분모에 2 또는 5 이외의 소인수가 있어야 한다.

② $n=27$일 때, $\dfrac{2\times3^2\times7}{5\times27}=\dfrac{2\times7}{3\times5}$

따라서 n의 값이 될 수 있는 것은 ②이다.

11 답 ①, ④   유형 02 + 유형 03 + 유형 08

①, ② $x=0.3323232\cdots=0.3\dot{3}\dot{2}$이므로 순환마디는 32이고 순환마디의 숫자는 2개이다.

③ $10=1+2\times4+1$이므로 소수점 아래 10번째 자리의 숫자는 순환마디의 첫 번째 숫자인 3이다.

④, ⑤ $1000x=332.323232\cdots$

    $-)\;\;\;\; 10x=\;\;\;\;3.323232\cdots$

          $990x=329$

∴ $x=\dfrac{329}{990}$

따라서 옳지 않은 것은 ①, ④이다.

12 답 ④   유형 09

④ $1.8\dot{4}=\dfrac{184-18}{90}$

따라서 옳지 않은 것은 ④이다.

13 답 ⑤ 유형 **09**

$1.\dot{6} = \dfrac{16-1}{9} = \dfrac{15}{9} = \dfrac{5}{3}$이므로 $a = \dfrac{3}{5}$

$2.\dot{1}\dot{4} = \dfrac{214-2}{99} = \dfrac{212}{99}$이므로 $b = \dfrac{99}{212}$

$\therefore \dfrac{a}{b} = \dfrac{3}{5} \div \dfrac{99}{212} = \dfrac{3}{5} \times \dfrac{212}{99} = \dfrac{212}{165} = 1.2\dot{8}\dot{4}$

따라서 순환마디는 84이므로 순환마디를 이루는 모든 수의 합은
$8+4 = 12$

14 답 ④ 유형 **10**

① $0.\dot{6} = 0.666\cdots > 0.6$

② $2.\dot{4}\dot{3} = 2.434343\cdots < 2.\dot{4} = 2.444\cdots$

③ $4.\dot{2} = 4.222\cdots < 4.3$

④ $0.\dot{3}1\dot{5} = 0.315315\cdots > 0.3\dot{1}\dot{5} = 0.3151515\cdots$

⑤ $0.58 > 0.\dot{5} = 0.555\cdots$

따라서 옳지 않은 것은 ④이다.

15 답 ② 유형 **10**

$0.\dot{x} = \dfrac{x}{9}$이므로 $\dfrac{1}{45} \le \dfrac{x}{9} \le \dfrac{1}{3}$에서

$\dfrac{1}{45} \le \dfrac{5x}{45} \le \dfrac{15}{45}$, $1 \le 5x \le 15$ $\quad \therefore \dfrac{1}{5} \le x \le 3$

따라서 한 자리의 자연수 x는 1, 2, 3이므로 그 합은
$1+2+3 = 6$

다른 풀이

$\dfrac{1}{45} \le 0.\dot{x} \le \dfrac{1}{3}$에서 $0.0\dot{2} \le 0.\dot{x} \le 0.\dot{3}$

따라서 한 자리의 자연수 x는 1, 2, 3이므로 그 합은
$1+2+3 = 6$

16 답 ③ 유형 **11**

$\dfrac{13}{6}$보다 $2.\dot{6}$만큼 큰 수는

$\dfrac{13}{6} + 2.\dot{6} = \dfrac{13}{6} + \dfrac{24}{9} = \dfrac{13}{6} + \dfrac{8}{3} = \dfrac{29}{6}$

따라서 $\dfrac{29}{6}$를 순환소수로 나타내면

$\dfrac{29}{6} = 4.8\dot{3}$

17 답 ② 유형 **11**

$0.3x + 0.\dot{2} = 0.\dot{3}$에서

$\dfrac{3}{10}x + \dfrac{2}{9} = \dfrac{1}{3}$, $27x + 20 = 30$

$27x = 10$ $\quad \therefore x = \dfrac{10}{27}$

18 답 ③ 유형 **12**

③ 순환소수가 아닌 무한소수는 유리수가 아니다.

따라서 옳지 않은 것은 ③이다.

19 답 10 유형 **04**

$\dfrac{5}{13} = 0.\dot{3}8461\dot{5}$이므로 순환마디는 384615이고 순환마디의 숫자는 6개이다. ..... **❶**

이때 $52 = 6 \times 8 + 4$이므로 소수점 아래 52번째 자리의 숫자는 순환마디의 4번째 숫자인 6이다. $\quad \therefore a = 6$ ..... **❷**

또, $201 = 6 \times 33 + 3$이므로 소수점 아래 201번째 자리의 숫자는 순환마디의 3번째 숫자인 4이다. $\quad \therefore b = 4$ ..... **❸**

$\therefore a+b = 6+4 = 10$ ..... **❹**

채점 기준	배점
❶ 순환마디와 순환마디의 숫자의 개수 구하기	1점
❷ a의 값 구하기	2점
❸ b의 값 구하기	2점
❹ $a+b$의 값 구하기	1점

20 답 29 유형 **06**

$\dfrac{12}{2^2 \times 5 \times a} = \dfrac{3}{5 \times a}$이 유한소수가 되려면 기약분수로 나타내었을 때, 분모의 소인수가 2 또는 5뿐이어야 한다.

즉, a는 2 또는 5로만 이루어진 수 또는 3의 약수 또는 이들의 곱으로 이루어진 수이어야 한다. ..... **❶**

따라서 a의 값이 될 수 있는 한 자리의 자연수는 1, 2, 3, 4, 5, 6, 8이므로 ..... **❷**

모든 a의 값의 합은 $1+2+3+4+5+6+8 = 29$ ..... **❸**

채점 기준	배점
❶ a의 조건 구하기	2점
❷ a의 값 모두 구하기	3점
❸ 모든 a의 값의 합 구하기	1점

21 답 $\dfrac{21}{55}$ 유형 **08**

순환소수 $0.3\dot{8}\dot{1}$을 x라 하면

$x = 0.3818181\cdots$

$10x = 3.818181\cdots$

$1000x = 381.818181\cdots$ ..... **❶**

이므로 $1000x - 10x = 378$

$990x = 378$ $\quad \therefore x = \dfrac{378}{990} = \dfrac{21}{55}$ ..... **❷**

채점 기준	배점
❶ 순환소수를 x로 놓고 $10x$, $1000x$를 각각 구하기	2점
❷ 순환소수를 기약분수로 나타내기	2점

22 답 198 유형 **03** + 유형 **09**

$\dfrac{1}{2}\left(\dfrac{1}{100} + \dfrac{1}{10000} + \dfrac{1}{1000000} + \cdots\right)$

$= \dfrac{1}{2}\left(0.01 + 0.0001 + 0.000001 + \cdots\right)$

$= \dfrac{1}{2} \times 0.010101\cdots$

$= \dfrac{1}{2} \times 0.\dot{0}\dot{1}$ ..... **❶**

$= \dfrac{1}{2} \times \dfrac{1}{99} = \dfrac{1}{198}$

$\therefore a = 198$ ..... **❷**

채점 기준	배점
❶ 주어진 식에서 규칙을 찾아 순환소수를 포함한 식으로 나타내기	5점
❷ a의 값 구하기	2점

23 답 6   유형 ⑪

$$0.5\dot{a} = \frac{(5 \times 10) + a - 5}{90} = \frac{45 + a}{90} \quad \cdots\cdots ❶$$

$0.5\dot{a} = \dfrac{a+11}{30}$ 에서

$$\frac{45+a}{90} = \frac{3(a+11)}{90}, \quad 45 + a = 3a + 33$$

$$2a = 12 \quad \therefore a = 6 \quad \cdots\cdots ❷$$

채점 기준	배점
❶ 주어진 식의 순환소수를 분수로 나타내기	4점
❷ a의 값 구하기	3점

학교 시험 2회
20쪽~23쪽

01 ③	**02** ②	**03** ④	**04** ②	**05** ③
06 ④	**07** ⑤	**08** ④	**09** ②	**10** ①
11 ④	**12** ③	**13** ②	**14** ②	**15** ③
16 ②	**17** ④	**18** ⑤	**19** 206	**20** 33
21 10개	**22** 87	**23** $1.9\dot{4}\dot{5}$		

01 답 ③   유형 ①

① $\dfrac{3}{5}$ 은 유리수이다.

② $0.1\dot{6} = 0.1666\cdots$ 이므로 무한소수이다.

④ $\dfrac{5}{6} = 0.8333\cdots$ 이므로 무한소수이다.

⑤ $\dfrac{3}{32} = 0.09375$ 이므로 유한소수이다.

따라서 옳은 것은 ③이다.

02 답 ②   유형 ②

$\dfrac{5}{36} = 0.13888\cdots$ 이므로 순환마디는 8이다.

03 답 ④   유형 ③

④ $0.445445445\cdots = 0.\dot{4}4\dot{5}$

따라서 옳지 않은 것은 ④이다.

04 답 ②   유형 ④

$\dfrac{5}{37} = 0.\dot{1}3\dot{5}$ 이므로 순환마디는 135이고 순환마디의 숫자는 3개이다.

이때 $83 = 3 \times 27 + 2$ 이므로 소수점 아래 83번째 자리의 숫자는 순환마디의 두 번째 숫자인 3이다.

05 답 ③   유형 ④

$\dfrac{67}{495} = 0.1\dot{3}\dot{5}$ 이므로 순환마디는 35이고 순환마디의 숫자는 2개이다. $\therefore a = 2$

이때 $99 = 1 + 2 \times 49$ 이므로 소수점 아래 99번째 자리의 숫자는 순환마디의 맨 마지막 숫자인 5이다. $\therefore b = 5$

$\therefore a + b = 2 + 5 = 7$

06 답 ④   유형 ⑤

① $\dfrac{17}{4} = \dfrac{17}{2^2}$ ② $\dfrac{27}{15} = \dfrac{9}{5}$

③ $\dfrac{9}{16} = \dfrac{9}{2^4}$ ④ $\dfrac{6}{2^2 \times 7} = \dfrac{3}{2 \times 7}$

⑤ $\dfrac{18}{2 \times 3 \times 5} = \dfrac{3}{5}$

따라서 유한소수로 나타낼 수 없는 것은 ④이다.

07 답 ⑤   유형 ⑥

$\dfrac{63}{10 \times a} = \dfrac{63}{2 \times 5 \times a}$ 이 유한소수가 되려면 a는 소인수가 2 또는 5로만 이루어진 수 또는 63의 약수 또는 이들의 곱으로 이루어진 수이어야 한다.

따라서 a의 값이 될 수 없는 것은 ⑤이다.

08 답 ④   유형 ⑥

$\dfrac{a}{66} = \dfrac{a}{2 \times 3 \times 11}$ 가 유한소수가 되려면 a는 $3 \times 11 = 33$의 배수이어야 한다.

또, $\dfrac{a}{150} = \dfrac{a}{2 \times 3 \times 5^2}$ 가 유한소수가 되려면 a는 3의 배수이어야 한다.

따라서 a는 33과 3의 공배수인 33의 배수이어야 하므로 가장 작은 자연수 a는 33이다.

09 답 ②   유형 ⑦

$\dfrac{a}{360} = \dfrac{a}{2^3 \times 3^2 \times 5}$ 가 순환소수가 되려면 a는 $3^2 = 9$의 배수가 아니어야 한다.

따라서 a의 값이 될 수 없는 것은 ②이다.

10 답 ①   유형 ⑦

$\dfrac{63}{175 \times n} = \dfrac{9}{5^2 \times n}$ 가 순환소수가 되려면 기약분수로 나타내었을 때, 분모에 2 또는 5 이외의 소인수가 있어야 한다.

20 이하의 자연수 중 2 또는 5 이외의 소인수가 있는 수는 3, 6, 7, 9, 11, 12, 13, 14, 15, 17, 18, 19이고 이 중에서 분자인 9와 약분되어도 2 또는 5 이외의 소인수가 있는 수는 7, 11, 13, 14, 17, 19이다.

따라서 n의 값이 될 수 있는 수는 모두 6개이다.

11 답 ④ 유형 08

$10x=14.595959\cdots$ …… ㉠

$1000x=1459.595959\cdots$ …… ㉡

㉡－㉠을 하면 $990x=1445$

$\therefore x=\dfrac{1445}{990}=\dfrac{289}{198}$

따라서 가장 편리한 식은 ④이다.

12 답 ③ 유형 09

① $0.2\dot{1}=\dfrac{21-2}{90}=\dfrac{19}{90}$

② $0.1\dot{5}=\dfrac{15-1}{90}=\dfrac{14}{90}=\dfrac{7}{45}$

③ $0.\dot{6}0\dot{6}=\dfrac{606}{999}=\dfrac{202}{333}$

④ $7.2\dot{3}=\dfrac{723-72}{90}=\dfrac{651}{90}=\dfrac{217}{30}$

⑤ $5.\dot{2}\dot{1}=\dfrac{521-5}{99}=\dfrac{516}{99}=\dfrac{172}{33}$

따라서 옳지 않은 것은 ③이다.

13 답 ② 유형 09

$0.\dot{6}\dot{3}=\dfrac{63}{99}=\dfrac{7}{11}$이므로 $a=11$, $b=7$

$\therefore a+b=11+7=18$

14 답 ② 유형 09

$0.\dot{8}=\dfrac{8}{9}$이므로 $a=\dfrac{9}{8}$

$2.\dot{4}\dot{1}=\dfrac{241-2}{99}=\dfrac{239}{99}$이므로 $b=\dfrac{99}{239}$

$\therefore \dfrac{a}{b}=\dfrac{9}{8}\div\dfrac{99}{239}=\dfrac{9}{8}\times\dfrac{239}{99}$

$=\dfrac{239}{88}$

15 답 ③ 유형 10

① 4.532

② $4.5\dot{3}=4.5333\cdots$

③ $4.\dot{5}=4.555\cdots$

④ $4.5\dot{3}\dot{2}=4.53232\cdots$

⑤ $4.\dot{5}3\dot{2}=4.532532\cdots$

따라서 가장 큰 수는 ③이다.

16 답 ② 유형 10

$0.\dot{x}=\dfrac{x}{9}$이므로 $\dfrac{1}{4}<\dfrac{x}{9}<\dfrac{13}{18}$에서

$\dfrac{9}{36}<\dfrac{4x}{36}<\dfrac{26}{36}$, $9<4x<26$

$\therefore \dfrac{9}{4}<x<\dfrac{13}{2}$

따라서 한 자리의 자연수 x 중 가장 큰 수는 6, 가장 작은 수는 3
이므로 그 합은

$6+3=9$

다른 풀이

$\dfrac{1}{4}<0.\dot{x}<\dfrac{13}{18}$에서 $0.25<0.\dot{x}<0.\dot{7}\dot{2}$

따라서 한 자리의 자연수 x 중 가장 큰 수는 6, 가장 작은 수는 3
이므로 그 합은

$6+3=9$

17 답 ④ 유형 11

$0.\dot{4}+A=1.\dot{2}\times0.6$에서

$\dfrac{4}{9}+A=\dfrac{11}{9}\times\dfrac{3}{5}$, $\dfrac{4}{9}+A=\dfrac{11}{15}$

$\therefore A=\dfrac{11}{15}-\dfrac{4}{9}=\dfrac{13}{45}$

따라서 $\dfrac{13}{45}$을 순환소수로 나타내면

$\dfrac{13}{45}=0.2\dot{8}$

18 답 ⑤ 유형 12

$\dfrac{p}{q}$는 유리수이므로 계산 결과는 유리수이다.

⑤ 순환소수가 아닌 무한소수는 유리수가 아니다.

19 답 206 유형 04

$\dfrac{4}{7}=0.\dot{5}7142\dot{8}$이므로 순환마디는 571428이고 순환마디의 숫자
는 6개이다.   …… ❶

이때 $46=6\times7+4$이므로 소수점 아래 첫 번째 자리의 숫자부
터 소수점 아래 46번째 자리의 숫자까지는 순환마디 571428이
7번 반복되고, 순환마디의 첫 번째 숫자부터 네 번째 숫자까지
1번 더 반복된다.   …… ❷

따라서 소수점 아래 첫 번째 자리의 숫자부터 소수점 아래 46번
째 자리의 숫자까지의 합은

$(5+7+1+4+2+8)\times7+(5+7+1+4)$

$=27\times7+17=206$ …… ❸

채점 기준	배점
❶ 순환마디와 순환마디의 숫자의 개수 구하기	1점
❷ 반복되는 주기 찾기	3점
❸ 소수점 아래 첫 번째 자리의 숫자부터 소수점 아래 46번 째 자리의 숫자까지의 합 구하기	3점

20 답 33 유형 06

$\dfrac{14}{168}\times n=\dfrac{1}{2^2\times3}\times n$이 유한소수가 되려면 n은 3의 배수이어
야 한다.   …… ❶

또, $\dfrac{18}{132}\times n=\dfrac{3}{2\times11}\times n$이 유한소수가 되려면 n은 11의 배
수이어야 한다.   …… ❷

따라서 n은 3과 11의 공배수인 33의 배수이어야 하므로 가장
작은 자연수 n은 33이다.   …… ❸

채점 기준	배점
❶ $\dfrac{14}{168}\times n$이 유한소수가 되는 n의 조건 구하기	2점
❷ $\dfrac{18}{132}\times n$이 유한소수가 되는 n의 조건 구하기	2점
❸ 가장 작은 자연수 n의 값 구하기	2점

21 답 10개 유형 09

$$1.\dot{4}=\frac{14-1}{9}=\frac{13}{9} \qquad \cdots\cdots ❶$$

이므로 a는 9의 배수이어야 한다. $\cdots\cdots ❷$

따라서 두 자리의 자연수 a는

18, 27, 36, $\cdots$, 99의 10개이다. $\cdots\cdots ❸$

채점 기준	배점
❶ 주어진 순환소수를 기약분수로 나타내기	1점
❷ a의 조건 구하기	1점
❸ a는 모두 몇 개인지 구하기	2점

22 답 87 유형 09

$0.7\dot{3}=\dfrac{73-7}{90}=\dfrac{66}{90}=\dfrac{11}{3\times5}$ 이므로 $\dfrac{11}{3\times5}\times k$가 유한소수가

되려면 k는 3의 배수이어야 한다. $\cdots\cdots ❶$

따라서 $M=3\times33=99$, $m=3\times4=12$ $\cdots\cdots ❷$

이므로 $M-m=99-12=87$ $\cdots\cdots ❸$

채점 기준	배점
❶ k의 조건 구하기	3점
❷ M, m의 값을 각각 구하기	2점
❸ $M-m$의 값 구하기	1점

23 답 $1.9\dot{4}\dot{5}$ 유형 09

$0.23\dot{7}=\dfrac{237-23}{900}=\dfrac{214}{900}=\dfrac{107}{450}$에서 도영이는 분모를 잘못 보

았으므로 바르게 본 분자는 107이다. $\cdots\cdots ❶$

$0.1\dot{2}\dot{7}=\dfrac{127-1}{990}=\dfrac{126}{990}=\dfrac{7}{55}$에서 윤오는 분자를 잘못 보았으

므로 바르게 본 분모는 55이다. $\cdots\cdots ❷$

따라서 처음 기약분수는 $\dfrac{107}{55}$이므로 순환소수로 나타내면

$$\frac{107}{55}=1.9\dot{4}\dot{5} \qquad \cdots\cdots ❸$$

채점 기준	배점
❶ 처음 기약분수의 분자 구하기	3점
❷ 처음 기약분수의 분모 구하기	3점
❸ 처음 기약분수를 순환소수로 나타내기	1점

교과서 속 특이 문제 ○24쪽

01 답 8개

정n각형의 한 변의 길이는 $\dfrac{3}{n}$ m이고 $\dfrac{3}{n}$이 유한소수가 되려면

n은 소인수가 2 또는 5로만 이루어진 수 또는 3의 약수 또는 이들의 곱으로 이루어진 수이어야 한다.

이때 $3<n<20$이므로 이를 만족시키는 n의 값은 4, 5, 6, 8, 10, 12, 15, 16의 8개이다.

02 답 6

$$1.1\dot{a}=\frac{(100+10+a)-11}{90}=\frac{99+a}{90}$$

$1.1\dot{a}=\dfrac{a+1}{6}$에서

$$\frac{99+a}{90}=\frac{15(a+1)}{90}, \quad 99+a=15a+15$$

$$14a=84 \qquad \therefore a=6$$

03 답 풀이 참조

$\dfrac{13}{37}=0.351351351\cdots=0.\dot{3}5\dot{1}$이므로 음계에 대응시키면 '파라 레'의 순으로 반복하여 나타난다.

따라서 오선지 위에 차례대로 나타내면 오른쪽 그림과 같다.

04 답 57

조건 (나)에서 $\dfrac{x}{110}=\dfrac{x}{2\times5\times11}$가 유한소수가 되려면 x는 11의 배수이어야 한다.

조건 (다)에서 $\dfrac{x}{110}$를 기약분수로 나타내면 $\dfrac{7}{y}$이므로 x는 7의 배수이어야 한다.

즉, x는 11과 7의 공배수인 77의 배수이어야 하고 조건 (가)에서 $x<100$이므로 $x=77$이다.

따라서 $x=77$이므로 $\dfrac{77}{110}=\dfrac{7}{10}$ $\therefore y=10$

$\therefore x-2y=77-2\times10=57$

05 답 $\dfrac{1427}{1249}$

각 그림이 나타내는 순환소수를 구하면

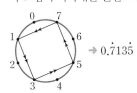 → $0.\dot{7}13\dot{5}$

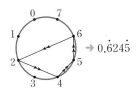 → $0.\dot{6}24\dot{5}$

따라서 주어진 식을 계산하면

$$0.\dot{7}13\dot{5}\div0.\dot{6}24\dot{5}=\frac{7135}{9999}\div\frac{6245}{9999}$$
$$=\frac{7135}{9999}\times\frac{9999}{6245}$$
$$=\frac{7135}{6245}$$
$$=\frac{1427}{1249}$$

2 단항식의 계산

I. 수와 식의 계산

26쪽

개념 check

1 답 (1) a^8 (2) x^9 (3) x^{12} (4) a^{30} (5) a^{21}

(1) $a^3 \times a^5 = a^{3+5} = a^8$

(2) $x^2 \times x^3 \times x^4 = x^{2+3+4} = x^9$

(3) $(x^3)^4 = x^{3 \times 4} = x^{12}$

(4) $\{(a^2)^5\}^3 = a^{2 \times 5 \times 3} = a^{30}$

(5) $(a^3)^2 \times (a^5)^3 = a^{3 \times 2} \times a^{5 \times 3} = a^{6+15} = a^{21}$

2 답 (1) $\dfrac{1}{a^3}$ (2) x^3 (3) 1 (4) $x^4 y^{10}$ (5) $-\dfrac{x^6}{y^3}$

(1) $a^4 \div a^7 = \dfrac{1}{a^{7-4}} = \dfrac{1}{a^3}$

(2) $x^8 \div x^2 \div x^3 = x^{8-2-3} = x^3$

(3) $(a^3)^5 \div (a^5)^3 = a^{15} \div a^{15} = 1$

(4) $(x^2 y^5)^2 = x^{2 \times 2} y^{5 \times 2} = x^4 y^{10}$

(5) $\left(-\dfrac{x^2}{y}\right)^3 = (-1)^3 \times \dfrac{x^{2 \times 3}}{y^3}$

$\qquad\qquad = -\dfrac{x^6}{y^3}$

3 답 (1) $-6x^3 y^5$ (2) $-4a^7 b^{11}$ (3) $2a^3 b$ (4) $-12x^2 y^3$

(2) $(-ab^3)^3 \times (2a^2 b)^2 = (-a^3 b^9) \times 4a^4 b^2$

$\qquad\qquad\qquad\qquad\quad = -4a^7 b^{11}$

(3) $(2a^2 b)^3 \div 4a^3 b^2 = 8a^6 b^3 \div 4a^3 b^2$

$\qquad\qquad\qquad\quad = \dfrac{8a^6 b^3}{4a^3 b^2} = 2a^3 b$

(4) $\left(\dfrac{2x^3}{y}\right)^2 \div \left(-\dfrac{x^4}{3y^5}\right) = \dfrac{4x^6}{y^2} \times \left(-\dfrac{3y^5}{x^4}\right)$

$\qquad\qquad\qquad\qquad\quad = -12x^2 y^3$

참고 역수는 분자와 분모를 서로 바꾸는 것이므로 부호는 바뀌지 않는다.

4 답 (1) $12x^3 y^2$ (2) $-2x$ (3) $16a^2 b^2$ (4) $10b$

(1) $9x^2 y \div 3x^2 y^3 \times 4x^3 y^4$

$\quad = 9x^2 y \times \dfrac{1}{3x^2 y^3} \times 4x^3 y^4$

$\quad = 12x^3 y^2$

(2) $(-4xy^2) \times 3x^2 y \div 6x^2 y^3$

$\quad = (-4xy^2) \times 3x^2 y \times \dfrac{1}{6x^2 y^3}$

$\quad = -2x$

(3) $12a^3 b \times (2ab^2)^3 \div 6a^4 b^5$

$\quad = 12a^3 b \times 8a^3 b^6 \times \dfrac{1}{6a^4 b^5}$

$\quad = 16a^2 b^2$

(4) $8a^5 b^3 \div \dfrac{4}{5}ab^4 \times \left(-\dfrac{b}{a^2}\right)^2$

$\quad = 8a^5 b^3 \times \dfrac{5}{4ab^4} \times \dfrac{b^2}{a^4}$

$\quad = 10b$

기출 유형

◆27쪽~32쪽

유형 01 지수법칙 - 지수의 합, 곱

27쪽

m, n이 자연수일 때

(1) 지수의 합

$a^m \times a^n = a^{m+n}$ ← 지수의 합

(2) 지수의 곱

$(a^m)^n = a^{mn}$ ← 지수의 곱

01 답 ②

$2^2 \times 2^3 \times 2^a = 128$에서 $2^{2+3+a} = 2^7$이므로

$2+3+a = 7$, $5+a = 7$ $\quad\therefore a = 2$

02 답 ③

② $(x^7)^2 \times x = x^{14} \times x = x^{15}$

③ $(a^3)^3 \times a^3 = a^9 \times a^3 = a^{12}$

④ $(x^2)^5 \times (x^4)^3 = x^{10} \times x^{12} = x^{22}$

⑤ $(x^7)^2 \times (x^5)^3 = x^{14} \times x^{15} = x^{29}$

따라서 옳지 않은 것은 ③이다.

03 답 ④

$(3^a)^2 \times 3^4 = (3^2)^5$에서 $3^{2a} \times 3^4 = 3^{10}$, $3^{2a+4} = 3^{10}$이므로

$2a+4 = 10$ $\quad\therefore a = 3$

$5^3 \times (5^4)^b = (5^2)^9 \times 5$에서 $5^3 \times 5^{4b} = 5^{18} \times 5$, $5^{3+4b} = 5^{19}$이므로

$3+4b = 19$ $\quad\therefore b = 4$

$\therefore a+b = 3+4 = 7$

04 답 ⑤

$A = 2^{50} = (2^5)^{10} = 32^{10}$

$B = 3^{30} = (3^3)^{10} = 27^{10}$

$C = 5^{20} = (5^2)^{10} = 25^{10}$

따라서 A, B, C의 지수가 10으로 같고 밑이 $25 < 27 < 32$이므로 $C < B < A$이다.

참고 밑이 다른 거듭제곱의 대소를 비교할 때는 거듭제곱의 지수를 같게 만든 후 밑을 비교한다.

유형 02 지수법칙 - 지수의 차

27쪽

$a \neq 0$이고 m, n이 자연수일 때,

$$a^m \div a^n = \begin{cases} a^{m-n} & (m > n) \quad \text{← 지수의 차} \\ 1 & (m = n) \\ \dfrac{1}{a^{n-m}} & (m < n) \quad \text{← 지수의 차} \end{cases}$$

05 답 ④

① $a^{12} \div a^6 = a^{12-6} = a^6$

② $x^9 \div x^3 \div x^3 = x^{9-3-3} = x^3$

③ $a^5 \div a^5 = 1$

④ $(y^4)^2 \div (y^2)^3 = y^8 \div y^6 = y^{8-6} = y^2$

⑤ $(x^3)^2 \div (x^2)^4 = x^6 \div x^8 = \dfrac{1}{x^{8-6}} = \dfrac{1}{x^2}$

따라서 옳은 것은 ④이다.

06 답 ②

$4^6 \div 2^{2x} = 4^3$에서 $(2^2)^6 \div 2^{2x} = (2^2)^3$

$2^{12} \div 2^{2x} = 2^6$, $2^{12-2x} = 2^6$이므로

$12 - 2x = 6$, $2x = 6$ $\quad \therefore x = 3$

07 답 1

$8^a \div 32 = 2^4$에서 $(2^3)^a \div 2^5 = 2^4$

$2^{3a} \div 2^5 = 2^4$, $2^{3a-5} = 2^4$이므로

$3a - 5 = 4$, $3a = 9$ $\quad \therefore a = 3$

$81^b \div 9^3 = 3^{10}$에서 $(3^4)^b \div (3^2)^3 = 3^{10}$

$3^{4b} \div 3^6 = 3^{10}$, $3^{4b-6} = 3^{10}$이므로

$4b - 6 = 10$, $4b = 16$ $\quad \therefore b = 4$

$\therefore b - a = 4 - 3 = 1$

유형 03 지수법칙 - 지수의 분배 27쪽

(1) m, n, k가 자연수일 때,

$(ab)^m = a^m b^m$, $(a^m b^n)^k = a^{mk} b^{nk}$

(2) $b \neq 0$이고 m, n, k가 자연수일 때,

$\left(\dfrac{a}{b}\right)^m = \dfrac{a^m}{b^m}$, $\left(\dfrac{a^m}{b^n}\right)^k = \dfrac{a^{mk}}{b^{nk}}$

---

08 답 3

$(2x^a y^b)^c = 2^c x^{ac} y^{bc} = 16x^8 y^{12}$이므로

$2^c = 16$에서 $c = 4$

$ac = 8$에서 $4a = 8$ $\quad \therefore a = 2$

$bc = 12$에서 $4b = 12$ $\quad \therefore b = 3$

$\therefore a - b + c = 2 - 3 + 4 = 3$

09 답 ⑤

$\left(\dfrac{5x^a}{y^{4b}}\right)^3 = \dfrac{125x^{3a}}{y^{12b}} = \dfrac{cx^{12}}{y^{36}}$이므로

$125 = c$, $3a = 12$, $12b = 36$에서 $c = 125$, $a = 4$, $b = 3$

$\therefore a + b + c = 4 + 3 + 125 = 132$

10 답 10

$(x^a y^b z^c)^d = x^{15} y^{20} z^{10}$에서 $x^{ad} y^{bd} z^{cd} = x^{15} y^{20} z^{10}$

이므로 $ad = 15$, $bd = 20$, $cd = 10$

이때 자연수 d는 15, 20, 10의 1이 아닌 공약수이므로

$d = 5$에서 $a = 3$, $b = 4$, $c = 2$

$\therefore a + b - c + d = 3 + 4 - 2 + 5 = 10$

유형 04 지수법칙의 종합 28쪽

m, n이 자연수일 때

(1) $a^m \times a^n = a^{m+n}$

(2) $(a^m)^n = a^{mn}$

(3) $a^m \div a^n = \begin{cases} a^{m-n} & (m > n) \\ 1 & (m = n) \ (단, a \neq 0) \\ \dfrac{1}{a^{n-m}} & (m < n) \end{cases}$

(4) $(ab)^m = a^m b^m$, $\left(\dfrac{a}{b}\right)^m = \dfrac{a^m}{b^m}$ (단, $b \neq 0$)

---

11 답 ③

③ $x^{14} \div x^7 = x^7$

따라서 옳지 않은 것은 ③이다.

12 답 ⑤

① $a^3 \times a^2 \times a^3 = a^8$

② $(a^2)^4 = a^8$

③ $a^{12} \div a^4 = a^8$

④ $(a^5)^2 \div a^2 = a^{10} \div a^2 = a^8$

⑤ $(a^2)^2 \times (a^3)^2 = a^4 \times a^6 = a^{10}$

따라서 나머지 넷과 다른 하나는 ⑤이다.

13 답 ②

① $2 + \square = 8$이므로 $\square = 6$

② 계산 결과가 1이므로 $\square = 4$

③ $\square \times 4 = 20$이므로 $\square = 5$

④ $\square \times 3 = 15$이므로 $\square = 5$

⑤ $\square \times 2 = 12$이므로 $\square = 6$

따라서 $\square$ 안에 들어갈 수가 가장 작은 것은 ②이다.

14 답 ④

$(x^5)^2 \div (x^a)^3 \times x^7 = x^{10} \div x^{3a} \times x^7 = x^2$이므로

$10 - 3a + 7 = 2$에서 $-3a = -15$ $\quad \therefore a = 5$

유형 05 지수법칙의 응용 28쪽

(1) 실생활에서 규칙적으로 증가하는 수를 나타낼 때, 지수법칙을 이용한다.

(2) 단위를 변환할 때, 지수법칙을 이용한다.

참고 $1 (km) = 10^3 (m) = 10^3 \times 10^2 (cm) = 10^5 (cm)$

$1 (t) = 10^3 (kg) = 10^3 \times 10^3 (g) = 10^6 (g)$

$1 L = 10^3 mL$

---

15 답 ①

종이 한 장의 두께를 a mm라 하면

종이를 1번 접었을 때, 종이의 두께는 $a \times 2$ mm

종이를 2번 접었을 때, 종이의 두께는 $a \times 2^2$ mm

종이를 3번 접었을 때, 종이의 두께는 $a \times 2^3$ mm

$\vdots$

종이를 20번 접었을 때, 종이의 두께는 $a \times 2^{20}$ mm

종이 한 장의 두께가 0.1 mm이므로 종이를 20번 접었을 때, 종이의 두께는

$0.1 \times 2^{20} = \dfrac{2^{20}}{10}$ (mm)

16 답 2^{30} B

$1 (GB) = 1 \times 2^{10} (MB)$

$= 1 \times 2^{10} \times 2^{10} (KB)$

$= 1 \times 2^{10} \times 2^{10} \times 2^{10} (B)$

$= 2^{30} (B)$

유형 **06** 같은 수의 덧셈식 29쪽

같은 수의 덧셈은 곱셈으로 바꾸어 간단히 한다.

$$a^x+a^x+a^x+\cdots+a^x=a\times a^x=a^{x+1}$$

(a개 / 지수법칙)

17 답 ②

$2^2+2^2+2^2+2^2=4\times2^2=2^2\times2^2=2^4$

$\therefore a=4$

18 답 32

$3^3\times3^3\times3^3=3^9 \qquad \therefore a=9$

$3^3+3^3+3^3=3\times3^3=3^4 \qquad \therefore b=4$

$\{(3^3)^3\}^3=(3^9)^3=3^{27} \qquad \therefore c=27$

$\therefore a-b+c=9-4+27=32$

19 답 ⑤

$\dfrac{2^5+2^5+2^5+2^5}{5^3+5^3+5^3}\times\dfrac{10^4+10^4+10^4}{4^5+4^5+4^5+4^5}$

$=\dfrac{4\times2^5}{3\times5^3}\times\dfrac{3\times10^4}{4\times4^5}$

$=\dfrac{4\times2^5}{3\times5^3}\times\dfrac{3\times(2\times5)^4}{4\times(2^2)^5}$

$=\dfrac{4\times2^5}{3\times5^3}\times\dfrac{3\times2^4\times5^4}{4\times2^{10}}=\dfrac{5}{2}$

유형 **07** 문자를 사용하여 나타내기 - 지수에 미지수가 없는 경우 29쪽

$a^n=A$이면 $a^{mn}=(a^n)^m=A^m$

예 $2^2=A$이면 $8^2=(2^3)^2=2^6=(2^2)^3=A^3$

20 답 ④

$16^3=(2^4)^3=2^{12}=(2^3)^4=A^4$

21 답 ③

$27^8\div9^4=(3^3)^8\div(3^2)^4=3^{24}\div3^8=3^{16}$

$\qquad=(3^4)^4=A^4$

22 답 ①

$12^4=(2^2\times3)^4=2^8\times3^4=(2^4)^2\times(3^2)^2$

$\qquad=a^2b^2$

23 답 ②

$20^6=(2^2\times5)^6=2^{12}\times5^6=(2^4)^3\times(5^3)^2$

$\qquad=A^3B^2$

유형 **08** 문자를 사용하여 나타내기 - 지수에 미지수가 있는 경우 30쪽

$a^n=A$이면 $a^{m+n}=a^m\times a^n=a^mA$

예 $A=2^{x+1}$이면 $A=2^x\times2$이므로 $2^x=\dfrac{A}{2}$

24 답 ④

$8^{x+2}=(2^3)^{x+2}=2^{3x+6}=2^{3x}\times2^6$

$\qquad=(2^x)^3\times2^6=64A^3$

25 답 ①

$b=5^{x+1}=5^x\times5$이므로 $5^x=\dfrac{b}{5}$

$\therefore 10^x=(2\times5)^x=2^x\times5^x=a\times\dfrac{b}{5}$

$\qquad=\dfrac{1}{5}ab$

26 답 ⑤

$x=2^{a+1}=2^a\times2$이므로 $2^a=\dfrac{x}{2}$

$\therefore 6^{2a}=(2\times3)^{2a}=2^{2a}\times3^{2a}=(2^a)^2\times(3^a)^2$

$\qquad=\left(\dfrac{x}{2}\right)^2\times y^2=\dfrac{1}{4}x^2y^2$

27 답 ②

$B=5^{x-1}=5^x\div5=5^x\times\dfrac{1}{5}$이므로 $5^x=5B$

$\therefore (1.8)^x=\left(\dfrac{18}{10}\right)^x=\left(\dfrac{9}{5}\right)^x=\dfrac{3^{2x}}{5^x}=\dfrac{(3^x)^2}{5^x}$

$\qquad=\dfrac{A^2}{5B}$

유형 **09** 자릿수 구하기 30쪽

주어진 수에서 2와 5를 묶어 $a\times10^n$ (a, n은 자연수) 꼴로 바꾸어 해결한다.

이때 $a\times10^n$의 자릿수는 (a의 자릿수)$+n$이다.

예 35×10^4에서 35의 자릿수는 2이고, 10의 지수는 4이므로 35×10^4의 자릿수는 $2+4=6$이다.

28 답 ②

$2^{16}\times5^{17}=5\times(2^{16}\times5^{16})$

$\qquad=5\times(2\times5)^{16}$

$\qquad=5\times10^{16}$

따라서 $2^{16}\times5^{17}$은 17자리의 자연수이므로 $n=17$

29 답 8

$2^7\times3^4\times5^5=2^2\times3^4\times(2^5\times5^5)$

$\qquad=4\times81\times(2\times5)^5$

$\qquad=324\times10^5$

따라서 $2^7\times3^4\times5^5$은 8자리의 자연수이므로 $n=8$

30 답 11자리

$\dfrac{2^9\times3^8\times5^{13}}{45^3}=\dfrac{2^9\times3^8\times5^{13}}{(3^2\times5)^3}=\dfrac{2^9\times3^8\times5^{13}}{3^6\times5^3}$

$\qquad=2^9\times3^2\times5^{10}=3^2\times5\times(2^9\times5^9)$

$\qquad=9\times5\times(2\times5)^9=45\times10^9$

따라서 $\dfrac{2^9\times3^8\times5^{13}}{45^3}$은 11자리의 자연수이다.

31 답 ⑤

$A = (2^6 + 2^6 + 2^6 + 2^6 + 2^6)(5^9 + 5^9 + 5^9 + 5^9)$
$= (5 \times 2^6) \times (4 \times 5^9) = (5 \times 2^6) \times (2^2 \times 5^9)$
$= 2^8 \times 5^{10} = 5^2 \times (2^8 \times 5^8) = 5^2 \times (2 \times 5)^8$
$= 25 \times 10^8$

따라서 A는 10자리의 자연수이고 각 자리의 숫자의 합은
$2 + 5 = 7$이므로 $n = 10$, $k = 7$
$\therefore n + k = 10 + 7 = 17$

유형 **10** **단항식의 곱셈, 나눗셈** 31쪽

(1) 단항식의 곱셈 계산 순서
거듭제곱 계산하기 ➡ 계수끼리 곱하기 ➡ 문자끼리 곱하기
(2) 단항식의 나눗셈
[방법 1] 분수 꼴로 바꾸어 계수는 계수끼리, 문자는 문자끼리
계산한다.

➡ $A \div B = \dfrac{A}{B}$

[방법 2] 나누는 식의 역수를 이용하여 나눗셈을 곱셈으로 바
꾼 후 계수는 계수끼리, 문자는 문자끼리 계산한다.

곱셈으로
➡ $A \div B = A \times \dfrac{1}{B}$
역수로

---

32 답 ④

④ $3x^2y \times (-2xy^2)^2 = 3x^2y \times 4x^2y^4 = 12x^4y^5$
따라서 옳지 않은 것은 ④이다.

33 답 $\dfrac{12x^{12}}{y}$

$(3x^2y)^3 \times \left(-\dfrac{2x^3}{3y^2}\right)^2 = 27x^6y^3 \times \dfrac{4x^6}{9y^4}$

$= \dfrac{12x^{12}}{y}$

34 답 ①

$(-2xy^2)^3 \div \dfrac{1}{2}xy^5 = (-8x^3y^6) \div \dfrac{xy^5}{2}$

$= (-8x^3y^6) \times \dfrac{2}{xy^5}$

$= -16x^2y$

따라서 $a = -16$, $b = 2$, $c = 1$이므로
$a + b + c = -16 + 2 + 1 = -13$

35 답 11

$24x^Ay^6 \div (-2x^2y)^2 \div \dfrac{3}{2}xy$

$= 24x^Ay^6 \div 4x^4y^2 \div \dfrac{3}{2}xy$

$= 24x^Ay^6 \times \dfrac{1}{4x^4y^2} \times \dfrac{2}{3xy}$

$= \dfrac{4x^Ay^3}{x^5}$

따라서 $\dfrac{4x^Ay^3}{x^5} = \dfrac{By^C}{x}$이므로

$x^{5-A} = x$에서 $A = 4$이고 $B = 4$, $C = 3$
$\therefore A + B + C = 4 + 4 + 3 = 11$

오답 피하기

$\dfrac{3}{2}xy$의 역수를 $\dfrac{2}{3}xy$라 생각하지 않도록 주의한다.

유형 **11** **단항식의 곱셈과 나눗셈의 혼합 계산** 31쪽

단항식의 곱셈과 나눗셈의 혼합 계산은 다음의 순서로 계산한다.
❶ 괄호가 있으면 지수법칙을 이용하여 괄호를 먼저 푼다.
❷ 나눗셈은 역수를 이용하여 곱셈으로 바꾼다.
❸ 계수는 계수끼리, 문자는 문자끼리 계산한다.

36 답 ①, ③

① $(x^2y)^3 \times (-2xy) = x^6y^3 \times (-2xy) = -2x^7y^4$
② $3xy \times (-2xy^2)^2 = 3xy \times 4x^2y^4 = 12x^3y^5$
③ $64x^2y^3 \div 16xy^2 = \dfrac{64x^2y^3}{16xy^2} = 4xy$
④ $18x^2y^4 \div (-3x^2y)^2 = \dfrac{18x^2y^4}{9x^4y^2} = \dfrac{2y^2}{x^2}$
⑤ $\dfrac{4}{3}x^3y \times 9xy \div 2xy^2 = \dfrac{4}{3}x^3y \times 9xy \times \dfrac{1}{2xy^2} = 6x^3$

따라서 옳은 것은 ①, ③이다.

37 답 3개

ㄱ. $(-3x^3) \times 4x^4 \div 3x^2 = (-3x^3) \times 4x^4 \times \dfrac{1}{3x^2} = -4x^5$

ㄴ. $(-4x^2)^2 \div 2x^2 \times 3x = 16x^4 \times \dfrac{1}{2x^2} \times 3x = 24x^3$

ㄷ. $8x^2y \div 4xy \times 7x = 8x^2y \times \dfrac{1}{4xy} \times 7x = 14x^2$

ㄹ. $-(xy^2)^2 \times x \div \left(\dfrac{1}{3}xy\right)^2 = (-x^2y^4) \times x \div \dfrac{1}{9}x^2y^2$

$= (-x^2y^4) \times x \times \dfrac{9}{x^2y^2}$

$= -9xy^2$

따라서 옳은 것은 ㄱ, ㄴ, ㄹ의 3개이다.

38 답 $-3a^4b^6$

$(-3a^2b^3)^3 \div \dfrac{9}{4}a^4b^7 \times \left(\dfrac{1}{2}ab^2\right)^2$

$= (-27a^6b^9) \div \dfrac{9}{4}a^4b^7 \times \dfrac{1}{4}a^2b^4$

$= (-27a^6b^9) \times \dfrac{4}{9a^4b^7} \times \dfrac{a^2b^4}{4}$

$= -3a^4b^6$

오답 피하기

n이 홀수일 때 $(-1)^n = -1$, n이 짝수일 때 $(-1)^n = 1$임을 기억하고, 부호에 주의하여 계산한다.

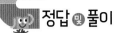

39 답 ④

$(2x^3y^a)^2 \times (2x^4y^2)^3 \div (2x^by^3)^4$

$= 4x^6y^{2a} \times 8x^{12}y^6 \div 16x^{4b}y^{12}$

$= 4x^6y^{2a} \times 8x^{12}y^6 \times \dfrac{1}{16x^{4b}y^{12}}$

$= \dfrac{2x^{18}y^{2a}}{x^{4b}y^6}$

따라서 $\dfrac{2x^{18}y^{2a}}{x^{4b}y^6} = cx^2y^2$이므로

$2=c$, $18-4b=2$, $2a-6=2$에서 $a=4$, $b=4$, $c=2$

$\therefore abc = 4 \times 4 \times 2 = 32$

유형 12 단항식의 계산에서 □ 안의 식 구하기   32쪽

(1) $A \times \boxed{} \div B = C \rightarrow A \times \boxed{} \times \dfrac{1}{B} = C \rightarrow \boxed{} = \dfrac{BC}{A}$

(2) $A \div \boxed{} \times B = C \rightarrow A \times \dfrac{1}{\boxed{}} \times B = C \rightarrow \boxed{} = \dfrac{AB}{C}$

---

40 답 ④

$(2x^2y)^2 \times A \div (-4x^3y^2) = -\dfrac{1}{2}x^3y^2$에서

$A = \left(-\dfrac{1}{2}x^3y^2\right) \div (2x^2y)^2 \times (-4x^3y^2)$

$= \left(-\dfrac{1}{2}x^3y^2\right) \div 4x^4y^2 \times (-4x^3y^2)$

$= \left(-\dfrac{1}{2}x^3y^2\right) \times \dfrac{1}{4x^4y^2} \times (-4x^3y^2)$

$= \dfrac{1}{2}x^2y^2$

41 답 $6xy^2$

$(-6xy^2)^2 \div \boxed{} \times \dfrac{4}{3}xy = 8x^2y^3$에서

$\boxed{} = (-6xy^2)^2 \times \dfrac{4}{3}xy \div 8x^2y^3$

$= 36x^2y^4 \times \dfrac{4}{3}xy \times \dfrac{1}{8x^2y^3}$

$= 6xy^2$

42 답 $\dfrac{b}{2a}$

$A \times \left(-\dfrac{1}{2}ab\right)^2 = a^5b^4$에서

$A = a^5b^4 \div \left(-\dfrac{1}{2}ab\right)^2 = a^5b^4 \div \dfrac{1}{4}a^2b^2$

$= a^5b^4 \times \dfrac{4}{a^2b^2} = 4a^3b^2$

$(6a^3b^2)^2 \div B = \dfrac{9}{2}a^2b^3$에서

$B = (6a^3b^2)^2 \div \dfrac{9}{2}a^2b^3 = 36a^6b^4 \times \dfrac{2}{9a^2b^3} = 8a^4b$

$\therefore A \div B = 4a^3b^2 \div 8a^4b = \dfrac{4a^3b^2}{8a^4b} = \dfrac{b}{2a}$

---

43 답 $16x^4y^7$

어떤 단항식을 A라 하면

$8x^3y^5 \div A = 4x^2y^3$이므로

$A = 8x^3y^5 \div 4x^2y^3 = \dfrac{8x^3y^5}{4x^2y^3} = 2xy^2$

따라서 바르게 계산한 식은

$8x^3y^5 \times 2xy^2 = 16x^4y^7$

유형 13 도형에서의 활용   32쪽

다음 공식에 단항식을 대입하여 계산한다.

(1) (직사각형의 넓이) = (가로의 길이) × (세로의 길이)

(2) (삼각형의 넓이) = $\dfrac{1}{2}$ × (밑변의 길이) × (높이)

(3) (기둥의 부피) = (밑넓이) × (높이)

(4) (뿔의 부피) = $\dfrac{1}{3}$ × (밑넓이) × (높이)

---

44 답 $40a^5b^3$

(직사각형의 넓이) $= 8a^3b^2 \times 5a^2b = 40a^5b^3$

45 답 $\dfrac{5}{2}ab$

직육면체의 높이를 h라 하면

$\dfrac{4}{3}a^2 \times 6b \times h = 8a^2b \times h = 20a^3b^2$

$\therefore h = 20a^3b^2 \div 8a^2b$

$= \dfrac{20a^3b^2}{8a^2b} = \dfrac{5}{2}ab$

따라서 직육면체의 높이는 $\dfrac{5}{2}ab$이다.

46 답 $6ab^2$

원뿔의 높이를 h라 하면

$\dfrac{1}{3} \times \pi \times (3a^2)^2 \times h = \dfrac{1}{3} \times 9\pi a^4 \times h = 3\pi a^4 \times h$

$= 18\pi a^5b^2$

$\therefore h = 18\pi a^5b^2 \div 3\pi a^4 = \dfrac{18\pi a^5b^2}{3\pi a^4}$

$= 6ab^2$

따라서 원뿔의 높이는 $6ab^2$이다.

47 답 (1) $36a^3b^2$ (2) $12a^2$

(1) (삼각형의 넓이) $= \dfrac{1}{2} \times 12a^2b \times 6ab$

$= 36a^3b^2$

(2) 삼각형과 직사각형의 넓이가 서로 같으므로 직사각형의 세로의 길이를 h라 하면

$36a^3b^2 = 3ab^2 \times h$

$\therefore h = 36a^3b^2 \div 3ab^2 = \dfrac{36a^3b^2}{3ab^2}$

$= 12a^2$

따라서 직사각형의 세로의 길이는 $12a^2$이다.

서술형

□ 33쪽~34쪽

01 답 (1) 9   (2) 5   (3) 27   (4) 41

(1) **채점 기준 1** a의 값 구하기 … 2점

$2^3 \times 2^3 \times 2^3 = 2^{3+3+3} = 2^{\boxed{9}}$ $\therefore a = \underline{9}$

(2) **채점 기준 2** b의 값 구하기 … 2점

$2^3 + 2^3 + 2^3 + 2^3 = \underline{4} \times 2^3 = 2^{\boxed{2}} \times 2^3 = 2^{\boxed{5}}$

$\therefore b = \underline{5}$

(3) **채점 기준 3** c의 값 구하기 … 2점

$\{(2^3)^3\}^3 = 2^{3 \times 3 \times 3} = 2^{\boxed{27}}$ $\therefore c = \underline{27}$

(4) **채점 기준 4** $a+b+c$의 값 구하기 … 1점

$a+b+c = 9+5+27 = \underline{41}$

01-1 답 (1) 12   (2) 5   (3) 12   (4) 5

(1) **채점 기준 1** a의 값 구하기 … 2점

$4^2 \times 4^2 \times 4^2 = (2^2)^2 \times (2^2)^2 \times (2^2)^2 = 2^4 \times 2^4 \times 2^4$

$\qquad = 2^{4+4+4} = 2^{12}$

$\therefore a = 12$

(2) **채점 기준 2** b의 값 구하기 … 2점

$5^4 + 5^4 + 5^4 + 5^4 + 5^4 = 5 \times 5^4 = 5^5$

$\therefore b = 5$

(3) **채점 기준 3** c의 값 구하기 … 2점

$(27^2)^2 = \{(3^3)^2\}^2 = 3^{3 \times 2 \times 2} = 3^{12}$

$\therefore c = 12$

(4) **채점 기준 4** $a+b-c$의 값 구하기 … 1점

$a+b-c = 12+5-12 = 5$

02 답 (1) $a=25$, $n=7$ (2) 9자리

(1) **채점 기준 1** a, n의 값을 각각 구하기 … 4점

$2^7 \times 5^9 = 5^{\boxed{2}} \times 2^7 \times 5^7 = 5^2 \times (2 \times 5)^7 = \underline{25} \times 10^{\boxed{7}}$

$\therefore a = \underline{25}$, $n = \underline{7}$

(2) **채점 기준 2** 몇 자리의 자연수인지 구하기 … 2점

$2^7 \times 5^9 = \underline{25} \times 10^{\boxed{7}}$이므로

$2^7 \times 5^9$은 $\underline{9}$자리의 자연수이다.

02-1 답 (1) 13   (2) 15

(1) **채점 기준 1** n의 값 구하기 … 4점

$6 \times 2^9 \times 5^{13} = 2 \times 3 \times 2^9 \times 5^{13}$

$\qquad = 3 \times 5^3 \times 2^{10} \times 5^{10}$

$\qquad = 3 \times 125 \times (2 \times 5)^{10}$

$\qquad = 375 \times 10^{10}$

따라서 $6 \times 2^9 \times 5^{13}$은 13자리의 자연수이므로 $n=13$이다.

(2) **채점 기준 2** k의 값 구하기 … 3점

$6 \times 2^9 \times 5^{13} = 375 \times 10^{10}$이므로

각 자리의 숫자의 합은 $3+7+5=15$

$\therefore k=15$

03 답 12

$10 = 2 \times 5$이고 $1 \times 2 \times 3 \times \cdots \times 50$을 소인수분해하여 나타낼 때, 소인수 2의 지수보다 소인수 5의 지수가 더 작으므로 n의 최댓값은 소인수 5의 지수임을 알 수 있다.   …… ❶

1부터 50까지의 자연수 중 5의 배수는 10개, 25의 배수는 2개이므로 소인수 5는 모두 12개이다.   …… ❷

따라서 n의 최댓값은 12이다.   …… ❸

채점 기준	배점
❶ n의 최댓값이 소인수 5의 지수임을 알기	3점
❷ 소인수 5의 개수 구하기	2점
❸ n의 최댓값 구하기	1점

04 답 2×3^{24} 마리

$\dfrac{60}{15} = 4$이므로 2마리의 세균이 한 시간 뒤에는

$2 \times 3 \times 3 \times 3 \times 3 = 2 \times 3^4$(마리)가 된다.   …… ❶

따라서 2시간 뒤에는 $2 \times (3^4)^2 = 2 \times 3^8$(마리),

3시간 뒤에는 $2 \times (3^4)^3 = 2 \times 3^{12}$(마리), …가 되므로

6시간 뒤에는 $2 \times (3^4)^6 = 2 \times 3^{24}$(마리)가 된다.   …… ❷

채점 기준	배점
❶ 2마리의 세균이 한 시간 뒤에 몇 마리가 되는지 구하기	3점
❷ 2마리의 세균이 6시간 뒤에 몇 마리가 되는지 구하기	4점

05 답 (1) 2^7 (2) 2

(1) (밑넓이) $= 16 \times 8 = 2^4 \times 2^3 = 2^7$ …… ❶

(2) (직육면체의 부피) $=$ (밑넓이) $\times$ (높이)

$\qquad\qquad\qquad\quad = 2^7 \times 2^{2x-1} = 1024$ …… ❷

즉, $2^{2x+6} = 2^{10}$이므로

$2x+6 = 10$, $2x = 4$ $\therefore x = 2$ …… ❸

채점 기준	배점
❶ 밑넓이를 2의 거듭제곱으로 나타내기	2점
❷ 직육면체의 부피에 대한 식 세우기	2점
❸ x의 값 구하기	2점

06 답 $a^2 - a$

$\dfrac{7^{5x} - 7^{3x}}{7^x}$의 분모, 분자에 각각 7^x을 곱하면

$\dfrac{7^{5x} \times 7^x - 7^{3x} \times 7^x}{7^x \times 7^x} = \dfrac{7^{6x} - 7^{4x}}{7^{2x}}$ …… ❶

$\qquad = \dfrac{(7^{2x})^3 - (7^{2x})^2}{7^{2x}}$

$\qquad = \dfrac{a^3 - a^2}{a}$

$\qquad = a^2 - a$ …… ❷

채점 기준	배점
❶ 주어진 식의 분모, 분자에 7^x을 각각 곱하기	3점
❷ 주어진 식을 a를 사용하여 나타내기	4점

07 $\dfrac{3a^2}{b}$

가로로 놓인 세 사각형 안의 식의 곱과 세로로 놓인 세 사각형
안의 식의 곱이 서로 같으므로

$\dfrac{1}{4}ab^3 \times 16a^2b^2 \times B = A \times 16a^2b^2 \times \dfrac{3}{4}a^3b^2$ ...... ❶

$\dfrac{1}{4}ab^3 \times B = A \times \dfrac{3}{4}a^3b^2$

$\therefore B \div A = \dfrac{3}{4}a^3b^2 \div \dfrac{1}{4}ab^3$ ...... ❷

$\quad\quad\quad = \dfrac{3}{4}a^3b^2 \times \dfrac{4}{ab^3}$

$\quad\quad\quad = \dfrac{3a^2}{b}$ ...... ❸

채점 기준	배점
❶ 곱이 서로 같음을 이용하여 식 세우기	2점
❷ $B \div A$를 계산하는 식 나타내기	2점
❸ $B \div A$를 계산하기	2점

08 답 $3b$ cm

(원기둥의 부피)=(밑넓이)×(높이)이므로
원기둥의 높이를 h cm라 하면

(원기둥의 부피)$=\pi \times (4a)^2 \times h = 48\pi a^2 b$ ...... ❶

즉, $16\pi a^2 \times h = 48\pi a^2 b$이므로

$h = 48\pi a^2 b \div 16\pi a^2 = \dfrac{48\pi a^2 b}{16\pi a^2} = 3b$

따라서 원기둥의 높이는 $3b$ cm이다. ...... ❷

채점 기준	배점
❶ 원기둥의 부피에 대한 식 세우기	3점
❷ 원기둥의 높이 구하기	3점

U 실전! 중단원 학교 시험 1회

35쪽~38쪽

01 ④	02 ③	03 ④	04 ⑤	05 ②
06 ④	07 ③	08 ⑤	09 ④	10 ③
11 ①	12 ②	13 ④	14 ②	15 ④
16 ③	17 ①	18 ②	19 5	20 27배

21 $-25x^5y^3$ 22 $2ab$ cm 23 $\dfrac{27}{4}$배

01 답 ④ 유형 01

$2^3 \times 32 = 2^3 \times 2^5 = 2^{3+5} = 2^8$

$\therefore x=8$

02 답 ③ 유형 01

$16^3 \times (5^3)^a = (2^4)^3 \times (5^3)^a = 2^{12} \times 5^{3a} = 2^b \times 5^6$

따라서 $12=b$, $3a=6$이므로 $a=2$, $b=12$

$\therefore a+b = 2+12 = 14$

03 답 ④ 유형 01 + 유형 02

④ $(a^3)^4 \div (a^2)^5 = a^{12} \div a^{10} = a^2$

따라서 옳지 않은 것은 ④이다.

04 답 ⑤ 유형 02

$5^{26} \div 5^{3x} \div 5^2 = 5^3$에서 $5^{26-3x-2} = 5^3$이므로

$26-3x-2 = 3$, $-3x = -21$ $\quad \therefore x=7$

05 답 ② 유형 03

$108^4 = (2^2 \times 3^3)^4 = 2^8 \times 3^{12} = 2^a \times 3^b$이므로

$a=8$, $b=12$

$\therefore b-a = 12-8 = 4$

06 답 ④ 유형 03

한 모서리의 길이가 m^4n^2인 정육면체의 부피는

$(m^4n^2)^3 = m^{12}n^6$

07 답 ③ 유형 04

ㄱ. $a^7 \times (a^3)^3 = a^7 \times a^9 = a^{16}$

ㄴ. $\dfrac{(a^2)^3}{(a^4)^2} = \dfrac{a^6}{a^8} = \dfrac{1}{a^2}$

ㄷ. $(a^2)^8 \div a^4 = a^{16} \div a^4 = a^{12}$

ㄹ. $a^{15} \div a^4 \div a^8 = a^{15-4-8} = a^3$

ㅁ. $(a^2b^3)^4 = a^8b^{12}$

ㅂ. $\left(\dfrac{b^3}{a^6}\right)^2 = \dfrac{b^6}{a^{12}}$

따라서 옳은 것은 ㄱ, ㄹ, ㅁ이다.

08 답 ⑤ 유형 04

① $5 + \boxed{} = 9$이므로 $\boxed{} = 4$

② $(-2)^4 = 16$이므로 $\boxed{} = 4$

③ $3 \times \boxed{} = 12$이므로 $\boxed{} = 4$

④ $\boxed{} \times 4 = 16$이므로 $\boxed{} = 4$

⑤ $\boxed{} \times 2 = 6$이므로 $\boxed{} = 3$

따라서 나머지 넷과 다른 하나는 ⑤이다.

09 답 ④ 유형 06

$2^4 + 2^4 + 2^4 + 2^4 = 4 \times 2^4 = 2^2 \times 2^4 = 2^6$이므로 $x=6$

$5^3 + 5^3 + 5^3 + 5^3 + 5^3 = 5 \times 5^3 = 5^4$이므로 $y=4$

$\therefore x+2y = 6+2 \times 4 = 14$

10 답 ③ 유형 07

$8^4 = (2^3)^4 = 2^{12} = (2^4)^3 = A^3$

11 답 ① 유형 08

$a = 3^{x+1} = 3^x \times 3$에서 $3^x = \dfrac{a}{3}$

$\therefore 9^{2x} = (3^2)^{2x} = 3^{4x} = (3^x)^4 = \left(\dfrac{a}{3}\right)^4 = \dfrac{a^4}{81}$

12 답 ② 유형 09

$$2^{12} \times 7 \times 5^8 = 2^4 \times 7 \times 2^8 \times 5^8$$
$$= 16 \times 7 \times (2 \times 5)^8$$
$$= 112 \times 10^8$$

따라서 $2^{12} \times 7 \times 5^8$은 11자리의 자연수이다.

13 답 ④ 유형 10

$$5ab^2 \times (2a^4 b)^3 = 5ab^2 \times 8a^{12} b^3 = 40a^{13} b^5$$

14 답 ② 유형 10

$$A = (-3x)^2 \times 5x^3 y^4 = 9x^2 \times 5x^3 y^4 = 45x^5 y^4$$
$$B = (3xy)^2 \div (-x^3 y^4) = 9x^2 y^2 \div (-x^3 y^4) = \frac{9x^2 y^2}{-x^3 y^4} = -\frac{9}{xy^2}$$
$$\therefore A \div B = 45x^5 y^4 \div \left(-\frac{9}{xy^2}\right) = 45x^5 y^4 \times \left(-\frac{xy^2}{9}\right) = -5x^6 y^6$$

15 답 ④ 유형 11

$$\left(-\frac{1}{12} a^5 b\right) \times (3ab^2)^2 \div \left(-\frac{1}{2} ab\right)^3$$
$$= \left(-\frac{1}{12} a^5 b\right) \times 9a^2 b^4 \div \left(-\frac{1}{8} a^3 b^3\right)$$
$$= \left(-\frac{1}{12} a^5 b\right) \times 9a^2 b^4 \times \left(-\frac{8}{a^3 b^3}\right)$$
$$= 6a^4 b^2$$

16 답 ③ 유형 11

$$Ax^5 y^2 \div 2x^B y^4 \times (-y^C)^4 = \left(\frac{3y}{x}\right)^2$$ 에서

$$Ax^5 y^2 \times \frac{1}{2x^B y^4} \times y^{4C} = \frac{9y^2}{x^2}$$ 이므로

$$\frac{Ax^5 y^{4C}}{2x^B y^2} = \frac{9y^2}{x^2}$$

따라서 $\frac{A}{2} = 9$, $B - 5 = 2$, $4C - 2 = 2$이므로

$A = 18$, $B = 7$, $C = 1$

$\therefore A + B - C = 18 + 7 - 1 = 24$

17 답 ① 유형 12

$$(-6xy^2)^2 \div 6xy^2 \times \boxed{} = 8x^2 y^3$$ 에서

$$\boxed{} = 8x^2 y^3 \div (-6xy^2)^2 \times 6xy^2$$
$$= 8x^2 y^3 \div 36x^2 y^4 \times 6xy^2$$
$$= 8x^2 y^3 \times \frac{1}{36x^2 y^4} \times 6xy^2$$
$$= \frac{4}{3} xy$$

18 답 ② 유형 13

정사각형의 넓이는 $(6a^4 b)^2 = 36a^8 b^2$이고 두 도형의 넓이가 서로 같으므로 삼각형의 높이를 h라 하면

$$\frac{1}{2} \times 9a^2 b^2 \times h = \frac{9}{2} a^2 b^2 \times h = 36a^8 b^2$$

$$\therefore h = 36a^8 b^2 \div \frac{9}{2} a^2 b^2 = 36a^8 b^2 \times \frac{2}{9a^2 b^2} = 8a^6$$

따라서 삼각형의 높이는 $8a^6$이다.

19 답 5 유형 01

$$(a^4)^2 \times (b^m)^8 \times (a^3)^n \times b^4 = a^8 \times b^{8m} \times a^{3n} \times b^4$$
$$= a^{8+3n} b^{8m+4}$$ ...... ❶

즉, $a^{8+3n} b^{8m+4} = a^{17} b^{20}$이므로

$8 + 3n = 17$, $3n = 9$ $\therefore n = 3$

$8m + 4 = 20$, $8m = 16$ $\therefore m = 2$ ...... ❷

$\therefore m + n = 2 + 3 = 5$ ...... ❸

채점 기준	배점
❶ 주어진 식의 좌변을 간단히 하기	2점
❷ m, n의 값을 각각 구하기	1점
❸ $m+n$의 값 구하기	1점

20 답 27배 유형 05

3명의 도전자가 시작하여

5일 후에 새로 지정 받은 도전자는 $3 \times 3^5 = 3^6$(명) ...... ❶

8일 후에 새로 지정 받은 도전자는 $3 \times 3^8 = 3^9$(명) ...... ❷

따라서 8일 후에 새로 지정 받은 도전자는 5일 후에 새로 지정 받았던 도전자의

$3^9 \div 3^6 = 3^3 = 27$(배) ...... ❸

채점 기준	배점
❶ 5일 후에 새로 지정 받은 도전자는 몇 명인지 구하기	3점
❷ 8일 후에 새로 지정 받은 도전자는 몇 명인지 구하기	3점
❸ 8일 후에 새로 지정 받은 도전자는 5일 후에 새로 지정 받았던 도전자의 몇 배인지 구하기	1점

21 답 $-25x^5 y^3$ 유형 12

어떤 식을 A라 하면 $A \div \frac{5}{2} x^2 y = -4xy$ ...... ❶

$$\therefore A = (-4xy) \times \frac{5}{2} x^2 y = -10x^3 y^2$$ ...... ❷

따라서 바르게 계산한 식은

$$(-10x^3 y^2) \times \frac{5}{2} x^2 y = -25x^5 y^3$$ ...... ❸

채점 기준	배점
❶ 잘못 계산한 식 세우기	2점
❷ 어떤 식 구하기	2점
❸ 바르게 계산한 식 구하기	2점

22 답 $2ab$ cm 유형 13

사각뿔의 밑면의 세로의 길이를 x cm라 하면

$$(\text{사각뿔의 부피}) = \frac{1}{3} \times 3ab \times x \times 5a^2$$
$$= 5a^3 b \times x = 10a^4 b^2$$ ...... ❶

$$\therefore x = 10a^4 b^2 \div 5a^3 b = \frac{10a^4 b^2}{5a^3 b} = 2ab$$

따라서 밑면의 세로의 길이는 $2ab$ cm이다. ...... ❷

채점 기준	배점
❶ 사각뿔의 부피에 대한 식 세우기	3점
❷ 밑면의 세로의 길이 구하기	3점

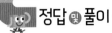

23 답 $\dfrac{27}{4}$배   유형 ⑬

두 원기둥 A와 B의 밑면의 반지름의 길이를 각각 a, $3a$라 하고, 높이를 각각 $4b$, $3b$라 하자. ……①

원기둥 A의 부피는 $\pi \times a^2 \times 4b = 4\pi a^2 b$ ……②

원기둥 B의 부피는 $\pi \times (3a)^2 \times 3b = \pi \times 9a^2 \times 3b$
$$= 27\pi a^2 b ……③$$

따라서 원기둥 B의 부피는 원기둥 A의 부피의

$$27\pi a^2 b \div 4\pi a^2 b = \dfrac{27}{4}(\text{배}) ……④$$

채점 기준	배점
❶ 길이의 비를 문자로 나타내기	1점
❷ 원기둥 A의 부피 구하기	2점
❸ 원기둥 B의 부피 구하기	2점
❹ 원기둥 B의 부피는 원기둥 A의 부피의 몇 배인지 구하기	2점

 실전 중단원 학교 시험 ②회

39쪽~42쪽

01 ④	02 ①	03 ②	04 ④	05 ③
06 ⑤	07 ②	08 ①	09 ②	10 ②
11 ⑤	12 ③	13 ④	14 ①	15 ③
16 ②	17 ②	18 ⑤	19 6	20 4200초
21 $\dfrac{4x}{49y^2}$	22 $14x$	23 $2a$		

01 답 ④   유형 ①

$3^3 \times 27 \times 9 = 3^3 \times 3^3 \times 3^2 = 3^{3+3+2} = 3^8$ $\therefore n=8$

02 답 ①   유형 ①

$81^{4n-7} = (3^4)^{4n-7} = 3^{16n-28} = 3^{2n}$이므로

$16n-28 = 2n$, $14n = 28$ $\therefore n=2$

03 답 ②   유형 ① + 유형 ②

$64^a \div 4^b = (2^6)^a \div (2^2)^b = 2^{6a} \div 2^{2b} = 2^{6a-2b} = 2^4$이므로

$6a-2b=4$ $\therefore 3a-b=2$

04 답 ④   유형 ③

$(3x^a)^b = 3^b x^{ab} = 243x^{20}$이므로

$3^b = 243 = 3^5$에서 $b=5$

$ab=20$, 즉 $5a=20$에서 $a=4$

$\therefore a+b = 4+5 = 9$

05 답 ③   유형 ③

$540^3 = (2^2 \times 3^3 \times 5)^3 = 2^6 \times 3^9 \times 5^3$이므로

$x=6$, $y=9$, $z=3$

$\therefore x+y+z = 6+9+3 = 18$

06 답 ⑤   유형 ④

① $x^4 \times x^5 = x^9$ ② $(x^3)^3 = x^9$

③ $(-x^2)^4 \times x = x^8 \times x = x^9$ ④ $(x^5)^2 \div x = x^{10} \div x = x^9$

⑤ $x^{15} \div x^8 \div x^2 = x^{15-8-2} = x^5$

따라서 나머지 넷과 다른 하나는 ⑤이다.

07 답 ②   유형 ④

ㄱ. $(a^4 b^2)^4 = a^{16} b^8$

ㄴ. $(x^2)^7 \div x^3 = x^{14} \div x^3 = x^{11}$

ㄷ. $\dfrac{(a^3)^2}{(a^4)^3} = \dfrac{a^6}{a^{12}} = \dfrac{1}{a^6}$

ㄹ. $x^{16} \div (x^2)^2 \div x^2 = x^{16} \div x^4 \div x^2 = x^{16-4-2} = x^{10}$

ㅁ. $\left(\dfrac{b^2}{a^5}\right)^2 = \dfrac{b^4}{a^{10}}$

ㅂ. $x^5 \div (x^8 \div x^4) = x^5 \div x^4 = x$

따라서 옳은 것은 ㄴ, ㅁ의 2개이다.

08 답 ①   유형 ④

① $4 + \square = 16$이므로 $\square = 12$

② $\square + 7 = 15$이므로 $\square = 8$

③ $3 \times \square = 30$이므로 $\square = 10$

④ $\square^3 = 216$이므로 $\square = 6$

⑤ $\square \times 3 = 27$이므로 $\square = 9$

따라서 $\square$ 안에 들어갈 수가 가장 큰 것은 ①이다.

09 답 ②   유형 ⑥

$$\dfrac{2^6 + 2^6}{9^2 + 9^2 + 9^2} \times \dfrac{3^5 + 3^5 + 3^5}{8^2 + 8^2}$$

$$= \dfrac{2 \times 2^6}{3 \times 9^2} \times \dfrac{3 \times 3^5}{2 \times 8^2} = \dfrac{2^7}{3 \times (3^2)^2} \times \dfrac{3^6}{2 \times (2^3)^2}$$

$$= \dfrac{2^7}{3 \times 3^4} \times \dfrac{3^6}{2 \times 2^6} = \dfrac{2^7}{3^5} \times \dfrac{3^6}{2^7} = 3$$

10 답 ②   유형 ⑦

$648 = 2^3 \times 3^4 = 2^3 \times (3^2)^2 = AB^2$

11 답 ⑤   유형 ⑧

$B = 5^{x-1} = 5^x \div 5 = \dfrac{5^x}{5}$이므로 $5^x = 5B$

$\therefore 10^{3x} = (2 \times 5)^{3x} = 2^{3x} \times 5^{3x}$
$$= (2^x)^3 \times (5^x)^3 = A^3 \times (5B)^3$$
$$= 125 A^3 B^3$$

12 답 ③   유형 ⑨

$2^{16} \times 5^{12} = 2^4 \times 2^{12} \times 5^{12} = 16 \times (2 \times 5)^{12}$
$$= 16 \times 10^{12}$$

따라서 $2^{16} \times 5^{12}$은 14자리의 자연수이다.

13 답 ④   유형 ⑩

$4x^4 y^2 \times (2x^4 y)^3 = 4x^4 y^2 \times 8x^{12} y^3 = 32x^{16} y^5$

14 답 ①   유형 ⑩

$(x^2 y^3)^4 \div (2x^2 y^5)^2 = x^8 y^{12} \div 4x^4 y^{10}$
$$= \dfrac{x^8 y^{12}}{4x^4 y^{10}} = \dfrac{1}{4} x^4 y^2$$

따라서 $\dfrac{1}{4} x^4 y^2 = a x^b y^c$이므로

$a = \dfrac{1}{4}$, $b=4$, $c=2$

$\therefore abc = \dfrac{1}{4} \times 4 \times 2 = 2$

15 답 ③　　　　　　　　　　　　　유형 **10** + 유형 **11**

$A = (4x)^2 \times 2x^3 y^4 = 16x^2 \times 2x^3 y^4 = 32x^5 y^4$

$B = (x^2 y)^2 \div 4x^3 y = x^4 y^2 \times \dfrac{1}{4x^3 y} = \dfrac{xy}{4}$

$C = (-8xy^2)^2 = 64x^2 y^4$

$\therefore A \times B \div C = 32x^5 y^4 \times \dfrac{xy}{4} \div 64x^2 y^4$

$\qquad\qquad\qquad = 32x^5 y^4 \times \dfrac{xy}{4} \times \dfrac{1}{64x^2 y^4}$

$\qquad\qquad\qquad = \dfrac{1}{8} x^4 y$

16 답 ②　　　　　　　　　　　　　유형 **12**

$(-2x^2 y)^3 \div \boxed{} \times 6x^2 y^2 = 4x^3 y^3$ 에서

$\boxed{} = (-2x^2 y)^3 \times 6x^2 y^2 \div 4x^3 y^3$

$\qquad = (-8x^6 y^3) \times 6x^2 y^2 \times \dfrac{1}{4x^3 y^3}$

$\qquad = -12x^5 y^2$

17 답 ②　　　　　　　　　　　　　유형 **13**

$(\text{삼각형의 넓이}) = \dfrac{1}{2} \times 4x^3 y^2 \times 7xy^4$

$\qquad\qquad\qquad\quad = 14x^4 y^6$

18 답 ⑤　　　　　　　　　　　　　유형 **13**

직사각형 모양의 엽서의 넓이는

$5a^3 b^5 \times 2a^2 b = 10a^5 b^6$

정사각형 모양의 엽서의 넓이는

$(2ab)^2 = 4a^2 b^2$

따라서 직사각형 모양의 엽서의 넓이는 정사각형 모양의 엽서의 넓이의

$10a^5 b^6 \div 4a^2 b^2 = \dfrac{10a^5 b^6}{4a^2 b^2} = \dfrac{5}{2} a^3 b^4 (\text{배})$

19 답 6　　　　　　　　　　　　　유형 **01**

$(m^5)^2 \times (n^a)^2 \times (m^4)^b \times n^7 = m^{10} \times n^{2a} \times m^{4b} \times n^7$

$\qquad\qquad\qquad\qquad\qquad\qquad = m^{10+4b} n^{2a+7}$ …… ❶

즉, $m^{10+4b} n^{2a+7} = m^{14} n^{17}$ 이므로

$10 + 4b = 14, \ 4b = 4 \qquad \therefore b = 1$

$2a + 7 = 17, \ 2a = 10 \qquad \therefore a = 5$ …… ❷

$\therefore a + b = 5 + 1 = 6$ …… ❸

채점 기준	배점
❶ 주어진 식의 좌변을 간단히 하기	2점
❷ a, b의 값을 각각 구하기	1점
❸ $a+b$의 값 구하기	1점

20 답 4200초　　　　　　　　　　　유형 **05**

빛의 속력이 초속 3×10^5 km이므로

$(\text{걸린 시간}) = (\text{태양에서 행성까지의 거리}) \div (\text{빛의 속력})$

$\qquad\qquad\quad = (12.6 \times 10^8) \div (3 \times 10^5)$ …… ❶

$\qquad\qquad\quad = 4.2 \times 10^3 = 4200(\text{초})$

따라서 태양의 빛이 행성에 도달하는 데 4200초가 걸린다.

…… ❷

채점 기준	배점
❶ 거리, 속력, 시간에 대한 식 세우기	4점
❷ 태양의 빛이 행성에 도달하는 데 몇 초가 걸리는지 구하기	3점

21 답 $\dfrac{4x}{49y^2}$　　　　　　　　　　유형 **12**

어떤 식을 A라 하면 $A \times 7x^2 y^5 = 4x^5 y^8$ …… ❶

$\therefore A = 4x^5 y^8 \div 7x^2 y^5 = \dfrac{4x^5 y^8}{7x^2 y^5} = \dfrac{4}{7} x^3 y^3$ …… ❷

따라서 바르게 계산한 식은

$\dfrac{4}{7} x^3 y^3 \div 7x^2 y^5 = \dfrac{4}{7} x^3 y^3 \times \dfrac{1}{7x^2 y^5} = \dfrac{4x}{49y^2}$ …… ❸

채점 기준	배점
❶ 잘못 계산한 식 세우기	2점
❷ 어떤 식 구하기	2점
❸ 바르게 계산한 식 구하기	2점

22 답 $14x$　　　　　　　　　　　　유형 **13**

삼각기둥의 높이를 h라 하면

$(\text{삼각기둥의 부피}) = \left(\dfrac{1}{2} \times 3x \times 2y^3 \right) \times h = 42x^2 y^3$ …… ❶

즉, $3xy^3 \times h = 42x^2 y^3$ 이므로

$h = 42x^2 y^3 \div 3xy^3 = \dfrac{42x^2 y^3}{3xy^3} = 14x$

따라서 삼각기둥의 높이는 $14x$이다. …… ❷

채점 기준	배점
❶ 삼각기둥의 부피에 대한 식 세우기	3점
❷ 삼각기둥의 높이 구하기	3점

23 답 $2a$　　　　　　　　　　　　유형 **13**

$\overline{AB}$를 회전축으로 하여 1회전 시키면 밑면인 원의 반지름의 길이가 ab^2이고 높이가 $2a^2 b^2$인 원기둥이므로

$V_1 = \pi \times (ab^2)^2 \times 2a^2 b^2$

$\quad = \pi \times a^2 b^4 \times 2a^2 b^2$

$\quad = 2\pi a^4 b^6$ …… ❶

$\overline{BC}$를 회전축으로 하여 1회전 시키면 밑면인 원의 반지름의 길이가 $2a^2 b^2$이고 높이가 ab^2인 원기둥이므로

$V_2 = \pi \times (2a^2 b^2)^2 \times ab^2$

$\quad = \pi \times 4a^4 b^4 \times ab^2$

$\quad = 4\pi a^5 b^6$ …… ❷

$\therefore \dfrac{V_2}{V_1} = \dfrac{4\pi a^5 b^6}{2\pi a^4 b^6} = 2a$ …… ❸

채점 기준	배점
❶ V_1 구하기	3점
❷ V_2 구하기	3점
❸ $\dfrac{V_2}{V_1}$ 구하기	1점

교과서 속 특이 문제

○43쪽

01 답 11

$1 \times 2 \times 3 \times \cdots \times 15 = 2^a \times b$에서 a가 자연수이고 b가 홀수이므로 a는 1부터 15까지의 자연수를 소인수분해했을 때, 소인수 2의 지수의 합과 같다.

(ⅰ) 소인수 2의 지수가 1인 수 : 2, 6, 10, 14의 4개

(ⅱ) 소인수 2의 지수가 2인 수 : 4, 12의 2개

(ⅲ) 소인수 2의 지수가 3인 수 : 8의 1개

(ⅰ), (ⅱ), (ⅲ)에서 $a = 1 \times 4 + 2 \times 2 + 3 \times 1 = 11$

02 답 10자리

$(2^3 \times 2^3 \times 2^3 \times 2^3)(5^8 + 5^8 + 5^8)$

$= 2^{12} \times (3 \times 5^8) = 2^4 \times 3 \times (2^8 \times 5^8)$

$= 16 \times 3 \times (2 \times 5)^8 = 48 \times 10^8$

따라서 $(2^3 \times 2^3 \times 2^3 \times 2^3)(5^8 + 5^8 + 5^8)$은 10자리의 자연수이다.

03 답 $x^2 y^3$

$x^4 y^3 \times C = x^6 y^5$에서 $C = x^6 y^5 \div x^4 y^3 = x^2 y^2$

$B \times y^2 = C$에서 $B \times y^2 = x^2 y^2$이므로

$B = x^2 y^2 \div y^2 = x^2$

$A \times B = x^4 y^3$에서 $A \times x^2 = x^4 y^3$이므로

$A = x^4 y^3 \div x^2 = x^2 y^3$

$A = x^2 y^3$		$B = x^2$		y^2
	$x^4 y^3$		$C = x^2 y^2$	
		$x^6 y^5$		

04 답 26배

밑면의 반지름의 길이가 r이고 높이가 h인 원뿔의 부피는 $\dfrac{1}{3} \pi r^2 h$

밑면의 반지름의 길이가 $\dfrac{r}{3}$이고 높이가 $\dfrac{h}{3}$인 원뿔의 부피는

$\dfrac{1}{3} \pi \times \left(\dfrac{r}{3}\right)^2 \times \dfrac{h}{3} = \dfrac{1}{81} \pi r^2 h$

따라서 컵의 부피는 물의 부피의 $\dfrac{1}{3} \pi r^2 h \div \dfrac{1}{81} \pi r^2 h = 27$(배)이므로 현재 들어 있는 물의 양의 $27 - 1 = 26$(배)를 더 넣어야 한다.

05 답 $\dfrac{3}{2}$

직사각형과 반원을 1회전 시킬 때 생기는 두 회전체는 각각 원기둥과 구이다.

반원 O의 반지름의 길이를 a라 하면

$V_1 = \pi \times a^2 \times 2a = 2\pi a^3$, $V_2 = \dfrac{4}{3} \pi a^3$

$\therefore \dfrac{V_1}{V_2} = V_1 \div V_2 = 2\pi a^3 \div \dfrac{4}{3} \pi a^3$

$\qquad = 2\pi a^3 \times \dfrac{3}{4\pi a^3} = \dfrac{3}{2}$

---

3 다항식의 계산

I. 수와 식의 계산

개념 check

1 답 (1) $4a + 4b + 3$ (2) $6x - 8y + 2$

(3) $4a - 3b + 7$ (4) $6x + 4y - 1$

(1) $(a - 2b + 3) + (3a + 6b)$

$= a - 2b + 3 + 3a + 6b$

$= 4a + 4b + 3$

(2) $(2x - 5y) + (4x - 3y + 2)$

$= 2x - 5y + 4x - 3y + 2$

$= 6x - 8y + 2$

(3) $(5a - b) - (a + 2b - 7)$

$= 5a - b - a - 2b + 7$

$= 4a - 3b + 7$

(4) $(8x - 2y) - (2x - 6y + 1)$

$= 8x - 2y - 2x + 6y - 1$

$= 6x + 4y - 1$

2 답 (1) $5x^2 - 4x - 9$ (2) $6x^2 + x + 1$

(3) $3x^2 + 6x - 7$ (4) $-2x^2 - 6x + 3$

(1) $(x^2 + x) + (4x^2 - 5x - 9)$

$= x^2 + x + 4x^2 - 5x - 9$

$= 5x^2 - 4x - 9$

(2) $(5x^2 - 2x + 1) + (x^2 + 3x)$

$= 5x^2 - 2x + 1 + x^2 + 3x$

$= 6x^2 + x + 1$

(3) $(5x^2 - 4) - (2x^2 - 6x + 3)$

$= 5x^2 - 4 - 2x^2 + 6x - 3$

$= 3x^2 + 6x - 7$

(4) $(x^2 - 2x) - (3x^2 + 4x - 3)$

$= x^2 - 2x - 3x^2 - 4x + 3$

$= -2x^2 - 6x + 3$

3 답 (1) $x^2 + 2x + 1$ (2) $4x + 7y$

(1) $x - \{4x^2 - x - (5x^2 + 1)\}$

$= x - (4x^2 - x - 5x^2 - 1)$

$= x - (-x^2 - x - 1)$

$= x + x^2 + x + 1$

$= x^2 + 2x + 1$

(2) $2x + [6x - \{x - 2y + (3x - 5y)\}]$

$= 2x + \{6x - (x - 2y + 3x - 5y)\}$

$= 2x + \{6x - (4x - 7y)\}$

$= 2x + (6x - 4x + 7y)$

$= 2x + (2x + 7y)$

$= 2x + 2x + 7y$

$= 4x + 7y$

4 답 (1) $5a^2 + 2a$ (2) $3x^2 y - 2xy^2$

(3) $-6x^2 + 24xy + 12x$ (4) $-8ab - 20b^2 + 4b$

(3) $6x(-x + 4y + 2)$

$= 6x \times (-x) + 6x \times 4y + 6x \times 2$

$= -6x^2 + 24xy + 12x$

(4) $(2a+5b-1) \times (-4b)$
$= 2a \times (-4b) + 5b \times (-4b) + (-1) \times (-4b)$
$= -8ab - 20b^2 + 4b$

5 답 (1) $4x-2y$ (2) $-2x+4$ (3) $-3x+4y$ (4) $6a+15b$

(1) $(8x^2 - 4xy) \div 2x = \dfrac{8x^2 - 4xy}{2x}$
$= \dfrac{8x^2}{2x} + \dfrac{-4xy}{2x}$
$= 4x - 2y$

(2) $(10x^2 - 20x) \div (-5x) = \dfrac{10x^2 - 20x}{-5x}$
$= \dfrac{10x^2}{-5x} + \dfrac{-20x}{-5x}$
$= -2x + 4$

(3) $(-9x^2 y + 12xy^2) \div 3xy = \dfrac{-9x^2 y + 12xy^2}{3xy}$
$= \dfrac{-9x^2 y}{3xy} + \dfrac{12xy^2}{3xy}$
$= -3x + 4y$

(4) $(2a^2 + 5ab) \div \dfrac{1}{3} a = (2a^2 + 5ab) \times \dfrac{3}{a}$
$= 2a^2 \times \dfrac{3}{a} + 5ab \times \dfrac{3}{a}$
$= 6a + 15b$

6 답 (1) $4b-8$ (2) $6x-4y$
(3) $12a^2 - 13ab$ (4) $8x^2 - 7xy$

(1) $2a(ab - 2a) \div \dfrac{1}{2} a^2 = (2a^2 b - 4a^2) \div \dfrac{1}{2} a^2$
$= (2a^2 b - 4a^2) \times \dfrac{2}{a^2}$
$= 4b - 8$

(2) $(x^2 + 2xy) \div (-x) + (7x - 2y)$
$= -x - 2y + 7x - 2y$
$= 6x - 4y$

(3) $2a(a - 4b) + 5a(2a - b)$
$= 2a^2 - 8ab + 10a^2 - 5ab$
$= 12a^2 - 13ab$

(4) $4x(x - y) - (-12x^3 + 9x^2 y) \div 3x$
$= 4x^2 - 4xy - (-4x^2 + 3xy)$
$= 4x^2 - 4xy + 4x^2 - 3xy$
$= 8x^2 - 7xy$

7 답 (1) -1 (2) 2

(1) $4x + 3y = 4 \times (-1) + 3 \times 1 = -4 + 3 = -1$

(2) $5x^2 - x(2x - y) = 5x^2 - 2x^2 + xy$
$= 3x^2 + xy$
$= 3 \times (-1)^2 + (-1) \times 1$
$= 3 - 1 = 2$

8 답 (1) $4y-5$ (2) $-3y+2$

(1) $2x - 3 = 2(2y - 1) - 3 = 4y - 2 - 3 = 4y - 5$

(2) $-x - y + 1 = -(2y - 1) - y + 1$
$= -2y + 1 - y + 1$
$= -3y + 2$

기출 유형

● 48쪽~51쪽

유형 01 다항식의 덧셈과 뺄셈   48쪽

(1) 다항식의 덧셈 : 괄호를 풀고 동류항끼리 모아서 계산한다.
$$(Ax + By) + (Cx + Dy) = (A + C)x + (B + D)y$$

(2) 다항식의 뺄셈 : 빼는 식의 각 항의 부호를 바꾸어 더한다.
$$(Ax + By) - (Cx + Dy) = Ax + By - Cx - Dy$$
$$= (A - C)x + (B - D)y$$

01 답 ③

① $(2x - 3y) + (5x - 4y) = 2x - 3y + 5x - 4y = 7x - 7y$

② $(-a + 3b) - (2a - b) = -a + 3b - 2a + b = -3a + 4b$

③ $2(a - b) - (-a + 3b) = 2a - 2b + a - 3b = 3a - 5b$

④ $(4x + 2y - 3) + (3x + y + 2) = 4x + 2y - 3 + 3x + y + 2$
$= 7x + 3y - 1$

⑤ $(2x - y + 2) - (3x - 2y + 4) = 2x - y + 2 - 3x + 2y - 4$
$= -x + y - 2$

따라서 옳지 않은 것은 ③이다.

02 답 ⑤

$\dfrac{2x - y}{3} + \dfrac{x + y}{2} = \dfrac{2(2x - y) + 3(x + y)}{6}$
$= \dfrac{4x - 2y + 3x + 3y}{6} = \dfrac{7x + y}{6} = \dfrac{7}{6} x + \dfrac{1}{6} y$

따라서 $a = \dfrac{7}{6}$, $b = \dfrac{1}{6}$ 이므로 $a + b = \dfrac{7}{6} + \dfrac{1}{6} = \dfrac{8}{6} = \dfrac{4}{3}$

03 답 ③

$2(3x^2 - x + 2) - 3(x^2 - 2x + 1) = 6x^2 - 2x + 4 - 3x^2 + 6x - 3$
$= 3x^2 + 4x + 1$

따라서 x^2의 계수는 3, 상수항은 1이므로
그 합은 $3 + 1 = 4$

04 답 ⑤

$(ax^2 + x - 2) - (x^2 + bx - 4) = ax^2 + x - 2 - x^2 - bx + 4$
$= (a - 1)x^2 + (1 - b)x + 2$

따라서 x^2의 계수는 $a - 1$, x의 계수는 $1 - b$이므로
$a - 1 = 3$, $1 - b = 4$에서 $a = 4$, $b = -3$
$\therefore a - b = 4 - (-3) = 7$

유형 02 여러 가지 괄호가 있는 식의 계산   48쪽

소괄호 ( ) ➡ 중괄호 { } ➡ 대괄호 [ ]의 순서로 괄호를 푼다.

05 답 $2a + 7b$

$5a - [2a - 5b - \{3a - b - (4a - 3b)\}]$
$= 5a - \{2a - 5b - (3a - b - 4a + 3b)\}$
$= 5a - \{2a - 5b - (-a + 2b)\}$
$= 5a - (2a - 5b + a - 2b)$
$= 5a - (3a - 7b)$
$= 5a - 3a + 7b$
$= 2a + 7b$

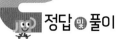
06 답 ⑤

$$3x+2y+[x+\{8y-(4x-y)+2x\}]$$
$$=3x+2y+\{x+(8y-4x+y+2x)\}$$
$$=3x+2y+\{x+(-2x+9y)\}$$
$$=3x+2y+(x-2x+9y)$$
$$=3x+2y-x+9y$$
$$=2x+11y$$

따라서 $a=2$, $b=11$이므로
$$a+b=2+11=13$$

07 답 ①

$$2x^2-[4x-\{7x^2-(2x+3)-5x^2\}]$$
$$=2x^2-\{4x-(7x^2-2x-3-5x^2)\}$$
$$=2x^2-\{4x-(2x^2-2x-3)\}$$
$$=2x^2-(4x-2x^2+2x+3)$$
$$=2x^2-(-2x^2+6x+3)$$
$$=2x^2+2x^2-6x-3$$
$$=4x^2-6x-3$$

따라서 x^2의 계수는 4, x의 계수는 -6이므로
그 합은 $4+(-6)=-2$

유형 03 어떤 다항식 구하기 48쪽

(1) $A+\boxed{}=B \Rightarrow \boxed{}=B-A$

(2) $A-\boxed{}=B \Rightarrow \boxed{}=A-B$

08 답 ③

$(3x-7y+3)+\boxed{}=2x+10y-1$에서
$$\boxed{}=(2x+10y-1)-(3x-7y+3)$$
$$=2x+10y-1-3x+7y-3$$
$$=-x+17y-4$$

09 답 $8x-9y-2$

어떤 식을 A라 하면
$$(5x-2y+3)-A=-3x+7y+5$$
$$\therefore A=(5x-2y+3)-(-3x+7y+5)$$
$$=5x-2y+3+3x-7y-5$$
$$=8x-9y-2$$

10 답 ②

$$3a-\{7a-4b-(3a+2b-\boxed{})\}$$
$$=3a-(7a-4b-3a-2b+\boxed{})$$
$$=3a-(4a-6b+\boxed{})$$
$$=3a-4a+6b-\boxed{}$$
$$=-a+6b-\boxed{}$$

따라서 $-a+6b-\boxed{}=3a+b$이므로
$$\boxed{}=(-a+6b)-(3a+b)$$
$$=-a+6b-3a-b$$
$$=-4a+5b$$

---

11 답 x^2-2x+4

	$7x^2+x+5$	
	$3x^2-x+1$	
$9x^2+2x+2$	㉠	A

위의 표에서
$(7x^2+x+5)+(3x^2-x+1)+㉠=9x^2-3x+3$이므로
$$(10x^2+6)+㉠=9x^2-3x+3$$
$$\therefore ㉠=(9x^2-3x+3)-(10x^2+6)$$
$$=9x^2-3x+3-10x^2-6$$
$$=-x^2-3x-3$$

또, $(9x^2+2x+2)+(-x^2-3x-3)+A=9x^2-3x+3$이므로
$$(8x^2-x-1)+A=9x^2-3x+3$$
$$\therefore A=(9x^2-3x+3)-(8x^2-x-1)$$
$$=9x^2-3x+3-8x^2+x+1$$
$$=x^2-2x+4$$

유형 04 바르게 계산한 식 구하기 49쪽

어떤 식에 B를 더해야 할 것을 잘못하여 뺐더니 C가 되었다.

❶ 어떤 식을 A라 놓는다. ➡ $A-B=C$

❷ A를 구한다. ➡ $A=C+B$

❸ 바르게 계산한 식을 구한다. ➡ $A+B$

12 답 ④

어떤 식을 A라 하면
$$A-(-x^2+4)=4x^2-x+1$$
$$\therefore A=(4x^2-x+1)+(-x^2+4)=3x^2-x+5$$

따라서 바르게 계산한 식은
$$(3x^2-x+5)+(-x^2+4)=2x^2-x+9$$

13 답 $x-13y+8$

어떤 식을 A라 하면
$$A+(2x+5y-2)=5x-3y+4$$
$$\therefore A=(5x-3y+4)-(2x+5y-2)$$
$$=5x-3y+4-2x-5y+2$$
$$=3x-8y+6$$

따라서 바르게 계산한 식은
$$(3x-8y+6)-(2x+5y-2)=3x-8y+6-2x-5y+2$$
$$=x-13y+8$$

14 답 $15x^2-2x-10$

어떤 식을 A라 하면
$$(7x^2+x-5)-A=-x^2+4x$$
$$\therefore A=(7x^2+x-5)-(-x^2+4x)$$
$$=7x^2+x-5+x^2-4x$$
$$=8x^2-3x-5$$

따라서 바르게 계산한 식은
$$(7x^2+x-5)+(8x^2-3x-5)=15x^2-2x-10$$

유형 **05** 단항식과 다항식의 곱셈과 나눗셈 49쪽

(1) 단항식과 다항식의 곱셈
  분배법칙을 이용하여 전개한 후, 동류항끼리 계산한다.
$$A(B+C)=AB+AC,\ (A+B)C=AC+BC$$

(2) 다항식과 단항식의 나눗셈

[방법 1] $(A+B)\div C=\dfrac{A+B}{C}=\dfrac{A}{C}+\dfrac{B}{C}$

분수 꼴로 바꾸기

[방법 2] $(A+B)\div C=(A+B)\times\dfrac{1}{C}=\dfrac{A}{C}+\dfrac{B}{C}$

역수의 곱셈으로 바꾸기

15 답 ⑤

⑤ $(-9x^3y^2+6xy^2)\div 3xy$

$=\dfrac{-9x^3y^2+6xy^2}{3xy}=\dfrac{-9x^3y^2}{3xy}+\dfrac{6xy^2}{3xy}=-3x^2y+2y$

따라서 옳지 않은 것은 ⑤이다.

16 답 ④

$-2x(x-y+3)=-2x^2+2xy-6x$에서

xy의 계수는 2이므로 $a=2$

$4y(-2x+5y+7)=-8xy+20y^2+28y$에서

y^2의 계수는 20이므로 $b=20$

$\therefore b-a=20-2=18$

17 답 0

$(12x^2y-8xy^2-4xy)\div\dfrac{2}{3}xy$

$=(12x^2y-8xy^2-4xy)\times\dfrac{3}{2xy}$

$=12x^2y\times\dfrac{3}{2xy}-8xy^2\times\dfrac{3}{2xy}-4xy\times\dfrac{3}{2xy}$

$=18x-12y-6$

따라서 $a=18$, $b=-12$, $c=-6$이므로

$a+b+c=18+(-12)+(-6)=0$

18 답 $-a-4b+12$

$A\times\dfrac{1}{4}ab=-\dfrac{1}{4}a^2b-ab^2+3ab$이므로

$A=\left(-\dfrac{1}{4}a^2b-ab^2+3ab\right)\div\dfrac{1}{4}ab$

$=\left(-\dfrac{1}{4}a^2b-ab^2+3ab\right)\times\dfrac{4}{ab}$

$=\left(-\dfrac{1}{4}a^2b\right)\times\dfrac{4}{ab}-ab^2\times\dfrac{4}{ab}+3ab\times\dfrac{4}{ab}$

$=-a-4b+12$

19 답 ⑤

어떤 식을 A라 하면 $A\div 3x=2x+4y-1$

$\therefore A=(2x+4y-1)\times 3x=6x^2+12xy-3x$

따라서 바르게 계산한 식은

$(6x^2+12xy-3x)\times 3x=18x^3+36x^2y-9x^2$

유형 **06** 단항식과 다항식의 혼합 계산 50쪽

사칙연산이 혼합된 식은

거듭제곱 ➡ 괄호 ➡ 곱셈, 나눗셈 ➡ 덧셈, 뺄셈

의 순서대로 계산한다.

20 답 ①

$-4x(x+2)+(9x^2-12x)\div 3x$

$=-4x^2-8x+\dfrac{9x^2-12x}{3x}$

$=-4x^2-8x+3x-4$

$=-4x^2-5x-4$

따라서 x의 계수는 -5이다.

21 답 ②

$(x^4-2x^3+x^2)\div x^2-(8x^3+2x^2-4x)\div 2x$

$=\dfrac{x^4-2x^3+x^2}{x^2}-\dfrac{8x^3+2x^2-4x}{2x}$

$=x^2-2x+1-(4x^2+x-2)$

$=x^2-2x+1-4x^2-x+2$

$=-3x^2-3x+3$

22 답 4

$(20xy-5y^2)\div\dfrac{5}{3}y-\dfrac{6x^2+9xy}{3x}$

$=(20xy-5y^2)\times\dfrac{3}{5y}-(2x+3y)$

$=12x-3y-2x-3y$

$=10x-6y$

따라서 x의 계수는 10, y의 계수는 -6이므로

그 합은 $10+(-6)=4$

23 답 2

$(x^3y^2-3x^2y^2)\div xy-(x-y)ay$

$=\dfrac{x^3y^2-3x^2y^2}{xy}-(axy-ay^2)$

$=x^2y-3xy-axy+ay^2$

$=x^2y-(3+a)xy+ay^2$

xy의 계수가 -5이므로 $-(3+a)=-5$에서 $a=2$

따라서 y^2의 계수는 2이다.

24 답 $6a^2b-5ab$

$A=6a^2b(3ab-2b)+(-3ab)^3\div 9ab$

$=6a^2b(3ab-2b)+(-27a^3b^3)\div 9ab$

$=18a^3b^2-12a^2b^2-3a^2b^2=18a^3b^2-15a^2b^2$

$B=(8a^2b-6ab^2)\div 2b-(2a^3b^2-3a^2b^3)\div\dfrac{1}{2}ab^2$

$=\dfrac{8a^2b-6ab^2}{2b}-(2a^3b^2-3a^2b^3)\times\dfrac{2}{ab^2}$

$=4a^2-3ab-(4a^2-6ab)$

$=4a^2-3ab-4a^2+6ab=3ab$

$\therefore \dfrac{A}{B}=\dfrac{18a^3b^2-15a^2b^2}{3ab}=6a^2b-5ab$

유형 07 도형에서의 활용
51쪽

평면도형의 넓이, 입체도형의 부피나 겉넓이를 구하는 공식에 주어진 식을 대입하여 계산한다.

25 답 ④

(큰 직사각형의 넓이)$= 3xy^2 \times (x+5) = 3x^2y^2 + 15xy^2$

(작은 직사각형의 넓이)$= 3y^2 \times x = 3xy^2$

$\therefore$ (색칠한 부분의 넓이)$= (3x^2y^2 + 15xy^2) - 3xy^2$
$$= 3x^2y^2 + 12xy^2$$

26 답 $8ab^2 - 5b$

직육면체의 밑넓이를 S라 하면

$S \times 6a^3b = 48a^4b^3 - 30a^3b^2$

$\therefore S = (48a^4b^3 - 30a^3b^2) \div 6a^3b$
$$= \frac{48a^4b^3 - 30a^3b^2}{6a^3b} = 8ab^2 - 5b$$

따라서 직육면체의 밑넓이는 $8ab^2 - 5b$이다.

27 답 $6x + 8y - 4$

(색칠한 부분의 넓이)

$= 6x \times 4y - \left\{ \frac{1}{2} \times 6x \times (4y-2) + \frac{1}{2} \times 4 \times 2 + \frac{1}{2} \times (6x-4) \times 4y \right\}$

$= 24xy - (12xy - 6x + 4 + 12xy - 8y)$

$= 24xy - (24xy - 6x - 8y + 4)$

$= 24xy - 24xy + 6x + 8y - 4$

$= 6x + 8y - 4$

28 답 $2xy - \dfrac{1}{2}$

(입체도형의 부피)$= 3x \times 2 \times (3h-h) + x \times 2 \times h$
$$= 12xh + 2xh$$
$$= 14xh$$

따라서 $14xh = 28x^2y - 7x$이므로

$h = (28x^2y - 7x) \div 14x = \dfrac{28x^2y}{14x} - \dfrac{7x}{14x} = 2xy - \dfrac{1}{2}$

[다른 풀이]

(입체도형의 부피)$= 3x \times 2 \times 3h - (3x-x) \times 2 \times h$
$$= 18xh - 4xh = 14xh$$

따라서 $14xh = 28x^2y - 7x$이므로

$h = (28x^2y - 7x) \div 14x = \dfrac{28x^2y}{14x} - \dfrac{7x}{14x} = 2xy - \dfrac{1}{2}$

유형 08 식의 값과 식의 대입
51쪽

(1) 식의 값 : 주어진 식을 간단히 한 후 문자에 수를 대입하여 계산한 값

(2) 식의 대입
 ❶ 주어진 식을 간단히 정리한다.
 ❷ ❶의 식에 있는 문자 대신 그 문자를 나타내는 다른 식을 괄호로 묶어서 대입한다.
 ❸ ❷의 식을 간단히 정리한다.

29 답 ①

$2y(2x-y) + (12x^2 + 6xy^2) \div 3x$

$= 4xy - 2y^2 + \dfrac{12x^2 + 6xy^2}{3x}$

$= 4xy - 2y^2 + 4x + 2y^2$

$= 4xy + 4x$

$= 4 \times 5 \times (-2) + 4 \times 5$

$= -40 + 20 = -20$

30 답 ①

$\dfrac{18a^2 - 6ab}{3a} - \dfrac{12ab + 16b^2}{4b}$

$= 6a - 2b - (3a + 4b) = 6a - 2b - 3a - 4b$

$= 3a - 6b = 3 \times (-2) - 6 \times \dfrac{1}{3}$

$= -6 - 2 = -8$

31 답 ④

$2(3A-B) - 3(A-B)$

$= 6A - 2B - 3A + 3B = 3A + B$

$= 3(2x-y) + (3x+2y)$

$= 6x - 3y + 3x + 2y = 9x - y$

32 답 $13a + 48$

$3a - 5b = 2$에서 $5b = 3a - 2$

$A = 10(a+5) + 5b$
$$= 10(a+5) + (3a-2)$$
$$= 10a + 50 + 3a - 2$$
$$= 13a + 48$$

[참고] 십의 자리의 숫자가 X, 일의 자리의 숫자가 Y인 수는 $10X + Y$로 나타낼 수 있다.

JG 서술형
52쪽~53쪽

01 답 (1) $x^2 - 8x + 10$ (2) $x^2 - 11x + 14$

(1) **채점 기준 1** 잘못 계산한 식 세우기 … 1점

어떤 식을 A라 하면

$A \boxed{-} (-3x+4) = x^2 - 5x + 6$

채점 기준 2 어떤 식 구하기 … 3점

$A = x^2 - 5x + 6 \boxed{+} (-3x+4)$

$= \underline{x^2 - 8x + 10}$

(2) **채점 기준 3** 바르게 계산한 식 구하기 … 2점

바르게 계산한 식은

$(\underline{x^2 - 8x + 10}) + (-3x+4) = \underline{x^2 - 11x + 14}$

01-1 답 (1) $-9x+y+6$ (2) $-11x-3y+11$

(1) **채점 기준 1** 잘못 계산한 식 세우기 … 1점
어떤 식을 A라 하면
$A+(2x+4y-5)=-7x+5y+1$

채점 기준 2 어떤 식 구하기 … 3점
$A=(-7x+5y+1)-(2x+4y-5)$
$=-7x+5y+1-2x-4y+5$
$=-9x+y+6$

(2) **채점 기준 3** 바르게 계산한 식 구하기 … 2점
바르게 계산한 식은
$(-9x+y+6)-(2x+4y-5)$
$=-9x+y+6-2x-4y+5$
$=-11x-3y+11$

02 답 (1) $-6x+6y$ (2) 30

(1) **채점 기준 1** A, B를 각각 간단히 하기 … 2점
$A=(x-2y)-3(2x+3y)$
$=x-2y-6x-9y=\underline{-5x-11y}$
$B=\dfrac{2x-4y}{3}-\dfrac{5x-y}{2}=\dfrac{2(2x-4y)-3(5x-y)}{6}$
$=\dfrac{4x-8y-15x+3y}{6}=\underline{\dfrac{-11x-5y}{6}}$

채점 기준 2 $-A+6B$를 x, y에 대한 식으로 나타내기 … 2점
$-A+6B=-(\underline{-5x-11y})+6\left(\underline{\dfrac{-11x-5y}{6}}\right)$
$=5x+11y+(-11x-5y)$
$=\underline{-6x+6y}$

(2) **채점 기준 3** a^2-b의 값 구하기 … 2점
$a=\underline{-6}$, $b=\underline{6}$이므로
$a^2-b=(-6)^2-6=\underline{30}$

02-1 답 (1) $2x-6y-1$ (2) -1

(1) **채점 기준 1** A, B를 각각 간단히 하기 … 2점
$A=-5(x-2y+1)+4\left(\dfrac{1}{2}x-\dfrac{7}{4}y+1\right)$
$=-5x+10y-5+2x-7y+4$
$=-3x+3y-1$
$B=\dfrac{x-6}{3}-\dfrac{3y-10}{5}=\dfrac{5(x-6)-3(3y-10)}{15}$
$=\dfrac{5x-30-9y+30}{15}=\dfrac{5x-9y}{15}$

채점 기준 2 $A+15B$를 x, y에 대한 식으로 나타내기 … 2점
$A+15B=(-3x+3y-1)+15\times\dfrac{5x-9y}{15}$
$=-3x+3y-1+5x-9y$
$=2x-6y-1$

(2) **채점 기준 3** a^2+b-c의 값 구하기 … 2점
$a=2$, $b=-6$, $c=-1$이므로
$a^2+b-c=2^2+(-6)-(-1)=4-6+1=-1$

03 답 $-\dfrac{7}{11}$

$\dfrac{3x-y}{2}-\dfrac{4x+3y}{5}=\dfrac{5(3x-y)-2(4x+3y)}{10}$
$=\dfrac{15x-5y-8x-6y}{10}$
$=\dfrac{7x-11y}{10}$
$=\dfrac{7}{10}x-\dfrac{11}{10}y$ ……❶

따라서 $a=\dfrac{7}{10}$, $b=-\dfrac{11}{10}$이므로 ……❷

$\dfrac{a}{b}=\dfrac{7}{10}\div\left(-\dfrac{11}{10}\right)=\dfrac{7}{10}\times\left(-\dfrac{10}{11}\right)=-\dfrac{7}{11}$ ……❸

채점 기준	배점
❶ 주어진 식의 좌변 간단히 하기	4점
❷ a, b의 값을 각각 구하기	1점
❸ $\dfrac{a}{b}$의 값 구하기	1점

04 답 4

$2x^2-[-4x+2-\{3x^2-2x-(x^2+3x-1)\}]$
$=2x^2-\{-4x+2-(3x^2-2x-x^2-3x+1)\}$
$=2x^2-\{-4x+2-(2x^2-5x+1)\}$
$=2x^2-(-4x+2-2x^2+5x-1)$
$=2x^2-(-2x^2+x+1)$
$=2x^2+2x^2-x-1$
$=4x^2-x-1$ ……❶
따라서 $A=4$, $B=-1$, $C=-1$이므로 ……❷
$A+B-C=4+(-1)-(-1)=4$ ……❸

채점 기준	배점
❶ 주어진 식 계산하기	4점
❷ A, B, C의 값을 각각 구하기	1점
❸ $A+B-C$의 값 구하기	1점

05 답 $3a-5b$

$a-\{-3a+b-(2b+\boxed{})\}=7a-4b$에서
$a-(-3a+b-2b-\boxed{})=7a-4b$
$a-(-3a-b-\boxed{})=7a-4b$
$a+3a+b+\boxed{}=7a-4b$
$4a+b+\boxed{}=7a-4b$ ……❶
$\therefore \boxed{}=(7a-4b)-(4a+b)$
$=7a-4b-4a-b$
$=3a-5b$ ……❷

채점 기준	배점
❶ 주어진 식의 좌변 간단히 하기	3점
❷ $\boxed{}$ 안에 알맞은 식 구하기	3점

06 답 $-9a^3b^2+27a^2b^3-18a^2b^2$

어떤 식을 A라 하면

$A \div (-3ab) = -a + 3b - 2$ ······ ❶

$\therefore A = (-a+3b-2) \times (-3ab)$

$= 3a^2b - 9ab^2 + 6ab$ ······ ❷

따라서 바르게 계산한 식은

$(3a^2b - 9ab^2 + 6ab) \times (-3ab)$

$= -9a^3b^2 + 27a^2b^3 - 18a^2b^2$ ······ ❸

채점 기준	배점
❶ 잘못 계산한 식 세우기	1점
❷ 어떤 식 구하기	3점
❸ 바르게 계산한 식 구하기	2점

07 답 (1) $2b+1$ (2) $10a^2b + 20ab^2 + 14ab + 2a$

(1) 직육면체의 높이를 h라 하면

$5ab \times a \times h = 10a^2b^2 + 5a^2b$이므로 ······ ❶

$5a^2bh = 10a^2b^2 + 5a^2b$

$\therefore h = (10a^2b^2 + 5a^2b) \div 5a^2b$

$= 2b + 1$

따라서 직육면체의 높이는 $2b+1$이다. ······ ❷

(2) (직육면체의 겉넓이)

$= 2\{5ab \times a + a \times (2b+1) + 5ab \times (2b+1)\}$

$= 2(5a^2b + 2ab + a + 10ab^2 + 5ab)$

$= 2(5a^2b + 10ab^2 + 7ab + a)$

$= 10a^2b + 20ab^2 + 14ab + 2a$ ······ ❸

채점 기준	배점
❶ 부피에 대한 식 세우기	2점
❷ 직육면체의 높이 구하기	2점
❸ 직육면체의 겉넓이 구하기	3점

08 답 (1) $\dfrac{8}{3}x - 5y$ (2) 5

(1) $x - \{2y + (9y^2 - 5xy) \div 3y\}$

$= x - \left(2y + 3y - \dfrac{5}{3}x\right)$

$= x - \left(5y - \dfrac{5}{3}x\right)$

$= x - 5y + \dfrac{5}{3}x$

$= \dfrac{8}{3}x - 5y$ ······ ❶

(2) $\dfrac{8}{3}x - 5y$에 $x = \dfrac{15}{2}$, $y = 3$을 대입하면

$\dfrac{8}{3}x - 5y = \dfrac{8}{3} \times \dfrac{15}{2} - 5 \times 3 = 20 - 15 = 5$ ······ ❷

채점 기준	배점
❶ 주어진 식 간단히 하기	4점
❷ 식의 값 구하기	2점

실전 중단원 학교 시험 ①회

54쪽~57쪽

01 ④	02 ②	03 ③	04 ③	05 ⑤
06 ③	07 ⑤	08 ③	09 ④	10 ③
11 ③	12 ④	13 ②	14 ⑤	15 ⑤
16 ①	17 ④	18 ③	19 $2a + \dfrac{2}{3}b$	
20 $3xy + x + 2y$		21 $12x - 4y$		
22 $-7x + 3y$		23 40		

01 답 ④　　　　　　　　유형 01

① $(3a+2b)+(7a-b) = 10a+b$

② $(2x-4y)-(-x+6y) = 2x-4y+x-6y$

　　　　　　　　　$= 3x - 10y$

③ $(2x+y-2)-(2x-3y+2)$

$= 2x+y-2-2x+3y-2$

$= 4y-4$

④ $(9a+3b-1)+2(3a-b+3)$

$= 9a+3b-1+6a-2b+6$

$= 15a+b+5$

⑤ $2(5x-3y-1)-(-3x+2y-1)$

$= 10x-6y-2+3x-2y+1$

$= 13x-8y-1$

따라서 옳은 것은 ④이다.

02 답 ②　　　　　　　　유형 01

$(ax^2+5x+6)+(4x^2+b) = 3x^2+cx+3$에서

$(a+4)x^2+5x+(6+b) = 3x^2+cx+3$

따라서 $a+4=3$, $5=c$, $6+b=3$이므로

$a=-1$, $b=-3$, $c=5$

$\therefore a+b+c = -1+(-3)+5 = 1$

03 답 ③　　　　　　　　유형 01

$\dfrac{2x-5y}{3} - \dfrac{7x-3y}{4} = \dfrac{4(2x-5y)-3(7x-3y)}{12}$

$= \dfrac{8x-20y-21x+9y}{12}$

$= -\dfrac{13}{12}x - \dfrac{11}{12}y$

따라서 $a = -\dfrac{13}{12}$, $b = -\dfrac{11}{12}$이므로

$\dfrac{b}{a} = \left(-\dfrac{11}{12}\right) \div \left(-\dfrac{13}{12}\right) = \left(-\dfrac{11}{12}\right) \times \left(-\dfrac{12}{13}\right) = \dfrac{11}{13}$

04 답 ③　　　　　　　　유형 02

$5x - [2x - 3y - \{x - 2y + (-3x+4y)\}]$

$= 5x - \{2x - 3y - (x - 2y - 3x + 4y)\}$

$= 5x - \{2x - 3y - (-2x + 2y)\}$

$= 5x - (2x - 3y + 2x - 2y)$

$= 5x - (4x - 5y)$

$= 5x - 4x + 5y$

$= x + 5y$

05 답 ⑤   유형 02

$3x^2-[\{x-2x^2-(5x+1)\}-4x+7]$
$=3x^2-\{(x-2x^2-5x-1)-4x+7\}$
$=3x^2-(-2x^2-4x-1-4x+7)$
$=3x^2-(-2x^2-8x+6)$
$=3x^2+2x^2+8x-6$
$=5x^2+8x-6$
따라서 x^2의 계수는 5, x의 계수는 8이므로
그 합은 $5+8=13$

06 답 ③   유형 03

$\boxed{}-(8a+3b-2)=-6a-6b$에서
$\boxed{}=-6a-6b+(8a+3b-2)$
$=2a-3b-2$

07 답 ⑤   유형 03

$(6x^2-5xy)+(-x^2+3y^2)=5x^2-5xy+3y^2$이므로
$4x^2-xy+y^2+A=5x^2-5xy+3y^2$
$\therefore A=5x^2-5xy+3y^2-(4x^2-xy+y^2)$
$=5x^2-5xy+3y^2-4x^2+xy-y^2$
$=x^2-4xy+2y^2$

08 답 ③   유형 04

어떤 식을 A라 하면
$A-(x^2-3xy+4y^2)=5x^2-7xy+2y^2$
$\therefore A=5x^2-7xy+2y^2+(x^2-3xy+4y^2)$
$=6x^2-10xy+6y^2$
따라서 바르게 계산한 식은
$6x^2-10xy+6y^2+(x^2-3xy+4y^2)$
$=7x^2-13xy+10y^2$

09 답 ④   유형 05

① $-4a(a-5b)=-4a^2+20ab$
② $3a(2a-4b-5)=6a^2-12ab-15a$
③ $(-15x^2+9xy)\div 3x=-5x+3y$
⑤ $(5a^2+10ab)\div\dfrac{5}{2}a=(5a^2+10ab)\times\dfrac{2}{5a}=2a+4b$
따라서 옳은 것은 ④이다.

10 답 ③   유형 05

$A\times\dfrac{1}{2}xy=2xy^2-4xy$이므로
$A=(2xy^2-4xy)\div\dfrac{1}{2}xy$
$=(2xy^2-4xy)\times\dfrac{2}{xy}$
$=4y-8$

11 답 ③   유형 05

$A\div\dfrac{1}{4}a^2=-2a^2-3a+1$이므로
$A=(-2a^2-3a+1)\times\dfrac{1}{4}a^2$
$=-\dfrac{1}{2}a^4-\dfrac{3}{4}a^3+\dfrac{1}{4}a^2$
따라서 다항식 A의 a^2의 계수는 $\dfrac{1}{4}$이다.

12 답 ④   유형 06

$-2x(4x-9y)+(2x^2y-8xy)\div\dfrac{2}{3}x$
$=-8x^2+18xy+(2x^2y-8xy)\times\dfrac{3}{2x}$
$=-8x^2+18xy+3xy-12y$
$=-8x^2+21xy-12y$
따라서 모든 계수들의 합은
$-8+21+(-12)=1$

13 답 ②   유형 06

$\boxed{}\times(-2x)\times y\div\dfrac{1}{4}=24x^2y-8xy^2+16xy$에서
$\boxed{}\times(-8xy)=24x^2y-8xy^2+16xy$
$\therefore \boxed{}=(24x^2y-8xy^2+16xy)\div(-8xy)$
$=\dfrac{24x^2y-8xy^2+16xy}{-8xy}=-3x+y-2$

14 답 ②   유형 07

원기둥의 높이를 h라 하면
$\pi\times(3a)^2\times h=36\pi a^3b-27\pi a^2$이므로
$9\pi a^2h=36\pi a^3b-27\pi a^2$
$\therefore h=(36\pi a^3b-27\pi a^2)\div 9\pi a^2$
$=4ab-3$
따라서 원기둥의 높이는 $4ab-3$이다.

15 답 ⑤   유형 07

(색칠한 부분의 넓이)
$=\square ABCD-(\triangle AED+\triangle DFC)$
$=4x\times 3y-\left\{\dfrac{1}{2}\times 4x\times(3y-2)+\dfrac{1}{2}\times(4x-4)\times 3y\right\}$
$=12xy-(6xy-4x+6xy-6y)$
$=12xy-(12xy-4x-6y)$
$=4x+6y$

다른 풀이
$\overline{BD}$를 그으면
(색칠한 부분의 넓이)$=\triangle DEB+\triangle DBF$
$=\dfrac{1}{2}\times 2\times 4x+\dfrac{1}{2}\times 4\times 3y$
$=4x+6y$

16 답 ①   유형 08

$(3x-4y+5)-(x-3y+4)$
$=3x-4y+5-x+3y-4$
$=2x-y+1$
$=2\times(-2)-3+1=-6$

17 답 ④   유형 08

$(-2ab+4b^2)\div\left(-\dfrac{2}{5}b\right)-(12a^2b-9ab^2)\div 3ab$
$=(-2ab+4b^2)\times\left(-\dfrac{5}{2b}\right)-\dfrac{12a^2b-9ab^2}{3ab}$
$=5a-10b-(4a-3b)$
$=5a-10b-4a+3b$
$=a-7b=7-7\times\left(-\dfrac{3}{7}\right)=10$

18 답 ③　　　　　　　　　　　　　　　유형 08

$4x-[3x+2\{y-(4x+3y)\}]$
$=4x-\{3x+2(y-4x-3y)\}$
$=4x-\{3x+2(-4x-2y)\}$
$=4x-(3x-8x-4y)$
$=4x-(-5x-4y)$
$=4x+5x+4y$
$=9x+4y$
$=9x+4(3x-2)$
$=9x+12x-8$
$=21x-8$

19 답 $2a+\dfrac{2}{3}b$　　　　　　　　　　유형 04

어떤 식을 A라 하면

$A+\left(\dfrac{1}{2}a-\dfrac{4}{3}b+\dfrac{1}{7}\right)=3a-2b+\dfrac{2}{7}$ ······ ❶

$\therefore A=\left(3a-2b+\dfrac{2}{7}\right)-\left(\dfrac{1}{2}a-\dfrac{4}{3}b+\dfrac{1}{7}\right)$

$\qquad=3a-2b+\dfrac{2}{7}-\dfrac{1}{2}a+\dfrac{4}{3}b-\dfrac{1}{7}$

$\qquad=\dfrac{5}{2}a-\dfrac{2}{3}b+\dfrac{1}{7}$ ······ ❷

따라서 바르게 계산한 식은

$\dfrac{5}{2}a-\dfrac{2}{3}b+\dfrac{1}{7}-\left(\dfrac{1}{2}a-\dfrac{4}{3}b+\dfrac{1}{7}\right)$

$=\dfrac{5}{2}a-\dfrac{2}{3}b+\dfrac{1}{7}-\dfrac{1}{2}a+\dfrac{4}{3}b-\dfrac{1}{7}$

$=2a+\dfrac{2}{3}b$ ······ ❸

채점 기준	배점
❶ 잘못 계산한 식 세우기	1점
❷ 어떤 식 구하기	2점
❸ 바르게 계산한 식 구하기	1점

20 답 $3xy+x+2y$　　　　　　　　　　유형 07

(종이의 넓이)$=(9x^2y^2-4xy^2)+(3x^2y+10xy^2)$
$\qquad\qquad\qquad=9x^2y^2+3x^2y+6xy^2$ ······ ❶

$\therefore$ (종이의 가로의 길이)
$\quad=$ (종이의 넓이)$\div$(종이의 세로의 길이)
$\quad=(9x^2y^2+3x^2y+6xy^2)\div 3xy$
$\quad=3xy+x+2y$ ······ ❷

채점 기준	배점
❶ 직사각형 모양의 종이의 넓이 구하기	3점
❷ 직사각형 모양의 종이의 가로의 길이 구하기	3점

21 답 $12x-4y$　　　　　　　　　　유형 07

(원기둥 A의 부피)$=\pi\times(2xy)^2\times(27x-9y)$
$\qquad\qquad\qquad=4\pi x^2y^2(27x-9y)$
$\qquad\qquad\qquad=108\pi x^3y^2-36\pi x^2y^3$ ······ ❶

원기둥 B의 높이를 h라 하면 두 원기둥 A, B의 부피가 같으므로
$\pi\times(3xy)^2\times h=108\pi x^3y^2-36\pi x^2y^3$ ······ ❷
$9\pi x^2y^2 h=108\pi x^3y^2-36\pi x^2y^3$
$\therefore h=(108\pi x^3y^2-36\pi x^2y^3)\div 9\pi x^2y^2$
$\qquad=12x-4y$
따라서 원기둥 B의 높이는 $12x-4y$이다. ······ ❸

채점 기준	배점
❶ 원기둥 A의 부피 구하기	2점
❷ 원기둥 B의 부피에 대한 식 세우기	2점
❸ 원기둥 B의 높이 구하기	3점

22 답 $-7x+3y$　　　　　　　　　　유형 08

$A=2(3x-y)-3(4x-2y)$
$\quad=6x-2y-12x+6y$
$\quad=-6x+4y$ ······ ❶

$B=\dfrac{3x-y}{2}-\dfrac{2x+y}{3}$

$\quad=\dfrac{3(3x-y)-2(2x+y)}{6}$

$\quad=\dfrac{9x-3y-4x-2y}{6}$

$\quad=\dfrac{5x-5y}{6}$ ······ ❷

$\therefore 2A+6B=2(-6x+4y)+6\times\dfrac{5x-5y}{6}$
$\qquad\qquad=-12x+8y+5x-5y$
$\qquad\qquad=-7x+3y$ ······ ❸

채점 기준	배점
❶ A를 간단히 하기	2점
❷ B를 간단히 하기	2점
❸ $2A+6B$를 x, y에 대한 식으로 나타내기	2점

23 답 40　　　　　　　　　　유형 08

$24^5=(2^3\times 3)^5=2^{15}\times 3^5$이므로
$a=15$, $b=5$ ······ ❶

$(-2a^3)^2\times 3b^3\div 2a^5b^3-(6a^2-3ab)\div\dfrac{3}{2}a$

$=4a^6\times 3b^3\times\dfrac{1}{2a^5b^3}-(6a^2-3ab)\times\dfrac{2}{3a}$

$=6a-(4a-2b)$
$=2a+2b$ ······ ❷
$=2\times 15+2\times 5$
$=40$ ······ ❸

채점 기준	배점
❶ a, b의 값을 각각 구하기	2점
❷ 주어진 식 간단히 하기	3점
❸ 식의 값 구하기	2점

01 ④	**02** ⑤	**03** ②	**04** ⑤	**05** ④
06 ③	**07** ④	**08** ④	**09** ③	**10** ③
11 ⑤	**12** ④	**13** ①	**14** ④	**15** ⑤
16 ⑤	**17** ④	**18** ①	**19** $5x-2y-6$	
20 $6a^2b^3-12a^3b^3$		**21** $9ab+3a$		**22** 12
23 (1) $-\dfrac{7}{5}x^5$ (2) -3				

01 답 ④   유형 **01**

$3(x+y)-2(y-x)+2y+1$
$=3x+3y-2y+2x+2y+1$
$=5x+3y+1$

02 답 ⑤   유형 **01**

$(10x^2-4x-5)-(2x^2+x-8)$
$=10x^2-4x-5-2x^2-x+8$
$=8x^2-5x+3$
따라서 $a=8$, $b=-5$, $c=3$이므로
$a-b+c=8-(-5)+3=16$

03 답 ②   유형 **02**

$4(a-3b)-[5a-\{2b-(a-4b)\}]$
$=4a-12b-\{5a-(2b-a+4b)\}$
$=4a-12b-\{5a-(-a+6b)\}$
$=4a-12b-(5a+a-6b)$
$=4a-12b-6a+6b=-2a-6b$

04 답 ⑤   유형 **02**

$5x^2-[x-2\{3x+2(2x-x^2)-7\}]$
$=5x^2-\{x-2(3x+4x-2x^2-7)\}$
$=5x^2-\{x-2(-2x^2+7x-7)\}$
$=5x^2-(x+4x^2-14x+14)$
$=5x^2-(4x^2-13x+14)$
$=x^2+13x-14$
따라서 x^2의 계수는 1이고 x의 계수는 13이므로
그 차는 $13-1=12$

05 답 ④   유형 **03**

$3(2x^2+3x-5)-A=2x^2-4x+9$이므로
$A=3(2x^2+3x-5)-(2x^2-4x+9)$
$=6x^2+9x-15-2x^2+4x-9$
$=4x^2+13x-24$

06 답 ③   유형 **03**

$\dfrac{1}{2}x-3y+\dfrac{7}{2}+A=2x+2y+2$이므로

$A=2x+2y+2-\left(\dfrac{1}{2}x-3y+\dfrac{7}{2}\right)$

$=2x+2y+2-\dfrac{1}{2}x+3y-\dfrac{7}{2}$

$=\dfrac{3}{2}x+5y-\dfrac{3}{2}$

$4x-y+\dfrac{11}{3}-B=\dfrac{13}{2}x-\dfrac{2}{3}y-\dfrac{1}{3}$이므로

$B=4x-y+\dfrac{11}{3}-\left(\dfrac{13}{2}x-\dfrac{2}{3}y-\dfrac{1}{3}\right)$

$=4x-y+\dfrac{11}{3}-\dfrac{13}{2}x+\dfrac{2}{3}y+\dfrac{1}{3}$

$=-\dfrac{5}{2}x-\dfrac{1}{3}y+4$

$\therefore 2A+6B=2\left(\dfrac{3}{2}x+5y-\dfrac{3}{2}\right)+6\left(-\dfrac{5}{2}x-\dfrac{1}{3}y+4\right)$

$=3x+10y-3-15x-2y+24$
$=-12x+8y+21$

07 답 ④   유형 **04**

어떤 식을 A라 하면
$A+(2x-4xy+8y)=5x-7xy+3y$
$\therefore A=5x-7xy+3y-(2x-4xy+8y)$
$=5x-7xy+3y-2x+4xy-8y$
$=3x-3xy-5y$
따라서 바르게 계산한 식은
$3x-3xy-5y-(2x-4xy+8y)$
$=3x-3xy-5y-2x+4xy-8y$
$=x+xy-13y$

08 답 ④   유형 **05**

④ $(6xy^2-2x^2)\div\dfrac{1}{5}x=(6xy^2-2x^2)\times\dfrac{5}{x}$

$\phantom{④ (6xy^2-2x^2)\div\dfrac{1}{5}x}=30y^2-10x$

따라서 옳지 않은 것은 ④이다.

09 답 ③   유형 **05**

어떤 식을 A라 하면

$A\times\left(-\dfrac{1}{3}xy\right)=-3x^3y^2+\dfrac{1}{9}x^2y^2$

$\therefore A=\left(-3x^3y^2+\dfrac{1}{9}x^2y^2\right)\div\left(-\dfrac{1}{3}xy\right)$

$=\left(-3x^3y^2+\dfrac{1}{9}x^2y^2\right)\times\left(-\dfrac{3}{xy}\right)$

$=9x^2y-\dfrac{1}{3}xy$

따라서 바르게 계산한 식은

$\left(9x^2y-\dfrac{1}{3}xy\right)\div\left(-\dfrac{1}{3}xy\right)$

$=\left(9x^2y-\dfrac{1}{3}xy\right)\times\left(-\dfrac{3}{xy}\right)$

$=-27x+1$

10 답 ③   유형 **06**

$3x(6x-4y)\div2-(8x^2+4x^2y)\div\dfrac{2}{5}x$

$=(18x^2-12xy)\div2-(8x^2+4x^2y)\times\dfrac{5}{2x}$

$=9x^2-6xy-20x-10xy$
$=9x^2-16xy-20x$
따라서 $A=9$, $B=-16$, $C=-20$이므로
$4A+B+C=4\times9+(-16)+(-20)=0$

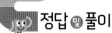
11 답 ⑤ 유형 06

$-3a \times b \div \dfrac{1}{3} \times \boxed{} = 3a^2b + 9ab^2 - 15ab$에서

$-9ab \times \boxed{} = 3a^2b + 9ab^2 - 15ab$

$\therefore \boxed{} = (3a^2b + 9ab^2 - 15ab) \div (-9ab)$

$\qquad = -\dfrac{1}{3}a - b + \dfrac{5}{3}$

따라서 $\boxed{}$ 안에 알맞은 식의 상수항은 $\dfrac{5}{3}$이다.

12 답 ④ 유형 06

$(12x^2y - 6x^2y^2) \div axy - x(x - 2y)$

$= \dfrac{12}{a}x - \dfrac{6}{a}xy - x^2 + 2xy = -x^2 + \left(-\dfrac{6}{a} + 2\right)xy + \dfrac{12}{a}x$

이때 xy의 계수가 0이므로

$-\dfrac{6}{a} + 2 = 0,\ -\dfrac{6}{a} = -2,\ 2a = 6 \qquad \therefore a = 3$

따라서 x의 계수는 $\dfrac{12}{a} = \dfrac{12}{3} = 4$

13 답 ① 유형 07

(사다리꼴의 넓이) $= \dfrac{1}{2} \times \{(x + y - 3) + (5x - 3y + 1)\} \times xy$

$\qquad = \dfrac{1}{2}xy(6x - 2y - 2)$

$\qquad = 3x^2y - xy^2 - xy$

14 답 ④ 유형 07

(색칠한 부분의 넓이)

$= (3x + 1)\{3x - y + 4 - (-y + 4)\} + y(-y + 4)$

$= (3x + 1)(3x - y + 4 + y - 4) + y(-y + 4)$

$= (3x + 1) \times 3x + y(-y + 4)$

$= 9x^2 + 3x - y^2 + 4y$

15 답 ⑤ 유형 07

큰 직육면체의 밑면의 가로의 길이를 x라 하면

(큰 직육면체의 부피) $= x \times 3 \times 5b$

즉, $15bx = 15b^2 + 10ab$에서

$x = (15b^2 + 10ab) \div 15b = b + \dfrac{2}{3}a$

작은 직육면체의 밑면의 가로의 길이를 y라 하면

(작은 직육면체의 부피) $= y \times 3 \times 4a$

즉, $12ay = 16a^2 - 8ab$에서

$y = (16a^2 - 8ab) \div 12a = \dfrac{4}{3}a - \dfrac{2}{3}b$

$\therefore l = x + y = \left(b + \dfrac{2}{3}a\right) + \left(\dfrac{4}{3}a - \dfrac{2}{3}b\right) = 2a + \dfrac{1}{3}b$

16 답 ⑤ 유형 08

$\dfrac{a^3b - 4a^2b^2}{ab} - \dfrac{5a^2b + 2ab^2}{b} = a^2 - 4ab - (5a^2 + 2ab)$

$\qquad = a^2 - 4ab - 5a^2 - 2ab$

$\qquad = -4a^2 - 6ab$

$\qquad = -4 \times (-1)^2 - 6 \times (-1) \times 2$

$\qquad = -4 + 12 = 8$

17 답 ④ 유형 08

$A - \{3C - 2(B + 2A)\}$

$= A - (3C - 2B - 4A)$

$= A - 3C + 2B + 4A$

$= 5A + 2B - 3C$

$= 5(-3x^2 + 5x) + 2(4x + 7) - 3(5x^2 - 5)$

$= -15x^2 + 25x + 8x + 14 - 15x^2 + 15$

$= -30x^2 + 33x + 29$

18 답 ① 유형 08

$\dfrac{y - 3}{2} = -x$에서 $y - 3 = -2x \qquad \therefore y = -2x + 3$

$\therefore -2x + 5\{3y - (2x + 5y)\} + y$

$\quad = -2x + 5(-2x - 2y) + y$

$\quad = -2x - 10x - 10y + y$

$\quad = -12x - 9y$

$\quad = -12x - 9(-2x + 3)$

$\quad = -12x + 18x - 27$

$\quad = 6x - 27$

19 답 $5x - 2y - 6$ 유형 01

$A = (3x + y - 1) + (-x + 4y)$

$\quad = 2x + 5y - 1$ ...... ❶

$B = (-x + 4y) - (2x - 3y - 5)$

$\quad = -x + 4y - 2x + 3y + 5$

$\quad = -3x + 7y + 5$ ...... ❷

$\therefore A - B = (2x + 5y - 1) - (-3x + 7y + 5)$

$\qquad = 2x + 5y - 1 + 3x - 7y - 5$

$\qquad = 5x - 2y - 6$ ...... ❸

채점 기준	배점
❶ 다항식 A 구하기	2점
❷ 다항식 B 구하기	2점
❸ $A - B$ 계산하기	2점

20 답 $6a^2b^3 - 12a^3b^3$ 유형 06

$A \div \dfrac{2}{3}ab^2 = 9ab - 18a^2b$이므로 ...... ❶

$A = (9ab - 18a^2b) \times \dfrac{2}{3}ab^2$

$\quad = 6a^2b^3 - 12a^3b^3$ ...... ❷

채점 기준	배점
❶ 잘못 계산한 식 세우기	2점
❷ 다항식 A 구하기	2점

21 답 $9ab + 3a$ 유형 07

(원기둥 A의 부피) $= \pi \times (3ab)^2 \times \left(\dfrac{1}{3}ab + \dfrac{1}{9}a\right)$

$\qquad = 9\pi a^2b^2\left(\dfrac{1}{3}ab + \dfrac{1}{9}a\right)$

$\qquad = 3\pi a^3b^3 + \pi a^3b^2$ ...... ❶

(원뿔 B의 밑면의 반지름의 길이)$=3ab \times \dfrac{1}{3}=ab$

원뿔 B의 높이를 h라 하면 원기둥 A와 원뿔 B의 부피가 서로 같으므로

$\dfrac{1}{3} \times \pi \times (ab)^2 \times h = 3\pi a^3 b^3 + \pi a^3 b^2$ ······ ❷

$\dfrac{1}{3}\pi a^2 b^2 h = 3\pi a^3 b^3 + \pi a^3 b^2$

$\therefore h = (3\pi a^3 b^3 + \pi a^3 b^2) \div \dfrac{1}{3}\pi a^2 b^2$

$\qquad = (3\pi a^3 b^3 + \pi a^3 b^2) \times \dfrac{3}{\pi a^2 b^2} = 9ab + 3a$

따라서 원뿔 B의 높이는 $9ab + 3a$이다. ······ ❸

채점 기준	배점
❶ 원기둥 A의 부피 구하기	2점
❷ 원뿔 B의 부피에 대한 식 세우기	2점
❸ 원뿔 B의 높이 구하기	3점

22 답 12   유형 **08**

$\dfrac{7}{3}(3a - 6ab) + (5a^2 b - 10a^2 b^2) \div \dfrac{5}{2}ab$

$= 7a - 14ab + (5a^2 b - 10a^2 b^2) \times \dfrac{2}{5ab}$

$= 7a - 14ab + 2a - 4ab = 9a - 18ab$ ······ ❶

위 식에 $a = \dfrac{1}{3}$, $b = -\dfrac{3}{2}$을 대입하면

$9a - 18ab = 9 \times \dfrac{1}{3} - 18 \times \dfrac{1}{3} \times \left(-\dfrac{3}{2}\right)$

$\qquad\qquad = 3 + 9 = 12$ ······ ❷

채점 기준	배점
❶ 주어진 식 간단히 하기	3점
❷ 식의 값 구하기	3점

23 답 (1) $-\dfrac{7}{5}x^5$ (2) -3 유형 **08**

(1) 조건 (나)에서 $\dfrac{A - 5x^3}{x^2} = 7x^4 + B$이므로

$A - 5x^3 = (7x^4 + B) \times x^2$, $A - 5x^3 = 7x^6 + Bx^2$

$A - Bx^2 = 7x^6 + 5x^3$

이때 A, B는 단항식이고 조건 (가)에서 B는 x에 대한 일차식

이므로 $A = 7x^6$, $B = -5x$ ······ ❶

$\therefore \dfrac{A}{B} = \dfrac{7x^6}{-5x} = -\dfrac{7}{5}x^5$ ······ ❷

(2) $A - 2B = 7x^6 - 2 \times (-5x) = 7x^6 + 10x$

위 식에 $x = -1$을 대입하면

$7x^6 + 10x = 7 \times (-1)^6 + 10 \times (-1)$

$\qquad\qquad = 7 - 10 = -3$ ······ ❸

채점 기준	배점
❶ 두 단항식 A, B를 각각 구하기	3점
❷ $\dfrac{A}{B}$를 x에 대한 식으로 나타내기	2점
❸ $x = -1$일 때, $A - 2B$의 값 구하기	2점

교과서 속 **특이 문제**   ○ 62쪽

01 답 $3x^2 - 4x - 9$, $-3x^2 + 5x - 11$

이차항의 차가 $6x^2$이 나올 수 있는 경우는

$(7x^2 + 3x - 6) - (x^2 + 6x - 11) = 6x^2 - 3x + 5$,

$(3x^2 - 4x - 9) - (-3x^2 + 5x - 11) = 6x^2 - 9x + 2$

따라서 구하는 이차식은 $3x^2 - 4x - 9$, $-3x^2 + 5x - 11$이다.

02 답 $24ab + 2a + 14$

(색칠한 부분의 넓이)

$= 6a \times 5b - \{2a \times (3b - 3 - 2) + (4a - 7) \times 2\}$

$= 30ab - (6ab - 10a + 8a - 14)$

$= 30ab - 6ab + 2a + 14$

$= 24ab + 2a + 14$

03 답 $\left(\dfrac{7}{12}a + \dfrac{b}{6}\right)$원

(한 달 동안 입장료 전체 가격)

$= a \times 2n + b \times n + \dfrac{a}{2} \times 3n$

$= 2an + bn + \dfrac{3}{2}an = \dfrac{7}{2}an + bn$(원)

(한 달 동안 입장객 수)$= 2n + n + 3n = 6n$(명)

$\therefore$ (1인당 입장료의 평균)$= \left(\dfrac{7}{2}an + bn\right) \div 6n$

$\qquad\qquad\qquad = \left(\dfrac{7}{2}an + bn\right) \times \dfrac{1}{6n}$

$\qquad\qquad\qquad = \dfrac{7}{12}a + \dfrac{b}{6}$(원)

04 답 $8a + 4b$

두 직사각형 ㉠, ㉡의 가로와 세로의 길이를 각각 구해 보면 오른쪽 그림과 같다.

이때 구해야 하는 <그림 1>의 둘레의 길이는 <그림 2>의 직사각형의 둘레의 길이와 같다.

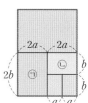

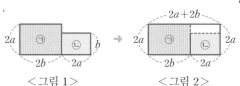

<그림 1>   <그림 2>

따라서 구하는 도형의 둘레의 길이는

$2\{2a + (2a + 2b)\} = 8a + 4b$

05 답 (1) $A = 4a + 10b$, $B = 16a + 40b$ (2) $S = 32a + 80b$

(1) 직사각형의 가로의 길이는 직각삼각형의 밑변의 길이의 2배

이고, 직사각형의 세로의 길이는 직각삼각형의 높이와 같다.

즉, 직각삼각형의 밑변의 길이와 높이는 각각 4, $2a + 5b$이므로

$A = \dfrac{1}{2} \times 4 \times (2a + 5b) = 4a + 10b$

$B = 8 \times (2a + 5b) = 16a + 40b$

(2) $S = 4A + B$

$\quad = 4(4a + 10b) + (16a + 40b)$

$\quad = 16a + 40b + 16a + 40b$

$\quad = 32a + 80b$

1 일차부등식

개념 check

1 답 (1) $x-4\leq3$ (2) $10x<9500$ (3) $20x\geq2000$
(4) $500x+200>3000$

2 답 (1) 1, 2 (2) 2 (3) 0, 1 (4) 2
(1) $2x\geq1$의 x에 0, 1, 2를 차례대로 대입하면
$x=0$일 때, $2\times0=0\geq1$ (거짓)
$x=1$일 때, $2\times1=2\geq1$ (참)
$x=2$일 때, $2\times2=4\geq1$ (참)
따라서 부등식의 해는 1, 2이다.
(2) $x+3>4$의 x에 0, 1, 2를 차례대로 대입하면
$x=0$일 때, $0+3=3>4$ (거짓)
$x=1$일 때, $1+3=4>4$ (거짓)
$x=2$일 때, $2+3=5>4$ (참)
따라서 부등식의 해는 2이다.
(3) $5x-3<3x$의 x에 0, 1, 2를 차례대로 대입하면
$x=0$일 때, $5\times0-3=-3<3\times0=0$ (참)
$x=1$일 때, $5\times1-3=2<3\times1=3$ (참)
$x=2$일 때, $5\times2-3=7<3\times2=6$ (거짓)
따라서 부등식의 해는 0, 1이다.
(4) $8-3x\leq x+2$의 x에 0, 1, 2를 차례대로 대입하면
$x=0$일 때, $8-3\times0=8\leq0+2=2$ (거짓)
$x=1$일 때, $8-3\times1=5\leq1+2=3$ (거짓)
$x=2$일 때, $8-3\times2=2\leq2+2=4$ (참)
따라서 부등식의 해는 2이다.

3 답 (1) $<$ (2) $<$ (3) $>$ (4) $<$

4 답 (1) ○ (2) × (3) × (4) ○
(1) $3+x<4$에서 $x-1<0$이므로 일차부등식이다.
(2) $2x+5\geq2x$에서 $5\geq0$이므로 일차부등식이 아니다.
(3) $x^2+3>-1$에서 $x^2+4>0$이므로 일차부등식이 아니다.
(4) $x-4\leq3x+1$에서 $-2x-5\leq0$이므로 일차부등식이다.

5 답 (1) $x>3$, 풀이 참조 (2) $x<-3$, 풀이 참조
(3) $x\leq6$, 풀이 참조 (4) $x\geq2$, 풀이 참조
(1) $x+1>4$에서 $x>3$

(2) $-5x>15$에서 $x<-3$

(3) $x+6\geq2x$에서 $-x\geq-6$
$\therefore x\leq6$

(4) $8x-3\geq3x+7$에서 $5x\geq10$
$\therefore x\geq2$

6 답 (1) $x<-3$ (2) $x\leq-2$ (3) $x\leq6$ (4) $x>1$
(1) $-2x>3(x+5)$에서 $-2x>3x+15$
$-5x>15$ $\therefore x<-3$

(2) $3(2x+3)\leq-2(x+4)+1$에서
$6x+9\leq-2x-8+1$, $8x\leq-16$ $\therefore x\leq-2$
(3) $-\dfrac{x}{4}+\dfrac{1}{2}\geq-\dfrac{x}{6}$의 양변에 12를 곱하면
$-3x+6\geq-2x$, $-x\geq-6$ $\therefore x\leq6$
(4) $-0.3(x+3)<-1.2$의 양변에 10을 곱하면
$-3(x+3)<-12$, $-3x-9<-12$
$-3x<-3$ $\therefore x>1$

7 답 14개
트럭에 짐을 x개 실어 운반한다고 하면
$65\times4+120x\leq2000$
$120x\leq1740$ $\therefore x\leq14.5$
이때 x는 자연수이므로 한 번에 운반할 수 있는 짐은 최대 14개
이다.

8 답 8 km
민주가 시속 8 km로 뛴 거리를 x km라 하면 시속 6 km로 뛴
거리는 $(20-x)$ km이므로
$\dfrac{x}{8}+\dfrac{20-x}{6}\leq3$
$3x+80-4x\leq72$, $-x\leq-8$ $\therefore x\geq8$
따라서 시속 8 km로 뛴 거리는 최소 8 km이다.

기출 유형

유형 01 부등식

부등식 : 부등호($>$, $<$, $\geq$, $\leq$)를 사용하여 수 또는 식의 대소
관계를 나타낸 식

01 답 ⑤
①, ②, ③, ④ 부등식 ⑤ 등식
따라서 부등식이 아닌 것은 ⑤이다.

02 답 ②
ㄱ, ㅁ. 부등식 ㄴ, ㄹ. 등식 ㄷ, ㅂ. 다항식
따라서 부등식인 것은 ㄱ, ㅁ의 2개이다.

유형 02 부등식으로 나타내기

주어진 상황을 부등호로 표현하여 수량 사이의 관계를 부등식으
로 나타낸다.

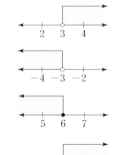

x는 a보다
- 크다.($=$초과) $\rightarrow$ $x>a$
- 작다.($=$미만) $\rightarrow$ $x<a$
- 크거나 같다.($=$이상) $\rightarrow$ $x\geq a$ ⟶ 작지 않다.
- 작거나 같다.($=$이하) $\rightarrow$ $x\leq a$ ⟶ 크지 않다.

03 답 ④
④ $3x\leq40$
따라서 옳지 않은 것은 ④이다.

04 답 기현

성규 : $2+3x=20$

윤주 : $3x+2\geq20$

유형 **03** 부등식의 해 66쪽

$x=a$가 부등식의 해이다.

→ 주어진 부등식에 $x=a$를 대입하면 부등식이 참이 된다.

---

05 답 ㄴ, ㄹ

주어진 부등식에 $x=2$를 각각 대입하면

ㄱ. $3\times2-1=5<4$ (거짓)

ㄴ. $-2+3=1\leq1$ (참)

ㄷ. $2\times2+1=5\geq3\times2=6$ (거짓)

ㄹ. $\dfrac{2+1}{2}=\dfrac{3}{2}<2$ (참)

따라서 $x=2$가 해가 되는 부등식은 ㄴ, ㄹ이다.

06 답 ②

① $x=3$을 $x-4\leq0$에 대입하면

$3-4=-1\leq0$ (참)

② $x=-3$을 $-x-1\leq1$에 대입하면

$-(-3)-1=2\leq1$ (거짓)

③ $x=2$를 $3x<x+5$에 대입하면

$3\times2=6<2+5=7$ (참)

④ $x=-1$을 $-2(x-1)<5$에 대입하면

$-2\times(-1-1)=4<5$ (참)

⑤ $x=1$을 $\dfrac{x-2}{2}+1<3$에 대입하면

$\dfrac{1-2}{2}+1=\dfrac{1}{2}<3$ (참)

따라서 부등식의 해가 아닌 것은 ②이다.

07 답 -3

$x=-2$일 때, $2\times(-2)+7=3\leq5$ (참)

$x=-1$일 때, $2\times(-1)+7=5\leq5$ (참)

$x=0$일 때, $2\times0+7=7\leq5$ (거짓)

$x=1$일 때, $2\times1+7=9\leq5$ (거짓)

따라서 부등식을 참이 되게 하는 x의 값은 -2, -1이므로 그 합은

$(-2)+(-1)=-3$

유형 **04** 부등식의 성질 67쪽

부등식의

(1) 양변에 같은 수를 더하면
양변에서 같은 수를 빼면 } → 부등호의 방향이 바뀌지 않는다.

(2) 양변에 같은 양수를 곱하면
양변을 같은 양수로 나누면 }

(3) 양변에 같은 음수를 곱하면
양변을 같은 음수로 나누면 } → 부등호의 방향이 바뀐다.

---

08 답 ④

$a<b$이므로

① $a-4<b-4$

② $2a<2b$ ∴ $2a+6<2b+6$

③ $-\dfrac{a}{2}>-\dfrac{b}{2}$ ∴ $-\dfrac{a}{2}+3>-\dfrac{b}{2}+3$

④ $-3a>-3b$ ∴ $3-3a>3-3b$

⑤ $-a>-b$, $1-a>1-b$

∴ $-(a-1)>1-b$

따라서 옳지 않은 것은 ④이다.

09 답 ②

$-2a+3<-2b+3$에서 $-2a<-2b$ ∴ $a>b$

① $a+10>b+10$

② $-a<-b$이므로 $-a+1<-b+1$

③ $3a>3b$이므로 $3a-2>3b-2$

④ $\dfrac{a}{3}>\dfrac{b}{3}$이므로 $\dfrac{a}{3}-5>\dfrac{b}{3}-5$

⑤ $-\dfrac{a}{2}<-\dfrac{b}{2}$이므로 $1-\dfrac{a}{2}<1-\dfrac{b}{2}$

따라서 옳은 것은 ②이다.

10 답 ④

① $a-8<b-8$에서 $a<b$

② $5-3a>5-3b$에서 $-3a>-3b$ ∴ $a<b$

③ $\dfrac{3}{7}a+1<\dfrac{3}{7}b+1$에서 $\dfrac{3}{7}a<\dfrac{3}{7}b$ ∴ $a<b$

④ $-2a+3<-2b+3$에서 $-2a<-2b$ ∴ $a>b$

⑤ $-a-6>-b-6$에서 $-a>-b$ ∴ $a<b$

따라서 부등호의 방향이 나머지 넷과 다른 하나는 ④이다.

11 답 ㄱ, ㅂ

주어진 수직선에서 $a<0<b<c$이다.

ㄱ. $ab<0$이고 $c>0$이므로 $ab<c$

ㄴ. $a<c$이므로 $-a>-c$

ㄷ. $a<b$이므로 $a+c<b+c$

ㄹ. $a<b$, $c>0$이므로 $ac<bc$ ∴ $ac+b<bc+b$

ㅁ. $b<c$이므로 $a^2+b<a^2+c$

ㅂ. $b<c$이므로 $-b>-c$, $2-b>2-c$

이때 $a<0$이므로 $\dfrac{2-b}{a}<\dfrac{2-c}{a}$

따라서 옳은 것은 ㄱ, ㅂ이다.

유형 **05** 식의 값의 범위 구하기 67쪽

❶ x의 계수가 같아지도록 부등식의 각 변에 x의 계수만큼 곱한다.

❷ 상수항이 같아지도록 부등식의 각 변에 상수항만큼 더한다.

예 $a<x\leq b$일 때, $cx+d$ $(c>0)$의 값의 범위 구하기

❶ $a<x\leq b$ → $ac<cx\leq bc$

❷ $ac<cx\leq bc$ → $ac+d<cx+d\leq bc+d$

---

12 답 ③

$-2\leq a<3$의 각 변에 3을 곱하면 $-6\leq3a<9$

$-6\leq3a<9$의 각 변에 1을 더하면 $-5\leq3a+1<10$

정답 및 풀이

13 답 ⑤

$-1<4-\dfrac{1}{2}x\leq3$의 각 변에서 4를 빼면 $-5<-\dfrac{1}{2}x\leq-1$

$-5<-\dfrac{1}{2}x\leq-1$의 각 변에 -2를 곱하면 $2\leq x<10$

14 답 $\dfrac{11}{5}$

$-\dfrac{1}{4}<x\leq\dfrac{1}{5}$의 각 변에 -4를 곱하면 $-\dfrac{4}{5}\leq-4x<1$

$-\dfrac{4}{5}\leq-4x<1$의 각 변에 1을 더하면 $\dfrac{1}{5}\leq-4x+1<2$

즉, $\dfrac{1}{5}\leq A<2$

따라서 $a=\dfrac{1}{5}$, $b=2$이므로 $a+b=\dfrac{1}{5}+2=\dfrac{11}{5}$

유형 06 일차부등식 68쪽

일차부등식 : 부등식의 모든 항을 좌변으로 이항하여 정리하였을 때, 다음 중 어느 하나의 꼴로 나타나는 부등식

(일차식)>0, (일차식)<0, (일차식)≥0, (일차식)≤0

$\longrightarrow ax+b\,(a\neq0)$ 꼴

15 답 ①, ⑤

① $3x-2\leq10$에서 $3x-12\leq0$이므로 일차부등식이다.

② $5x-1=4x$에서 $x-1=0$이므로 일차방정식이다.

③ $-3x+2(x+3)<-x+8$에서 $-x+6<-x+8$, $-2<0$이므로 일차부등식이 아니다.

④ $x(2-x)\geq7$에서 $-x^2+2x-7\geq0$이므로 일차부등식이 아니다.

⑤ $x+6>5-2x$에서 $3x+1>0$이므로 일차부등식이다.

따라서 일차부등식인 것은 ①, ⑤이다.

16 답 ①

$ax+4x+5\geq2x+8$에서 $(a+2)x-3\geq0$

이 부등식이 x에 대한 일차부등식이 되려면

$a+2\neq0$ $\therefore a\neq-2$

유형 07 일차부등식의 풀이 68쪽

❶ x를 포함한 항은 좌변으로, 상수항은 우변으로 이항한다.

❷ $ax>b$, $ax<b$, $ax\geq b$, $ax\leq b\,(a\neq0)$ 꼴로 정리한다.

❸ 양변을 x의 계수 a로 나누어 부등식의 해를 구한다.

$\longrightarrow a<0$이면 부등호의 방향이 바뀐다.

17 답 ②

$10-2x\leq4-5x$에서 $3x\leq-6$ $\therefore x\leq-2$

18 답 ⑤

① $2x-4<0$에서 $2x<4$ $\therefore x<2$

② $4x+8<0$에서 $4x<-8$ $\therefore x<-2$

③ $x-3<-5$에서 $x<-2$

④ $3x-1>-5$에서 $3x>-4$ $\therefore x>-\dfrac{4}{3}$

⑤ $-2x-1<-5$에서 $-2x<-4$ $\therefore x>2$

따라서 해가 $x>2$인 것은 ⑤이다.

19 답 ④

주어진 수직선에서 부등식의 해는 $x\leq-7$

① $3x<-21$에서 $x<-7$

② $x+4<-3$에서 $x<-7$

③ $4x-14\geq2x$에서 $2x\geq14$ $\therefore x\geq7$

④ $6x+2\geq10x+30$에서 $-4x\geq28$ $\therefore x\leq-7$

⑤ $9x-6\geq7x-20$에서 $2x\geq-14$ $\therefore x\geq-7$

따라서 주어진 부등식의 해와 같은 것은 ④이다.

유형 08 복잡한 일차부등식의 풀이 68쪽

(1) 괄호가 있는 일차부등식은 분배법칙을 이용하여 괄호를 먼저 푼다.

$\rightarrow a(b+c)=ab+ac$, $(a+b)c=ac+bc$

(2) 계수가 분수인 일차부등식은 양변에 분모의 최소공배수를 곱한다.

(3) 계수가 소수인 일차부등식은 양변에 10의 거듭제곱을 곱한다.

20 답 ①

$3(x+1)\geq5x+9$에서

$3x+3\geq5x+9$, $-2x\geq6$ $\therefore x\leq-3$

21 답 ③

$2(x-3)+4>3(x-1)$에서

$2x-6+4>3x-3$, $-x>-1$ $\therefore x<1$

따라서 부등식을 만족시키는 x의 값 중 가장 큰 정수는 0이다.

22 답 ③

$\dfrac{x-1}{2}+\dfrac{x}{3}<\dfrac{1}{3}$에서

양변에 6을 곱하면 $3(x-1)+2x<2$

$3x-3+2x<2$, $5x<5$ $\therefore x<1$

$\therefore a=1$

23 답 ⑤

$0.7x-1>0.4x+0.5$에서

양변에 10을 곱하면 $7x-10>4x+5$

$3x>15$ $\therefore x>5$

따라서 $x>5$를 수직선 위에 바르게 나타낸 것은 ⑤이다.

24 답 ⑤

$\dfrac{x-1}{5}+0.1x\leq\dfrac{3}{2}$에서

양변에 10을 곱하면 $2(x-1)+x\leq15$

$2x-2+x\leq15$, $3x\leq17$ $\therefore x\leq\dfrac{17}{3}$

따라서 해가 아닌 것은 ⑤이다.

25 답 ③

$0.2(6x-1)<\dfrac{1}{2}(2x+3)$에서

양변에 10을 곱하면 $2(6x-1)<5(2x+3)$

$12x-2<10x+15$, $2x<17$ $\quad\therefore x<\dfrac{17}{2}$

따라서 자연수 x는 1, 2, 3, 4, 5, 6, 7, 8의 8개이다.

26 답 ③

① $-2x-8\le14$에서 $-2x\le22$ $\quad\therefore x\ge-11$

② $4x+15\ge x-18$에서 $3x\ge-33$ $\quad\therefore x\ge-11$

③ $12(x+4)\le3(x-17)$에서

$\quad 12x+48\le3x-51$, $9x\le-99$ $\quad\therefore x\le-11$

④ $\dfrac{x+5}{8}\ge-\dfrac{3}{4}$에서

$\quad$ 양변에 8을 곱하면 $x+5\ge-6$ $\quad\therefore x\ge-11$

⑤ $1.2x+0.8\le1.6x+5.2$에서

$\quad$ 양변에 10을 곱하면 $12x+8\le16x+52$

$\quad -4x\le44$ $\quad\therefore x\ge-11$

따라서 해가 나머지 넷과 다른 하나는 ③이다.

유형 **09** x의 계수가 문자인 일차부등식의 풀이   69쪽

x에 대한 일차부등식 $ax>b\,(a\ne0)$에서

(1) $a>0$이면 $x>\dfrac{b}{a}$

(2) $a<0$이면 $x<\dfrac{b}{a}$

    ↳ 부등호의 방향이 바뀐다.

27 답 ②

$-ax<3a$에서 $-a>0$이므로

$-ax<3a$의 양변을 $-a$로 나누면 $x<-3$

28 답 ⑤

$ax-3a>2x-6$에서 $ax-2x>3a-6$, $(a-2)x>3(a-2)$

이때 $a<2$이므로 $a-2<0$

$(a-2)x>3(a-2)$의 양변을 $a-2$로 나누면 $x<3$

따라서 $x<3$을 수직선 위에 바르게 나타낸 것은 ⑤이다.

유형 **10** 부등식의 해가 주어질 때, 미지수의 값 구하기   69쪽

(1) 상수항이 미지수인 경우

  미지수를 포함하여 부등식의 해를 구한 후 주어진 해와 비교하여 미지수의 값을 구한다.

(2) x의 계수가 미지수인 경우

  x에 대한 일차부등식 $ax>b$에서

  ① 해가 $x>k$이면 $a>0$이고 $\dfrac{b}{a}=k$

  ② 해가 $x<k$이면 $a<0$이고 $\dfrac{b}{a}=k$

---

29 답 -1

$\dfrac{1}{2}x+\dfrac{2}{3}a\ge\dfrac{5}{6}$에서 $3x+4a\ge5$

$3x\ge5-4a$ $\quad\therefore x\ge\dfrac{5-4a}{3}$

이때 주어진 수직선에서 부등식의 해는 $x\ge3$이므로

$\dfrac{5-4a}{3}=3$, $5-4a=9$, $-4a=4$

$\therefore a=-1$

30 답 -6

$2x+10<3x+6$에서 $-x<-4$ $\quad\therefore x>4$

$-3x+2(x-1)<a$에서 $-3x+2x-2<a$

$-x<a+2$ $\quad\therefore x>-a-2$

두 일차부등식의 해가 서로 같으므로

$-a-2=4$, $-a=6$ $\quad\therefore a=-6$

31 답 ①

$ax-3<5$에서 $ax<8$

해가 $x>-4$이므로 $a<0$이고 $x>\dfrac{8}{a}$

따라서 $\dfrac{8}{a}=-4$이므로 $a=-2$

32 답 2

x의 값 중 가장 작은 수가 3이므로 주어진 부등식의 해는 $x\ge3$

$ax-2\le4(x-2)$에서 $ax-2\le4x-8$, $(a-4)x\le-6$

해가 $x\ge3$이므로 $a-4<0$이고 $x\ge-\dfrac{6}{a-4}$

따라서 $-\dfrac{6}{a-4}=3$이므로

$3(a-4)=-6$, $a-4=-2$ $\quad\therefore a=2$

유형 **11** 부등식의 해의 조건이 주어진 경우   70쪽

부등식을 만족시키는 x의 값 중 자연수인 해가 n개일 때, 부등식의 해가

(1) $x<k$이면   (2) $x\le k$이면

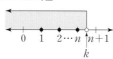

$\therefore n<k\le n+1$ $\therefore n\le k<n+1$

33 답 ④

$2-3x\le a$에서 $-3x\le a-2$ $\quad\therefore x\ge-\dfrac{a-2}{3}$

이 부등식을 만족시키는 음수 x가

존재하지 않으려면 오른쪽 그림에서

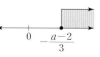

$-\dfrac{a-2}{3}\ge0$, $a-2\le0$ $\quad\therefore a\le2$

34 답 ③

$\dfrac{x-1}{4}<a$에서 $x-1<4a$ ∴ $x<4a+1$

이 부등식을 만족시키는 자연수
x가 5개이려면 오른쪽 그림에서
$5<4a+1\leq6$, $4<4a\leq5$

∴ $1<a\leq\dfrac{5}{4}$

유형 12 수에 대한 일차부등식의 활용 70쪽

구하려고 하는 수를 x로 놓고 식을 세운다.
(1) 차가 a인 두 수 : x, $x-a$ 또는 x, $x+a$로 놓는다.
(2) 연속하는 세 정수 : x, $x+1$, $x+2$ 또는 $x-1$, x, $x+1$로 놓는다.
(3) 연속하는 세 짝수(홀수) : x, $x+2$, $x+4$ 또는
$x-2$, x, $x+2$로 놓는다.

---

35 답 ③

어떤 정수를 x라 하면
$2x+3\geq3(x-4)$, $2x+3\geq3x-12$
$-x\geq-15$ ∴ $x\leq15$
따라서 가장 큰 정수는 15이다.

36 답 ②

차가 7인 두 정수 중 큰 수가 x이므로 작은 수는 $x-7$이다.
$x+(x-7)\leq25$, $2x\leq32$ ∴ $x\leq16$
따라서 x의 값 중 가장 큰 값은 16이다.

37 답 ④

연속하는 세 정수를 $x-1$, x, $x+1$이라 하면
$\{(x-1)+x\}-(x+1)<8$
$2x-1-x-1<8$, $x-2<8$ ∴ $x<10$
따라서 가장 큰 정수는 $x=9$일 때이므로 연속하는 세 정수는 8, 9, 10이다.

38 답 43점

세 번째 수행 평가에서 x점을 받는다고 하면
$\dfrac{35+42+x}{3}\geq40$, $77+x\geq120$ ∴ $x\geq43$
따라서 세 번째 수행 평가에서 43점 이상을 받아야 한다.

유형 13 가격, 개수에 대한 일차부등식의 활용 71쪽

(1) 한 개에 a원인 물건 x개를 사고 포장비가 b원일 때의 가격
➡ $(ax+b)$원
(2) 한 개에 a원인 물건 A와 한 개에 b원인 물건 B를 합하여 n개를 살 때
➡ ① A가 x개이면 B는 $(n-x)$개
② 가격은 $\{ax+b(n-x)\}$원

---

39 답 ②

장미꽃을 x송이 산다고 하면
$1000x+3000\leq18000$

$1000x\leq15000$ ∴ $x\leq15$
따라서 장미꽃을 최대 15송이까지 살 수 있다.

40 답 6개

빵을 x개 산다고 하면 사탕은 $(10-x)$개 살 수 있으므로
$500(10-x)+800x\leq7000$, $300x+5000\leq7000$
$300x\leq2000$ ∴ $x\leq\dfrac{20}{3}$
이때 x는 자연수이므로 빵은 최대 6개까지 살 수 있다.

41 답 ①

박물관에 x명이 입장한다고 하면 $(x>5)$
$2000\times5+1500(x-5)\leq20000$, $1500x+2500\leq20000$
$1500x\leq17500$ ∴ $x\leq\dfrac{35}{3}$
이때 x는 자연수이므로 최대 11명까지 입장할 수 있다.

42 답 170분

x분 동안 주차한다고 하면 $(x>30)$
$3000+50(x-30)\leq10000$
$50x+1500\leq10000$, $50x\leq8500$ ∴ $x\leq170$
따라서 최대 170분 동안 주차할 수 있다.

유형 14 예금액에 대한 일차부등식의 활용 71쪽

현재 예금액이 a원이고 매달 b원씩 예금할 때, x개월 후의 예금액
➡ $(a+bx)$원

---

43 답 8개월

x개월 후 예금액이 30000원 이상이 된다고 하면
$8000+3000x\geq30000$, $3000x\geq22000$ ∴ $x\geq\dfrac{22}{3}$
이때 x는 자연수이므로 예금액이 30000원 이상이 되는 것은 8개월 후부터이다.

44 답 ②

x개월 후 형의 저금액이 동생의 저금액의 2배보다 적어진다고 하면
$40000+5000x<2(10000+3000x)$
$40000+5000x<20000+6000x$
$-1000x<-20000$ ∴ $x>20$
이때 x는 자연수이므로 21개월 후부터 형의 저금액이 동생의 저금액의 2배보다 적어진다.

유형 15 도형에 대한 일차부등식의 활용 71쪽

(1) 삼각형의 세 변의 길이가 주어질 때, 삼각형이 되는 조건
➡ (가장 긴 변의 길이) < (나머지 두 변의 길이의 합)
(2) (사다리꼴의 넓이)
$=\dfrac{1}{2}\times\{($윗변의 길이$)+($아랫변의 길이$)\}\times($높이$)$
(3) (직사각형의 둘레의 길이)
$=2\times\{($가로의 길이$)+($세로의 길이$)\}$

45 답 $x \geq 8$

$\dfrac{1}{2} \times (4+x) \times 6 \geq 36$, $12+3x \geq 36$

$3x \geq 24$ ∴ $x \geq 8$

46 답 ③

가로의 길이를 x m라고 하면 세로의 길이는 $(x+2)$ m이므로

$2\{x+(x+2)\} \leq 16$

$4x+4 \leq 16$, $4x \leq 12$ ∴ $x \leq 3$

따라서 가로의 길이는 3 m 이하이어야 한다.

유형 16 유리한 방법을 선택하는 일차부등식의 활용   72쪽

(1) 두 가지 방법에 대하여 각각의 가격 또는 비용을 계산한 후, 문제의 뜻에 맞게 일차부등식을 세워서 푼다.
이때 총 비용이 적게 들수록 유리하다.
(2) x명이 입장하려고 할 때, a명의 단체 입장권을 사는 것이 유리한 경우 (단, $x < a$)
→ (x명의 입장료) > (a명의 단체 입장료)

47 답 ②

티셔츠를 x장 산다고 하면

$10000x > 9300x + 6000$

$700x > 6000$ ∴ $x > \dfrac{60}{7}$

이때 x는 자연수이므로 티셔츠를 9장 이상 살 경우 도매 시장에서 사는 것이 유리하다.

48 답 17명

음악회에 x명이 간다고 하면 $(x < 20)$

$8000x > 6500 \times 20$, $8000x > 130000$ ∴ $x > \dfrac{65}{4}$

이때 x는 자연수이므로 17명 이상부터 20명의 단체 입장권을 사는 것이 유리하다.

49 답 ③

x km를 주행한다고 하면

(A 자동차에 드는 비용) $= 15000000 + \dfrac{1}{10}x \times 2000$(원)

(B 자동차에 드는 비용) $= 21000000 + \dfrac{1}{16}x \times 2000$(원)

이므로

$15000000 + \dfrac{1}{10}x \times 2000 > 21000000 + \dfrac{1}{16}x \times 2000$

$15000000 + 200x > 21000000 + 125x$, $75x > 6000000$

∴ $x > 80000$

따라서 최소 80000 km를 초과하여 주행해야 B 자동차를 구입하는 것이 A 자동차를 구입하는 것보다 유리하다.

50 답 25명

야구장에 x명이 입장한다고 하면 $(x < 30)$

$9000x > 9000 \times 30 \times \dfrac{80}{100}$, $9000x > 216000$ ∴ $x > 24$

이때 x는 자연수이므로 25명 이상부터 30명의 단체 입장권을 사는 것이 유리하다.

유형 17 정가, 원가에 대한 일차부등식의 활용   72쪽

(1) 원가가 a원인 물건에 b %의 이익을 붙인 가격
→ $a\left(1+\dfrac{b}{100}\right)$원

(2) 정가가 a원인 물건을 b % 할인한 가격
→ $a\left(1-\dfrac{b}{100}\right)$원

51 답 ①

물건의 정가를 x원이라 하면

$x\left(1-\dfrac{20}{100}\right) \geq 22000 \times \left(1+\dfrac{40}{100}\right)$

$\dfrac{80}{100}x \geq 22000 \times \dfrac{140}{100}$, $80x \geq 3080000$

∴ $x \geq 38500$

따라서 정가는 38500원 이상으로 정해야 하므로 정가가 될 수 없는 것은 ①이다.

52 답 10 %

(정가) $= 10000 \times \left(1+\dfrac{30}{100}\right) = 13000$(원)

정가에서 x % 할인하여 판다고 하면

$13000 \times \left(1-\dfrac{x}{100}\right) \geq 10000 \times \left(1+\dfrac{17}{100}\right)$

$13000 - 130x \geq 11700$, $-130x \geq -1300$ ∴ $x \leq 10$

따라서 최대 10 %까지 할인하여 팔 수 있다.

유형 18 거리, 속력, 시간에 대한 일차부등식의 활용   72쪽

(1) 도중에 속력이 바뀌는 경우
$\left(\begin{array}{c}\text{시속 } a \text{ km로} \\ \text{갈 때 걸린 시간}\end{array}\right) + \left(\begin{array}{c}\text{시속 } b \text{ km로} \\ \text{갈 때 걸린 시간}\end{array}\right) = (\text{전체 걸린 시간})$

(2) 왕복하는 경우
(왕복하는 데 걸린 시간)
$= (\text{갈 때 걸린 시간}) + (\text{중간에 소요된 시간})$
$+ (\text{올 때 걸린 시간})$

(3) A, B 두 사람이 동시에 반대 방향으로 출발하는 경우
(A, B 사이의 거리) $=$ (A가 이동한 거리) $+$ (B가 이동한 거리)

53 답 6 km

두 지점 A, B 사이의 거리를 x km라 하면

$\dfrac{x}{3} + \dfrac{x}{6} \leq 3$, $2x + x \leq 18$, $3x \leq 18$ ∴ $x \leq 6$

따라서 두 지점 A, B 사이의 거리는 최대 6 km이다.

54 답 5 km

시속 5 km로 걸은 거리를 x km라 하면 시속 3 km로 걸은 거리는 $(11-x)$ km이므로

$\dfrac{x}{5} + \dfrac{11-x}{3} \leq 3$, $3x + 5(11-x) \leq 45$

$-2x \leq -10$ ∴ $x \geq 5$

따라서 시속 5 km로 걸은 거리는 최소 5 km이다.

55 답 ③

경수가 뛰어간 거리를 x m라 하면 걸어간 거리는 $(1000-x)$ m이므로

$$\frac{1000-x}{30}+\frac{x}{90}\leq20,\ 3(1000-x)+x\leq1800$$

$$-2x\leq-1200 \qquad \therefore\ x\geq600$$

따라서 경수가 뛰어간 거리는 최소 600 m이다.

56 답 ①

기차역에서 x km 떨어진 서점을 이용한다고 하면

$$\frac{x}{3}+\frac{20}{60}+\frac{x}{3}\leq1,\ \frac{2}{3}x+\frac{1}{3}\leq1$$

$$2x+1\leq3,\ 2x\leq2 \qquad \therefore\ x\leq1$$

따라서 기차역에서 최대 1 km 이내에 있는 서점을 이용할 수 있다.

57 답 ②

나라가 x km 지점까지 갔다 온다고 하면

$$\frac{x}{30}+\frac{30}{60}+\frac{x}{20}\leq2+\frac{40}{60},\ 2x+30+3x\leq120+40$$

$$5x\leq130 \qquad \therefore\ x\leq26$$

따라서 나라는 최대 26 km 지점까지 갔다 올 수 있다.

58 답 4분

준규와 화정이가 동시에 출발한 지 x분이 지났다고 하면
$$150x+100x\geq1000,\ 250x\geq1000 \qquad \therefore\ x\geq4$$
따라서 준규와 화정이가 1 km 이상 떨어지는 것은 출발한 지 4분 후부터이다.

유형 **5** 농도에 대한 일차부등식의 활용 　73쪽

(1) a %의 소금물 x g에 물 y g을 더 넣어 b % 이하의 소금물을 만들 때

$$\rightarrow \frac{a}{100}x\leq\frac{b}{100}(x+y)$$

(2) a %의 소금물 x g에서 물 y g을 증발시켜서 b % 이상의 소금물을 만들 때

$$\rightarrow \frac{a}{100}x\geq\frac{b}{100}(x-y)$$

(3) a %의 소금물 x g과 b %의 소금물 y g을 섞어서 c % 이상의 소금물을 만들 때

$$\rightarrow \frac{a}{100}x+\frac{b}{100}y\geq\frac{c}{100}(x+y)$$

59 답 ③

물을 x g 더 넣는다고 하면

$$\frac{10}{100}\times300\leq\frac{6}{100}\times(300+x),\ 3000\leq1800+6x$$

$$-6x\leq-1200 \qquad \therefore\ x\geq200$$

따라서 최소 200 g의 물을 더 넣어야 한다.

60 답 ⑤

물을 x g 증발시킨다고 하면

$$\frac{6}{100}\times500\geq\frac{10}{100}\times(500-x),\ 3000\geq5000-10x$$

$$10x\geq2000 \qquad \therefore\ x\geq200$$

따라서 최소 200 g의 물을 증발시켜야 한다.

61 답 300 g

10 %의 설탕물을 x g 섞는다고 하면

$$\frac{5}{100}\times200+\frac{10}{100}\times x\geq\frac{8}{100}\times(200+x)$$

$$1000+10x\geq1600+8x,\ 2x\geq600 \qquad \therefore\ x\geq300$$

따라서 10 %의 설탕물을 300 g 이상 섞어야 한다.

◆ 서술형 　□74쪽~77쪽

01 답 $-\dfrac{2}{5}$

채점 기준 1 $0.6x+a\geq\dfrac{4x-3}{5}$ 의 해 구하기 … 4점

$0.6x+a\geq\dfrac{4x-3}{5}$ 의 양변에 $\underline{\ 10\ }$ 을 곱하면

$$\underline{\ 6\ }x+\underline{\ 10\ }a\geq8x-\underline{\ 6\ }$$

$$-\underline{\ 2\ }x\geq\underline{\ -10\ }a-\underline{\ 6\ } \qquad \therefore\ x\leq\underline{\ 5a+3\ }$$

채점 기준 2 a의 값 구하기 … 2점

부등식의 해가 $x\leq1$이므로

$$\underline{\ 5a+3\ }=\underline{\ 1\ },\ \underline{\ 5\ }a=\underline{\ -2\ }$$

$$\therefore\ a=\underline{\ -\dfrac{2}{5}\ }$$

01-1 답 -6

채점 기준 1 주어진 부등식을 $px\geq q$ (p, q는 상수) 꼴로 나타내기 … 3점

$ax+3\geq\dfrac{4ax-3}{5}$ 의 양변에 5를 곱하면

$$5ax+15\geq4ax-3,\ ax\geq-18$$

채점 기준 2 a의 값 구하기 … 3점

부등식의 해가 $x\leq3$이므로

$ax\geq-18$에서 $a<0$이고 $x\leq-\dfrac{18}{a}$

따라서 $-\dfrac{18}{a}=3$이므로 $a=-6$

01-2 답 $x<-\dfrac{7}{3}$

채점 기준 1 $ax\leq x+2a$를 $px\leq q$ (p, q는 상수) 꼴로 나타내기 … 2점

$ax\leq x+2a$에서 $(a-1)x\leq2a$

채점 기준 2 a의 값 구하기 … 3점

부등식의 해가 $x\geq-2$이므로

$(a-1)x\leq2a$에서 $a-1<0$이고 $x\geq\dfrac{2a}{a-1}$

따라서 $\dfrac{2a}{a-1}=-2$이므로

$$2a=-2a+2,\ 4a=2$$

$$\therefore\ a=\dfrac{1}{2}$$

채점 기준 3 $4(x-1)>7x+6a$의 해 구하기 … 2점

$4(x-1)>7x+6a$에서 $4(x-1)>7x+3$

$4x-4>7x+3$, $-3x>7$

$\therefore x<-\dfrac{7}{3}$

02 답 $\dfrac{1}{2}$

채점 기준 1 $3x+4>-2x+5$의 해 구하기 … 2점

$3x+4>-2x+5$에서 $5x>\underline{1}$ $\therefore x>\dfrac{\underline{1}}{5}$

채점 기준 2 $a-2x<\dfrac{1-3x}{4}$의 해 구하기 … 2점

$a-2x<\dfrac{1-3x}{4}$에서 $4a-\underline{8x}<1-3x$

$\underline{-5}\,x<1-\underline{4}\,a$ $\therefore x>\dfrac{\underline{4a-1}}{5}$

채점 기준 3 a의 값 구하기 … 2점

두 일차부등식의 해가 서로 같으므로

$\dfrac{1}{5}=\dfrac{4a-1}{5}$에서 $1=4a-1$, $\underline{2}=4a$

$\therefore a=\dfrac{1}{2}$

02-1 답 2

채점 기준 1 $2x-7>-4x-3$의 해 구하기 … 2점

$2x-7>-4x-3$에서 $6x>4$ $\therefore x>\dfrac{2}{3}$

채점 기준 2 $4-3x<\dfrac{a+3x}{2}$의 해 구하기 … 2점

$4-3x<\dfrac{a+3x}{2}$에서 $8-6x<a+3x$

$-9x<a-8$ $\therefore x>\dfrac{8-a}{9}$

채점 기준 3 a의 값 구하기 … 2점

두 일차부등식의 해가 서로 같으므로

$\dfrac{2}{3}=\dfrac{8-a}{9}$에서 $24-3a=18$, $-3a=-6$

$\therefore a=2$

03 답 17개

채점 기준 1 일차부등식 세우기 … 3점

초콜릿을 x개 산다고 하면

$\underline{500x+1300}\le10000$

채점 기준 2 일차부등식 풀기 … 2점

$\underline{500x+1300}\le10000$에서

$500x\le\underline{8700}$ $\therefore x\le\dfrac{87}{5}$

채점 기준 3 답 구하기 … 1점

x는 자연수이므로 영주가 살 수 있는 초콜릿은 최대 $\underline{17}$ 개이다.

03-1 답 5개

채점 기준 1 일차부등식 세우기 … 3점

음료수를 x개 산다고 하면 과자는 $(20-x)$개 살 수 있으므로

$1200(20-x)+900x\le22500$

채점 기준 2 일차부등식 풀기 … 2점

$1200(20-x)+900x\le22500$에서

$240-12x+9x\le225$, $-3x\le-15$ $\therefore x\ge5$

채점 기준 3 답 구하기 … 1점

음료수는 최소 5개 이상 사야 한다.

04 답 23개

채점 기준 1 일차부등식 세우기 … 4점

과자를 x개 산다고 하면

A 편의점에서 과자를 x개 살 때 필요한 금액은 $\underline{1200x}$ (원),

B 대형 마트에서 과자를 x개 살 때 필요한 금액은

$\underline{900x+6600}$ (원)이므로

$\underline{1200x}>\underline{900x+6600}$

채점 기준 2 일차부등식 풀기 … 2점

$\underline{1200x}>\underline{900x+6600}$ 에서

$\underline{300}\,x>\underline{6600}$ $\therefore x>\underline{22}$

채점 기준 3 답 구하기 … 1점

x는 자연수이므로 과자를 $\underline{23}$ 개 이상 살 경우 B 대형 마트에서 사는 것이 유리하다.

04-1 답 11권

채점 기준 1 일차부등식 세우기 … 4점

공책을 x권 산다고 하면 A 문방구에서 공책을 x권 살 때 필요한 금액은 $1100x$(원), B 문방구에서 공책을 x권 살 때 필요한 금액은 $900x+2100$(원)이므로

$1100x>900x+2100$

채점 기준 2 일차부등식 풀기 … 2점

$1100x>900x+2100$에서

$200x>2100$ $\therefore x>\dfrac{21}{2}$

채점 기준 3 답 구하기 … 1점

x는 자연수이므로 공책을 11권 이상 살 경우 B 문방구에서 사는 것이 유리하다.

05 답 (1) $-6\le A\le10$ (2) 4

(1) $-3\le x\le5$의 각 변에 -2를 곱하면

$-10\le-2x\le6$ ……㉠

㉠의 각 변에 4를 더하면 $-6\le-2x+4\le10$

$\therefore -6\le A\le10$ ……❶

(2) $M=10$, $m=-6$이므로

$M+m=10+(-6)=4$ ……❸

채점 기준	배점
❶ A의 값의 범위 구하기	4점
❷ M, m의 값을 각각 구하기	1점
❸ $M+m$의 값 구하기	1점

정답 ⑩ 풀이

06 답 (1) $-2 < x < 4$ (2) $-2 < A < 0$

(1) $-7 < 2x - 3 < 5$의 각 변에 3을 더하면
$$-4 < 2x < 8 \quad \cdots\cdots \text{㉠}$$
㉠의 각 변을 2로 나누면 $-2 < x < 4$ ······ **❶**

(2) $-2 < x < 4$의 각 변에 2를 더하면
$$0 < x + 2 < 6 \quad \cdots\cdots \text{㉡}$$
㉡의 각 변을 -3으로 나누면 $-2 < -\dfrac{x+2}{3} < 0$
$$\therefore -2 < A < 0 \quad \cdots\cdots \text{❷}$$

채점 기준	배점
❶ x의 값의 범위 구하기	3점
❷ A의 값의 범위 구하기	3점

07 답 -6

$1.6 + \dfrac{6}{5}x \le \dfrac{1}{5}(x+4)$의 양변에 10을 곱하면
$$16 + 12x \le 2x + 8, \ 10x \le -8 \quad \therefore x \le -\dfrac{4}{5} \quad \cdots\cdots \text{❶}$$

절댓값이 3 이하인 정수 중에서 $x \le -\dfrac{4}{5}$를 만족시키는 x의 값
은 $-3, -2, -1$이므로 ······ **❷**
그 합은 $-3 + (-2) + (-1) = -6$ ······ **❸**

채점 기준	배점
❶ 주어진 일차부등식 풀기	3점
❷ x의 값 모두 구하기	2점
❸ 모든 x의 값의 합 구하기	1점

08 답 5

$\dfrac{-x+4}{2} + \dfrac{2}{3} > \dfrac{x}{6}$의 양변에 6을 곱하면
$$-3x + 12 + 4 > x, \ -4x > -16 \quad \therefore x < 4$$
$$\therefore a = 4 \quad \cdots\cdots \text{❶}$$
$0.3(x-5) < 0.5x - 1.4$의 양변에 10을 곱하면
$$3x - 15 < 5x - 14, \ -2x < 1 \quad \therefore x > -\dfrac{1}{2}$$
$$\therefore b = -\dfrac{1}{2} \quad \cdots\cdots \text{❷}$$
$$\therefore a - 2b = 4 - 2 \times \left(-\dfrac{1}{2}\right) = 5 \quad \cdots\cdots \text{❸}$$

채점 기준	배점
❶ a의 값 구하기	3점
❷ b의 값 구하기	3점
❸ $a - 2b$의 값 구하기	1점

09 답 $-4, -3, -2, -1$

$x - 1 < \dfrac{a+x}{5}$에서 $5x - 5 < a + x$
$$4x < a + 5 \quad \therefore x < \dfrac{a+5}{4} \quad \cdots\cdots \text{❶}$$

$x < \dfrac{a+5}{4}$를 만족시키는 정수 x의 최댓값이 0이 되려면
오른쪽 그림에서 $0 < \dfrac{a+5}{4} \le 1$이어야
한다.

즉, $0 < \dfrac{a+5}{4} \le 1$에서 $0 < a + 5 \le 4$
$$\therefore -5 < a \le -1 \quad \cdots\cdots \text{❷}$$
따라서 정수 a는 $-4, -3, -2, -1$이다. ······ **❸**

채점 기준	배점
❶ 주어진 일차부등식 풀기	2점
❷ a의 값의 범위 구하기	4점
❸ a의 값 모두 구하기	1점

10 답 1

$\dfrac{x-a}{3} \le \dfrac{1}{4}$의 양변에 12를 곱하면 $4x - 4a \le 3$
$$4x \le 4a + 3 \quad \therefore x \le \dfrac{4a+3}{4} \quad \cdots\cdots \text{❶}$$

$x \le \dfrac{4a+3}{4}$을 만족시키는 자연수 x가 3개이려면
오른쪽 그림에서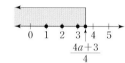
$3 \le \dfrac{4a+3}{4} < 4$이어야 한다.

즉, $3 \le \dfrac{4a+3}{4} < 4$에서 $12 \le 4a + 3 < 16$
$$9 \le 4a < 13 \quad \therefore \dfrac{9}{4} \le a < \dfrac{13}{4} \quad \cdots\cdots \text{❷}$$
따라서 자연수 a는 3의 1개이다. ······ **❸**

채점 기준	배점
❶ 주어진 일차부등식 풀기	2점
❷ a의 값의 범위 구하기	4점
❸ 자연수 a의 개수 구하기	1점

11 답 7개월

x개월 후 영수의 예금액이 민수의 예금액보다 많아진다고 하면
$$12000 + 5000x > 25000 + 3000x \quad \cdots\cdots \text{❶}$$
$$2000x > 13000 \quad \therefore x > \dfrac{13}{2} \quad \cdots\cdots \text{❷}$$
이때 x는 자연수이므로 영수의 예금액이 민수의 예금액보다 많
아지는 것은 7개월 후부터이다. ······ **❸**

채점 기준	배점
❶ 일차부등식 세우기	3점
❷ 일차부등식 풀기	2점
❸ 답 구하기	1점

12 답 20년

x년 후 형과 동생의 나이의 합이 어머니의 나이보다 많아진다고
하면
$$(13+x) + (8+x) > 40 + x \quad \cdots\cdots \text{❶}$$
$$21 + 2x > 40 + x \quad \therefore x > 19 \quad \cdots\cdots \text{❷}$$
이때 x는 자연수이므로 20년 후부터 형과 동생의 나이의 합이
어머니의 나이보다 많아진다. ······ **❸**

채점 기준	배점
❶ 일차부등식 세우기	3점
❷ 일차부등식 풀기	2점
❸ 답 구하기	1점

13 답 68개

x개의 동전을 더 쌓는다고 하면

$11+0.2x>24.4$ ...... ❶

$0.2x>13.4,\ 2x>134$ $\therefore\ x>67$ ...... ❷

이때 x는 자연수이므로 적어도 68개의 동전을 더 쌓아야 올해 우승자가 될 수 있다. ...... ❸

채점 기준	배점
❶ 일차부등식 세우기	3점
❷ 일차부등식 풀기	3점
❸ 답 구하기	1점

14 답 13200원

정가를 x원이라 하면

$x\left(1-\dfrac{25}{100}\right)\geq 9000\times\left(1+\dfrac{10}{100}\right)$ ...... ❶

$\dfrac{3}{4}x\geq 9900$ $\therefore\ x\geq 13200$ ...... ❷

따라서 정가는 13200원 이상으로 정해야 한다. ...... ❸

채점 기준	배점
❶ 일차부등식 세우기	4점
❷ 일차부등식 풀기	2점
❸ 답 구하기	1점

15 답 (1) $\dfrac{x}{3}+\dfrac{4}{60}+\dfrac{x}{3}\leq\dfrac{36}{60}$ (2) 800 m

(1) 버스정류장에서 편의점까지의 거리가 x km이므로

$\dfrac{x}{3}+\dfrac{4}{60}+\dfrac{x}{3}\leq\dfrac{36}{60}$ ...... ❶

(2) $\dfrac{x}{3}+\dfrac{4}{60}+\dfrac{x}{3}\leq\dfrac{36}{60}$에서

$20x+4+20x\leq 36,\ 40x\leq 32$

$\therefore\ x\leq\dfrac{4}{5}$ ...... ❷

따라서 최대 $\dfrac{4}{5}$ km, 즉 800 m 떨어져 있는 편의점을 이용할 수 있다. ...... ❸

채점 기준	배점
❶ 일차부등식 세우기	3점
❷ 일차부등식 풀기	2점
❸ 답 구하기	1점

16 답 87.5 g

소금을 x g 더 넣는다고 하면

$\dfrac{6}{100}\times 500+x\geq\dfrac{20}{100}\times(500+x)$ ...... ❶

$3000+100x\geq 10000+20x,\ 80x\geq 7000$

$\therefore\ x\geq 87.5$ ...... ❷

따라서 소금은 최소 87.5 g을 더 넣어야 한다. ...... ❸

채점 기준	배점
❶ 일차부등식 세우기	3점
❷ 일차부등식 풀기	3점
❸ 답 구하기	1점

학교 시험 ❶회

01 ③	02 ④	03 ④, ⑤	04 ③	05 ②
06 ③	07 ⑤	08 ②	09 ⑤	10 ③
11 ④	12 ④	13 ⑤	14 ③	15 ④
16 ①	17 ②	18 ②	19 $a\neq -1$	
20 $-8<a\leq -6$	21 7년	22 4자루	23 6 km	

01 답 ③ (유형 01)

ㄱ. 다항식 ㄴ, ㄹ. 등식 ㄷ, ㅁ, ㅂ. 부등식

따라서 부등식인 것은 ㄷ, ㅁ, ㅂ의 3개이다.

02 답 ④ (유형 02)

① $x-6\leq 4$ ② $x+7>2x$

③ $\dfrac{x}{80}<5$ ⑤ $2+5x\geq 10$

따라서 옳은 것은 ④이다.

03 답 ④, ⑤ (유형 03)

① $x=-2$일 때, $4\times(-2-3)=-20\leq -9$ (참)

② $x=-1$일 때, $4\times(-1-3)=-16\leq -9$ (참)

③ $x=0$일 때, $4\times(0-3)=-12\leq -9$ (참)

④ $x=1$일 때, $4\times(1-3)=-8\leq -9$ (거짓)

⑤ $x=2$일 때, $4\times(2-3)=-4\leq -9$ (거짓)

따라서 해가 아닌 것은 ④, ⑤이다.

다른 풀이

$4(x-3)\leq -9$에서

$4x-12\leq -9,\ 4x\leq 3$ $\therefore\ x\leq\dfrac{3}{4}$

따라서 해가 아닌 것은 ④, ⑤이다.

04 답 ③ (유형 04)

$\dfrac{3-5a}{4}\geq\dfrac{3-5b}{4}$에서 $3-5a\geq 3-5b$

$-5a\geq -5b$ $\therefore\ a\leq b$

① $a\leq b$에서 $9a\leq 9b$이므로 $9a+1\leq 9b+1$

② $a\leq b$에서 $3a\leq 3b$이므로 $3a-1\leq 3b-1$

③ $a\leq b$에서 $-a\geq -b$이므로 $-a-7\geq -b-7$

④ $a\leq b$에서 $4a\leq 4b$이므로 $4a-3\leq 4b-3$

$\therefore\ \dfrac{4a-3}{3}\leq\dfrac{4b-3}{3}$

⑤ $a\leq b$에서 $-\dfrac{a}{2}\geq -\dfrac{b}{2}$

따라서 옳지 않은 것은 ③이다.

05 답 ② (유형 05)

$-1<x<3$의 각 변에 -1을 곱하면 $-3<-x<1$

$-3<-x<1$의 각 변에 4를 더하면 $1<-x+4<5$

$\therefore\ 1<A<5$

06 답 ③ (유형 07)

① $3x+4<7$에서 $3x<3$ $\therefore\ x<1$

② $-x-4>-2$에서 $-x>2$ $\therefore\ x<-2$

③ $7x+1<15$에서 $7x<14$ $\therefore\ x<2$

④ $-4x-7>-1$에서 $-4x>6$ ∴ $x<-\dfrac{3}{2}$

⑤ $4x-12<6$에서 $4x<18$ ∴ $x<\dfrac{9}{2}$

따라서 해가 $x<2$인 것은 ③이다.

07 답 ⑤   유형 07 + 유형 08

주어진 수직선에서 부등식의 해는 $x>-3$이다.

ㄴ. $2x+5>3x+2$에서 $-x>-3$ ∴ $x<3$

ㄷ. $-3(x+1)<6$에서 $-3x-3<6$, $-3x<9$ ∴ $x>-3$

ㄹ. $\dfrac{x}{4}<x+\dfrac{9}{4}$에서 $x<4x+9$, $-3x<9$ ∴ $x>-3$

따라서 해가 $x>-3$인 것은 ㄷ, ㄹ이다.

08 답 ②   유형 08

$\dfrac{3x-1}{2}+1.5>0.4(3x-2)$의 양변에 10을 곱하면

$15x-5+15>12x-8$, $3x>-18$ ∴ $x>-6$

09 답 ⑤   유형 09

$3ax-a\le3$에서 $3ax\le3+a$

이때 $3a<0$이므로 $x\ge\dfrac{1}{a}+\dfrac{1}{3}$

10 답 ③   유형 10

$3(x+1)\le x+3$에서 $3x+3\le x+3$, $2x\le0$ ∴ $x\le0$

$x+a\le6$에서 $x\le-a+6$

두 일차부등식의 해가 서로 같으므로

$-a+6=0$ ∴ $a=6$

11 답 ④   유형 12

연속하는 세 홀수 중 가운데 수를 x라 하면

연속하는 세 홀수는 $x-2$, x, $x+2$이므로

$(x-2)+x+(x+2)\le45$, $3x\le45$ ∴ $x\le15$

따라서 세 홀수 중 가장 큰 수는 $x=15$일 때 최댓값을 갖는다.

이때 연속하는 세 홀수는 13, 15, 17이므로 가장 큰 수의 최댓값은 17이다.

12 답 ④   유형 12

5회 모의고사의 시험 점수를 x점이라 하면

$\dfrac{76+70+92+73+x}{5}\ge80$, $311+x\ge400$ ∴ $x\ge89$

따라서 5회 모의고사에서 89점 이상을 받아야 한다.

13 답 ⑤   유형 13

라면을 x개 산다고 하면 삼각김밥은 $(20-x)$개 살 수 있으므로

$900(20-x)+1100x\le21000$

$18000-900x+1100x\le21000$, $200x\le3000$ ∴ $x\le15$

따라서 라면은 최대 15개까지 살 수 있다.

14 답 ③   유형 14

x개월 후 형이 모은 용돈이 동생이 모은 용돈보다 많아진다고 하면

$15000+6000x>24000+4000x$

$2000x>9000$ ∴ $x>\dfrac{9}{2}$

이때 x는 자연수이므로 형이 모은 용돈이 동생이 모은 용돈보다 많아지게 되는 것은 5개월 후부터이다.

15 답 ④   유형 15

아랫변의 길이를 x cm라 하면 윗변의 길이는 $(x-5)$ cm이므로

$\dfrac{1}{2}\times\{(x-5)+x\}\times8\ge60$, $8x-20\ge60$

$8x\ge80$ ∴ $x\ge10$

따라서 아랫변의 길이는 10 cm 이상이어야 한다.

16 답 ①   유형 13

x분 동안 주차한다고 하면 $(x>60)$

$5000+120(x-60)\le100x$, $5000+120x-7200\le100x$

$20x\le2200$ ∴ $x\le110$

따라서 주차장에 최대 110분까지 주차할 수 있다.

다른 풀이

1시간 이후에 주차장에 주차를 한 시간을 x분이라 하면

$5000+120x\le100(60+x)$, $5000+120x\le6000+100x$

$20x\le1000$ ∴ $x\le50$

따라서 주차장에 최대 1시간 50분, 즉 110분까지 주차할 수 있다.

17 답 ②   유형 17

$(정가)=20000\times\left(1+\dfrac{25}{100}\right)=25000$(원)

정가에서 x % 할인하여 판다고 하면

$25000\times\left(1-\dfrac{x}{100}\right)\ge20000\times\left(1+\dfrac{12}{100}\right)$

$25000-250x\ge22400$, $-250x\ge-2600$ ∴ $x\le10.4$

따라서 최대 10.4 %까지 할인하여 팔 수 있다.

18 답 ②   유형 19

물을 x g 더 넣는다고 하면

$\dfrac{12}{100}\times150\le\dfrac{9}{100}\times(150+x)$, $1800\le1350+9x$

$-9x\le-450$ ∴ $x\ge50$

따라서 최소 50 g의 물을 더 넣어야 한다.

19 답 $a\ne-1$ 유형 06

$2(3-x)\le2ax-4$에서 $6-2x\le2ax-4$

$-2(a+1)x+10\le0$ …… ❶

이 부등식이 x에 대한 일차부등식이 되려면

$-2(a+1)\ne0$, $a+1\ne0$ ∴ $a\ne-1$ …… ❷

채점 기준	배점
❶ 주어진 부등식을 $px+q\le0$ (p, q는 상수) 꼴로 나타내기	2점
❷ a의 조건 구하기	2점

20 답 $-8<a\le-6$ 유형 11

$3x-2\le x-a$에서 $2x\le2-a$ ∴ $x\le\dfrac{2-a}{2}$ …… ❶

$x\le\dfrac{2-a}{2}$ 를 만족시키는 자연수 x가 4개이려면

오른쪽 그림에서

$4\le\dfrac{2-a}{2}<5$이어야 한다.

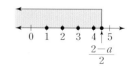

따라서 $4\le\dfrac{2-a}{2}<5$에서

$8\le2-a<10$, $6\le-a<8$ ∴ $-8<a\le-6$ …… ❷

채점 기준	배점
❶ 주어진 일차부등식 풀기	2점
❷ a의 값의 범위 구하기	5점

21 답 7년   유형 ⑫

x년 후 어머니의 나이가 딸의 나이의 3배 미만이 된다고 하면

$48+x<3(12+x)$ …… ❶

$48+x<36+3x$, $-2x<-12$ ∴ $x>6$ …… ❷

이때 x는 자연수이므로 7년 후부터 어머니의 나이가 딸의 나이의 3배 미만이 된다.   …… ❸

채점 기준	배점
❶ 일차부등식 세우기	3점
❷ 일차부등식 풀기	2점
❸ 답 구하기	1점

22 답 4자루   유형 ⑯

볼펜을 x자루 산다고 하면

$1500x>800x+2600$ …… ❶

$700x>2600$ ∴ $x>\dfrac{26}{7}$ …… ❷

이때 x는 자연수이므로 볼펜을 4자루 이상 살 경우 대형 할인점에서 사는 것이 유리하다.   …… ❸

채점 기준	배점
❶ 일차부등식 세우기	3점
❷ 일차부등식 풀기	2점
❸ 답 구하기	1점

23 답 6 km   유형 ⑱

자전거가 고장 난 지점을 집에서 x km 떨어진 곳이라 하면 그 지점에서 할아버지 댁까지의 거리는 $(12-x)$ km이므로

$\dfrac{x}{12}+\dfrac{12-x}{4}\le 2$ …… ❶

$x+3(12-x)\le 24$, $-2x+36\le 24$ ∴ $x\ge 6$ …… ❷

따라서 자전거가 고장 난 지점은 집에서 6 km 이상 떨어진 곳이다.   …… ❸

채점 기준	배점
❶ 일차부등식 세우기	3점
❷ 일차부등식 풀기	3점
❸ 답 구하기	1점

실전! 중단원 U 학교 시험 2회

82쪽~85쪽

01 ①, ⑤	**02** ②	**03** ⑤	**04** ④	**05** ②
06 ②	**07** ③	**08** ②	**09** ①	**10** ②
11 ③	**12** ⑤	**13** ①	**14** ②	**15** ①
16 ②	**17** ②	**18** ④	**19** 4	**20** 10
21 $a\ge 2$	**22** 2명	**23** 9명		

01 답 ①, ⑤   유형 ①

① 다항식   ②, ③, ④ 부등식   ⑤ 등식

따라서 부등식이 아닌 것은 ①, ⑤이다.

02 답 ②   유형 ②

어떤 수 x의 2배에서 3을 뺀 수는 $2x-3$,

어떤 수 x의 -3배에 5를 더한 수는 $-3x+5$이다.

∴ $2x-3\le -3x+5$

03 답 ⑤   유형 ③

$x=-1$일 때

ㄱ. $-1>0$ (거짓)

ㄴ. $-(-1)+5=6<4$ (거짓)

ㄷ. $2+(-1)=1\ge -2$ (참)

ㄹ. $2\times(-1)=-2\le 3\times(-1)+5=2$ (참)

따라서 참인 부등식은 ㄷ, ㄹ이다.

04 답 ④   유형 ④

$a<b$에서

① $a-3<b-3$

② $3a<3b$이므로 $3a+5<3b+5$

③ $-2a>-2b$이므로 $7-2a>7-2b$

⑤ $-2a>-2b$이므로 $3-2a>3-2b$ ∴ $\dfrac{3-2a}{4}>\dfrac{3-2b}{4}$

따라서 옳은 것은 ④이다.

05 답 ②   유형 ⑤

$-1\le x\le 4$의 각 변에 3을 곱하면 $-3\le 3x\le 12$ …… ㉠

㉠의 각 변에서 5를 빼면 $-8\le 3x-5\le 7$

따라서 $a=-8$, $b=7$이므로 $a+b=-8+7=-1$

06 답 ②   유형 ⑥

ㄱ. $2x+3>-2x-7$에서 $4x+10>0$이므로 일차부등식이다.

ㄴ. $2-6x\ge -2(3x+5)$에서 $2-6x\ge -6x-10$, $12\ge 0$이므로 일차부등식이 아니다.

ㄷ. $\dfrac{2}{3}x-5=x+4$는 등식이다.

ㄹ. $\dfrac{1}{3}x-5<4x+1$에서 $-\dfrac{11}{3}x-6<0$이므로 일차부등식이다.

따라서 일차부등식인 것은 ㄱ, ㄹ이다.

07 답 ③   유형 ⑧

$-2(x-3)+4\ge 4(x-5)$에서

$-2x+6+4\ge 4x-20$, $-6x\ge -30$ ∴ $x\le 5$

따라서 $x\le 5$를 수직선 위에 바르게 나타낸 것은 ③이다.

08 답 ②   유형 ⑧

$\dfrac{2x-3}{4}+0.5(x-1)>\dfrac{3x+1}{5}$의 양변에 20을 곱하면

$10x-15+10x-10>12x+4$, $8x>29$ ∴ $x>\dfrac{29}{8}$

따라서 가장 작은 자연수 x는 4이다.

09 답 ①   유형 ⑩

$-2(x+a)<3x-4$에서

$-2x-2a<3x-4$, $-5x<-4+2a$ ∴ $x>\dfrac{4-2a}{5}$

이 부등식의 해가 $x>2$이므로

$\dfrac{4-2a}{5}=2$, $4-2a=10$, $-2a=6$ $\quad\therefore a=-3$

10 답 ② 유형 ⑪

$2(3x-a)>7x-1$에서

$6x-2a>7x-1$, $-x>2a-1$ $\quad\therefore x<-2a+1$

$x<-2a+1$을 만족시키는 자연수 x가 5개이려면

오른쪽 그림에서 $5<-2a+1\leq6$

이어야 한다.

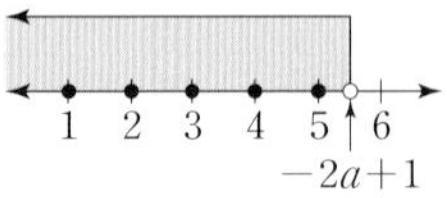

따라서 $5<-2a+1\leq6$에서

$4<-2a\leq5$ $\quad\therefore -\dfrac{5}{2}\leq a<-2$

11 답 ③ 유형 ⑫

어떤 홀수를 x라 하면

$2x+3>3x-10$, $-x>-13$ $\quad\therefore x<13$

따라서 어떤 홀수 중 가장 큰 수는 11이다.

12 답 ⑤ 유형 ⑬

어른이 x명 탑승한다고 하면 어린이는 $(12-x)$명 탑승하므로

$5000x+2000(12-x)\leq55000$

$5000x+24000-2000x\leq55000$

$3000x\leq31000$ $\quad\therefore x\leq\dfrac{31}{3}$

이때 x는 자연수이므로 어른은 최대 10명까지 탑승할 수 있다.

13 답 ① 유형 ⑬

미술관에 x명이 입장한다고 하면 ($x>30$)

$28000+800(x-30)\leq900x$

$28000+800x-24000\leq900x$, $-100x\leq-4000$

$\therefore x\geq40$

따라서 40명 이상 미술관에 입장해야 한다.

14 답 ② 유형 ⑭

x주 후 세희가 모은 용돈이 현진이가 모은 용돈의 2배보다 많아

진다고 하면

$12000+2500x>2(17500+700x)$

$12000+2500x>35000+1400x$, $1100x>23000$

$\therefore x>\dfrac{230}{11}$

이때 x는 자연수이므로 세희가 모은 용돈이 현진이가 모은 용돈

의 2배보다 많아지는 것은 21주 후부터이다.

15 답 ① 유형 ⑮

세로의 길이를 x cm라 하면 가로의 길이는 $(x-3)$ cm이므로

$2\{(x-3)+x\}\leq58$, $4x-6\leq58$, $4x\leq64$ $\quad\therefore x\leq16$

따라서 세로의 길이는 16 cm 이하이어야 한다.

16 답 ② 유형 ⑱

x분 동안 자전거를 탄다고 하면

$720x+880x\geq4800$, $1600x\geq4800$ $\quad\therefore x\geq3$

따라서 3분 이상 자전거를 타야 한다.

17 답 ② 유형 ⑰

책의 원가를 A원이라 하면

정가는 $A\times\left(1+\dfrac{25}{100}\right)=1.25A$(원)

정가의 x %를 할인하여 판매한다고 하면

$1.25A\times\left(1-\dfrac{x}{100}\right)\geq A$

$1.25\times\left(1-\dfrac{x}{100}\right)\geq1$, $1-\dfrac{x}{100}\geq\dfrac{4}{5}$

$100-x\geq80$, $-x\geq-20$

$\therefore x\leq20$

따라서 정가의 최대 20 %까지 할인하여 판매할 수 있다.

18 답 ④ 유형 ⑲

농도가 12 %인 소금물을 x g 섞는다고 하면

$\dfrac{6}{100}\times300+\dfrac{12}{100}\times x\leq\dfrac{10}{100}\times(300+x)$

$1800+12x\leq3000+10x$, $2x\leq1200$ $\quad\therefore x\leq600$

따라서 농도가 12 %인 소금물을 600 g 이하로 섞어야 한다.

19 답 4 유형 ⑨

$ax-4a\geq-3(x-4)$에서 $ax-4a\geq-3x+12$

$ax+3x\geq4a+12$, $(a+3)x\geq4(a+3)$ ······❶

이때 $a<-3$에서 $a+3<0$이므로

$(a+3)x\geq4(a+3)$에서 $x\leq4$ ······❷

따라서 일차부등식의 해 중 가장 큰 정수는 4이다. ······❸

채점 기준	배점
❶ 주어진 부등식을 $px\geq q$ (p, q는 상수) 꼴로 나타내기	1점
❷ 일차부등식 풀기	2점
❸ 일차부등식의 해 중 가장 큰 정수 구하기	1점

20 답 10 유형 ⑩

주어진 수직선에서 부등식의 해는 $x<\dfrac{2}{3}$이다.

$-\dfrac{1}{4}x+a>\dfrac{1}{2}(x+a)$에서

$-\dfrac{1}{4}x+a>\dfrac{1}{2}x+\dfrac{1}{2}a$, $-\dfrac{3}{4}x>-\dfrac{1}{2}a$ $\quad\therefore x<\dfrac{2}{3}a$

즉, $\dfrac{2}{3}a=\dfrac{2}{3}$이므로 $a=1$ ······❶

$3(x-2)+b<5$에서

$3x-6+b<5$, $3x<11-b$ $\quad\therefore x<\dfrac{11-b}{3}$

즉, $\dfrac{11-b}{3}=\dfrac{2}{3}$이므로 $11-b=2$ $\quad\therefore b=9$ ······❷

$\therefore a+b=1+9=10$ ······❸

채점 기준	배점
❶ a의 값 구하기	3점
❷ b의 값 구하기	2점
❸ $a+b$의 값 구하기	1점

21 답 $a\geq2$ 유형 ⑪

$\dfrac{x}{5}-\dfrac{x-3}{3}\geq\dfrac{a}{2}$의 양변에 30을 곱하면

$6x-10x+30\geq15a$, $-4x\geq15a-30$

$\therefore x\leq\dfrac{-15a+30}{4}$ ······❶

이 부등식을 만족시키는 양수 x가 존재하지 않으려면
오른쪽 그림에서
$\dfrac{-15a+30}{4} \leq 0$이어야 한다.

$$\overset{\displaystyle \frac{-15a+30}{4}\quad 0}{\rule{3cm}{0.4pt}}$$

따라서 $\dfrac{-15a+30}{4} \leq 0$에서

$-15a+30 \leq 0,\ -15a \leq -30$ $\quad \therefore a \geq 2$ $\cdots\cdots$ ❷

채점 기준	배점
❶ 주어진 일차부등식 풀기	2점
❷ a의 값의 범위 구하기	5점

22 답 2명 유형 **12**

전체 일의 양을 1이라 하면 어른과 어린이가 하루 동안 할 수 있는
일의 양은 각각 $\dfrac{1}{5}$, $\dfrac{1}{8}$이다.

어른을 x명이라 하면 어린이는 $(7-x)$명이므로

$\dfrac{1}{5}x + \dfrac{1}{8}(7-x) \geq 1$ $\cdots\cdots$ ❶

$8x+35-5x \geq 40,\ 3x \geq 5$ $\quad \therefore x \geq \dfrac{5}{3}$ $\cdots\cdots$ ❷

이때 x는 자연수이므로 어른은 최소 2명이 필요하다. $\cdots\cdots$ ❸

채점 기준	배점
❶ 일차부등식 세우기	3점
❷ 일차부등식 풀기	2점
❸ 답 구하기	1점

23 답 9명 유형 **16**

패밀리 레스토랑에 x명이 간다고 하면 $(x > 4)$

$12000 \times x \times \dfrac{80}{100} < 12000 \times 4 \times \dfrac{60}{100} + 12000(x-4)$ $\cdots\cdots$ ❶

$8x < 24+10x-40,\ -2x < -16$ $\quad \therefore x > 8$ $\cdots\cdots$ ❷

이때 x는 자연수이므로 9명 이상부터 통신사 제휴 카드로 할인
받는 것이 유리하다. $\cdots\cdots$ ❸

채점 기준	배점
❶ 일차부등식 세우기	3점
❷ 일차부등식 풀기	3점
❸ 답 구하기	1점

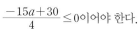 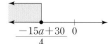

교과서 속
특이 문제

◯86쪽

01 답 $z < y < x$

예빈이의 말에서 $yz < 0$이므로 y와 z의 부호는 다르다.
그런데 $y > z$이므로 $y > 0$, $z < 0$ $\cdots\cdots$ ㉠
주영이의 말에서 $xy > 0$이므로 x와 y의 부호는 같다.
㉠에 의해서 $x > 0$ $\cdots\cdots$ ㉡
정민이의 말에서 $yz > xz$이고
㉠에 의해서 $z < 0$이므로 $y < x$ $\cdots\cdots$ ㉢
따라서 ㉠, ㉡, ㉢에 의해서 $z < y < x$이다.

02 답 3

주어진 수직선에서 부등식의 해는 각각 $x \geq \dfrac{5}{7}$, $x < 1$이다.

$5(x-1) < a-(x+7)$에서

$5x-5 < a-x-7,\ 6x < a-2$ $\quad \therefore x < \dfrac{a-2}{6}$

즉, 이 부등식의 해는 $x < 1$이므로 $\dfrac{a-2}{6}=1$에서

$a-2=6$ $\quad \therefore a=8$

$0.3x-\dfrac{1}{4} \geq \dfrac{x+b}{8}$의 양변에 40을 곱하면

$12x-10 \geq 5x+5b,\ 7x \geq 5b+10$ $\quad \therefore x \geq \dfrac{5b+10}{7}$

즉, 이 부등식의 해는 $x \geq \dfrac{5}{7}$이므로

$\dfrac{5b+10}{7}=\dfrac{5}{7}$에서 $5b+10=5,\ 5b=-5$ $\quad \therefore b=-1$

$\therefore a+5b=8+5\times(-1)=3$

03 답 10회

A, B 두 사람이 비긴 횟수는 5회이므로 승부가 나는 횟수는
$20-5=15$(회)
A가 이긴 횟수를 x회라 하면 A가 진 횟수는 $(15-x)$회, B가
이긴 횟수는 $(15-x)$회, B가 진 횟수는 x회이므로
A의 득점의 합은
$3x+2\times5+1\times(15-x)=3x+10+15-x=2x+25$(점)
B의 득점의 합은
$3(15-x)+2\times5+1\times x=45-3x+10+x=-2x+55$(점)
즉, $2x+25 \geq -2x+55+8$이므로 $4x \geq 38$ $\quad \therefore x \geq \dfrac{19}{2}$

이때 x는 자연수이므로 A가 B를 10회 이상 이겨야 한다.

04 답 우유 : $\dfrac{800}{11}$ g, 감자튀김 : $\dfrac{400}{23}$ g

(쌀밥 250 g에 들어 있는 나트륨의 양)$=\dfrac{2}{100}\times250=5$ (mg)

(삼겹살 200 g에 들어 있는 나트륨의 양)

$=\dfrac{44}{100}\times200=88$ (mg)

(토마토 100 g에 들어 있는 나트륨의 양)$=5$ (mg)

(배추김치 50 g에 들어 있는 나트륨의 양)

$=\dfrac{624}{100}\times50=312$ (mg)

(ⅰ) 우유를 추가로 x g 먹을 경우

$5+88+5+312+\dfrac{55}{100}x \leq 450,\ \dfrac{55}{100}x \leq 40$

$55x \leq 4000$ $\quad \therefore x \leq \dfrac{800}{11}$

따라서 우유는 $\dfrac{800}{11}$ g 이하로 먹어야 한다.

(ⅱ) 감자튀김을 추가로 y g 먹을 경우

$5+88+5+312+\dfrac{230}{100}y \leq 450,\ \dfrac{230}{100}y \leq 40$

$23y \leq 400$ $\quad \therefore y \leq \dfrac{400}{23}$

따라서 감자튀김은 $\dfrac{400}{23}$ g 이하로 먹어야 한다.

01 답 28

$\dfrac{3}{7}=0.\dot{4}2857\dot{1}$이므로 순환마디의 숫자는 6개이다.

이때 $38=6\times6+2$이므로

$f(1)+f(2)+\cdots+f(38)$
$=6\{f(1)+f(2)+\cdots+f(6)\}+f(37)+f(38)$

$=\dfrac{6\{f(1)+f(2)+\cdots+f(6)\}+f(37)+f(38)}{6}$

$=\dfrac{6\times(4+2+8+5+7+1)+4+2}{6}=\dfrac{6\times27+6}{6}=28$

02 답 88

$\dfrac{14}{55}=0.2\dot{5}\dot{4}$이므로 순환마디의 숫자는 2개이다.

x_n은 $\dfrac{14}{55}$를 소수로 나타낼 때, 소수점 아래 n번째 자리의 숫자이다. 즉, $x_1=2,\ x_2=5,\ x_3=4,\ x_4=5,\ x_5=4,\ \cdots$가 된다.

$20=1+2\times9+1$이므로

$x_1+x_2+x_3+\cdots+x_{20}=2+(5+4)\times9+5=88$

03 답 85개

유한소수가 되려면 분모의 소인수가 2 또는 5뿐이어야 한다.

2부터 100까지의 자연수 중에서

소인수가 2로만 이루어진 수는 $2,\ 2^2,\ \cdots,\ 2^6$으로 6개

소인수가 5로만 이루어진 수는 $5,\ 5^2$으로 2개

소인수가 2와 5로 이루어진 수는 $2\times5,\ 2\times5^2,\ 2^2\times5,\ 2^2\times5^2,$
$2^3\times5,\ 2^4\times5$로 6개

따라서 유한소수는 $6+2+6=14$(개)이므로 순환소수는

$99-14=85$(개)

04 답 5개

$\dfrac{2}{5}\le x<\dfrac{2}{3}$에서 $\dfrac{12}{30}\le x<\dfrac{20}{30}$

30을 소인수분해하면 $30=2\times3\times5$이고, x는 유한소수가 아니므로 x의 분자는 3의 배수가 아니어야 한다.

따라서 $\dfrac{12}{30}\le x<\dfrac{20}{30}$이고 분모가 30인 분수 x 중 분자가 3의 배수가 아닌 수는 $\dfrac{13}{30},\ \dfrac{14}{30},\ \dfrac{16}{30},\ \dfrac{17}{30},\ \dfrac{19}{30}$의 5개이다.

05 답 11

$60x+7=4a$에서 $60x=4a-7$ $\therefore x=\dfrac{4a-7}{60}$

$\dfrac{4a-7}{60}=\dfrac{4a-7}{2^2\times3\times5}$이 유한소수가 되려면 $4a-7$은 3의 배수이어야 한다.

이때 a가 $2<a<10$인 자연수이므로 $4a-7$이 3의 배수일 때, 자연수 a는 4, 7이다. 따라서 모든 a의 값의 합은 $4+7=11$

06 답 126

조건 ㈎에서 $\dfrac{x}{350}=\dfrac{x}{2\times7\times5^2}$가 유한소수가 되려면 x는 7의 배수이어야 한다. 또, 조건 ㈏에서 $\dfrac{x}{350}$를 기약분수로 나타내면 $\dfrac{9}{y}$이므로 x는 9의 배수이어야 한다.

따라서 x는 7과 9의 공배수인 63의 배수이어야 하고
조건 ㈐에서 $100<x<150$이므로 $x=63\times2=126$

07 답 61개

(i) $a=1,\ 2,\ 4,\ 5,\ 7,\ 8$일 때, b는 3의 배수가 아니어야 하므로
$b=1,\ 2,\ 4,\ 5,\ 7,\ 8$
즉, 순서쌍 $(a,\ b)$는 $6\times6=36$(개)

(ii) $a=3,\ 6$일 때, b는 9의 배수가 아니어야 하므로
$b=1,\ 2,\ 3,\ 4,\ 5,\ 6,\ 7,\ 8$
즉, 순서쌍 $(a,\ b)$는 $2\times8=16$(개)

(iii) $a=9$일 때, b의 값에 관계없이 항상 순환소수가 되므로 순서쌍 $(a,\ b)$는 $1\times9=9$(개)

(i), (ii), (iii)에서 순서쌍 $(a,\ b)$는 $36+16+9=61$(개)

08 답 $0.\dot{1}4\dot{8}$

$\dfrac{1}{3}\left(\dfrac{4}{10}+\dfrac{4}{100}+\dfrac{4}{1000}+\cdots\right)$

$=\dfrac{1}{3}\times(0.4+0.04+0.004+\cdots)$

$=\dfrac{1}{3}\times0.444\cdots=\dfrac{1}{3}\times0.\dot{4}$

$=\dfrac{1}{3}\times\dfrac{4}{9}=\dfrac{4}{27}=0.\dot{1}4\dot{8}$

09 답 8개

$\dfrac{x}{11}=\dfrac{9x}{99}$이고, x는 두 자리의 자연수이므로

$10\le x<100$에서 $90\le9x<900$

이를 만족시키는 순환마디가 54인 순환소수는
$1.\dot{5}\dot{4},\ 2.\dot{5}\dot{4},\ 3.\dot{5}\dot{4},\ 4.\dot{5}\dot{4},\ 5.\dot{5}\dot{4},\ 6.\dot{5}\dot{4},\ 7.\dot{5}\dot{4},\ 8.\dot{5}\dot{4}$

이므로 $9x$의 값은 153, 252, 351, 450, 549, 648, 747, 846이고 모두 9의 배수이다.

따라서 두 자리의 자연수 x는 모두 8개이다.

10 답 $a=6,\ n=25$

$0.\dot{a}7\dot{5}=\dfrac{100a+75}{999}$이므로

$\dfrac{100a+75}{999}=\dfrac{n}{37},\ 999n=3700a+75\times37$

$27n=100a+75$ $\therefore 27n=25(4a+3)$ $\cdots\cdots$ ㉠

27과 25는 서로소이므로 ㉠에서 $4a+3$이 27의 배수이어야 한다. 이때 a는 음이 아닌 한 자리의 정수이므로

$4\times0+3\le4a+3\le4\times9+3$ $\therefore 3\le4a+3\le39$

따라서 $4a+3=27$이므로 $a=6,\ n=25$

11 답 132

$1.\dot{4}\dot{8}=\dfrac{148-1}{99}=\dfrac{147}{99}=\dfrac{49}{33}=\dfrac{7^2}{33}$

$\dfrac{7^2}{33}\times a$가 어떤 자연수의 제곱이 되려면 a는 $33\times(\text{자연수})^2$ 꼴이어야 한다.

따라서 a의 값이 될 수 있는 수 중 두 번째로 작은 자연수는
$33\times2^2=132$

12 답 5

$$1-\cfrac{1}{1-\cfrac{1}{x}}=1-\cfrac{1}{\cfrac{x-1}{x}}=1-\cfrac{x}{x-1}=\cfrac{x-1-x}{x-1}$$

$$=\cfrac{-1}{x-1}=\cfrac{1}{1-x}$$

$1.6\dot{8}\dot{1}=\dfrac{1681-16}{990}=\dfrac{1665}{990}=\dfrac{37}{22}$

즉, $\dfrac{1}{1-x}=\dfrac{37}{22}$이므로

$37-37x=22,\ -37x=-15$ $\qquad \therefore\ x=\dfrac{15}{37}=0.\dot{4}0\dot{5}$

따라서 $a=0,\ b=5$이므로 $a+b=0+5=5$

13 답 9

두 순환소수 $0.\dot{x}\dot{y}$와 $0.\dot{y}\dot{x}$의 합이 $0.\dot{4}$이므로

$\dfrac{10x+y}{99}+\dfrac{10y+x}{99}=\dfrac{4}{9}$에서

$\dfrac{11x+11y}{99}=\dfrac{4}{9},\ \dfrac{x+y}{9}=\dfrac{4}{9}$ $\qquad \therefore\ x+y=4$

이때 $x,\ y$는 한 자리의 자연수이고, $x>y$이므로 $x=3,\ y=1$

따라서 두 순환소수의 차는

$0.\dot{3}\dot{1}-0.\dot{1}\dot{3}=\dfrac{31}{99}-\dfrac{13}{99}=\dfrac{18}{99}=0.\dot{1}\dot{8}$이므로 $a=1,\ b=8$

$\therefore\ a+b=1+8=9$

14 답 7

$0.\dot{a}\dot{b}+0.\dot{b}\dot{a}=0.\dot{8}$에서 $\dfrac{10a+b}{99}+\dfrac{10b+a}{99}=\dfrac{8}{9}$이므로

$\dfrac{11a+11b}{99}=\dfrac{8}{9},\ \dfrac{a+b}{9}=\dfrac{8}{9}$ $\qquad \therefore\ a+b=8$

이때 $a,\ b$는 한 자리의 자연수이고 $a>b$이므로 순서쌍 $(a,\ b)$는
$(7,\ 1),\ (6,\ 2),\ (5,\ 3)$이다.

$0.a\dot{b}\times x=0.b\dot{a}$에서 $\dfrac{10a+b-a}{90}\times x=\dfrac{10b+a-b}{90}$

$\dfrac{9a+b}{90}\times x=\dfrac{9b+a}{90}$ $\qquad \therefore\ x=\dfrac{9b+a}{9a+b}$

(i) 순서쌍 $(a,\ b)$가 $(7,\ 1)$일 때

$x=\dfrac{16}{64}=\dfrac{1}{4}$이므로 유한소수이다.

(ii) 순서쌍 $(a,\ b)$가 $(6,\ 2)$일 때

$x=\dfrac{24}{56}=\dfrac{3}{7}$이므로 유한소수가 아니다.

(iii) 순서쌍 $(a,\ b)$가 $(5,\ 3)$일 때

$x=\dfrac{32}{48}=\dfrac{2}{3}$이므로 유한소수가 아니다.

(i), (ii), (iii)에서 $a=7,\ b=1$이므로 $\dfrac{a}{b}=\dfrac{7}{1}=7$

15 답 4

$16a=16\times 2^{30}=2^4\times 2^{30}=2^{34}$

2의 거듭제곱의 일의 자리의 숫자는 2, 4, 8, 6의 4개의 숫자가
반복되어 나타난다.

이때 $34=4\times 8+2$이므로 2^{34}의 일의 자리의 숫자는 반복되는
숫자 중 2번째 숫자인 4이다.

16 답 3개

$13^{200}<x^{300}<5^{400}$에서 $(13^2)^{100}<(x^3)^{100}<(5^4)^{100}$이므로

$13^2<x^3<5^4$ $\qquad \therefore\ 169<x^3<625$

이때 $5^3=125,\ 6^3=216,\ 7^3=343,\ 8^3=512,\ 9^3=729$이므로

자연수 x는 6, 7, 8의 3개이다.

17 답 10

$(-81)^2\div(-3)^{2x}=9^{y-6}$에서

$\{(-1)^2\times 81^2\}\div\{(-1)^{2x}\times 3^{2x}\}=9^{y-6}$

$(3^4)^2\div 3^{2x}=(3^2)^{y-6},\ 3^8\div 3^{2x}=3^{2(y-6)}$

따라서 $8-2x=2(y-6)$이므로

$8-2x=2y-12,\ 2x+2y=20$

$\therefore\ x+y=10$

18 답 5

$5^{4x}(2^{4x+1}+2^{4x+3})=5^{4x}(2\times 2^{4x}+8\times 2^{4x})$

$\qquad\qquad\qquad\qquad=5^{4x}\times(10\times 2^{4x})=10\times(2\times 5)^{4x}$

$\qquad\qquad\qquad\qquad=10\times 10^{4x}=10^{4x+1}$

따라서 $10^{4x+1}=10^{21}$이므로

$4x+1=21,\ 4x=20$ $\qquad \therefore\ x=5$

19 답 18

$\dfrac{4^6+4^6+4^6+4^6}{3^6+3^6+3^6}\times\dfrac{9^{12}+9^{12}+9^{12}}{2^{12}+2^{12}+2^{12}+2^{12}}$

$=\dfrac{4\times 4^6}{3\times 3^6}\times\dfrac{3\times 9^{12}}{4\times 2^{12}}=\dfrac{4^7}{3^7}\times\dfrac{3\times(3^2)^{12}}{2^2\times 2^{12}}$

$=\dfrac{(2^2)^7}{3^7}\times\dfrac{3^{25}}{2^{14}}=3^{18}$

$\therefore\ n=18$

20 답 $\dfrac{80}{9}A^2B^2C$

$A=2^{x-2}=2^x\times\dfrac{1}{2^2}$이므로 $2^x=4A$

$B=3^{x+1}=3^x\times 3$이므로 $3^x=\dfrac{1}{3}B$

$C=5^{x-1}=5^x\times\dfrac{1}{5}$이므로 $5^x=5C$

$\therefore\ 180^x=(2^2\times 3^2\times 5)^x=2^{2x}\times 3^{2x}\times 5^x$

$\qquad\quad=(2^x)^2\times(3^x)^2\times 5^x$

$\qquad\quad=(4A)^2\times\left(\dfrac{1}{3}B\right)^2\times 5C$

$\qquad\quad=16A^2\times\dfrac{1}{9}B^2\times 5C=\dfrac{80}{9}A^2B^2C$

21 답 7

1부터 30까지의 자연수 중에서 2의 배수는 15개, 4의 배수는
7개, 8의 배수는 3개, 16의 배수는 1개이므로 소인수 2는
$15+7+3+1=26$(개)가 곱해져 있다.

또, 1부터 30까지의 자연수 중에서 5의 배수는 6개, 25의 배수
는 1개이므로 소인수 5는 $6+1=7$(개)가 곱해져 있다.

$\therefore\ 1\times 2\times 3\times 4\times\cdots\times 30=\square\times 2^{26}\times 5^7$

$\qquad\qquad\qquad\qquad\qquad\quad=\square\times 2^{19}\times(2^7\times 5^7)$

$\qquad\qquad\qquad\qquad\qquad\quad=\square\times 2^{19}\times 10^7$

따라서 n의 값 중에서 가장 큰 값은 7이다.

정답 풀이

22 답 21

$$\frac{3^{20}\times5^{10}\times8^6}{18^8}=\frac{3^{20}\times5^{10}\times(2^3)^6}{(2\times3^2)^8}=\frac{3^{20}\times5^{10}\times2^{18}}{2^8\times3^{16}}$$
$$=3^4\times2^{10}\times5^{10}=3^4\times(2\times5)^{10}$$
$$=81\times10^{10}$$

81×10^{10}은 12자리의 자연수이므로 $n=12$이고 각 자리의 숫자의 합은 $8+1=9$이므로 $k=9$

$\therefore n+k=12+9=21$

23 답 6

$$(8^8+8^8+8^8+8^8)(5^{20}+5^{20}+5^{20}+5^{20}+5^{20})\times a$$
$$=(4\times8^8)\times(5\times5^{20})\times a=2^2\times(2^3)^8\times5^{21}\times a$$
$$=2^{26}\times5^{21}\times a=2^5\times a\times(2^{21}\times5^{21})=32a\times10^{21}$$

즉, $32a\times10^{21}$이 23자리의 자연수가 되려면 $32a$가 두 자리의 자연수이어야 한다.

따라서 자연수 a는 1, 2, 3이므로 그 합은 $1+2+3=6$

24 답 $\dfrac{11}{4}a^3b^2$

$0.2\dot{7}=\dfrac{25}{90}=\dfrac{5}{18}$, $0.\dot{3}=\dfrac{3}{9}=\dfrac{1}{3}$이므로

$\dfrac{5}{18}a^8b^6\div A=\left(-\dfrac{1}{3}a^3b^2\right)^2$에서

$$A=\frac{5}{18}a^8b^6\div\left(-\frac{1}{3}a^3b^2\right)^2=\frac{5}{18}a^8b^6\div\frac{1}{9}a^6b^4$$
$$=\frac{5}{18}a^8b^6\times\frac{9}{a^6b^4}=\frac{5}{2}a^2b^2$$

또, $2.\dot{2}\dot{7}=\dfrac{225}{99}=\dfrac{25}{11}$이므로 $\dfrac{5}{2}a^2b^2\times B=\dfrac{25}{11}ab^2$에서

$$B=\frac{25}{11}ab^2\div\frac{5}{2}a^2b^2=\frac{25}{11}ab^2\times\frac{2}{5a^2b^2}=\frac{10}{11a}$$

$$\therefore \frac{A}{B}=\frac{5}{2}a^2b^2\div\frac{10}{11a}=\frac{5}{2}a^2b^2\times\frac{11}{10}a=\frac{11}{4}a^3b^2$$

25 답 $\dfrac{1}{4}x^4$

〈1단계〉의 상자의 개수는 1
〈2단계〉의 상자의 개수는 $1+3=4$
〈3단계〉의 상자의 개수는 $1+3+5=9$
이므로 〈4단계〉의 상자의 개수는 $1+3+5+7=16$
즉, 상자 16개의 부피가 $48x^6y^4$이므로 상자 한 개의 부피는
$48x^6y^4\div16=3x^6y^4$
따라서 상자 한 개의 높이는
$$3x^6y^4\div(3xy\times4xy^3)=3x^6y^4\div12x^2y^4=\frac{1}{4}x^4$$

26 답 $3a$배

$$(구의 부피)=\frac{4}{3}\pi\times(3a^2b)^3=36\pi a^6b^3$$

$$(원뿔의 부피)=\frac{1}{3}\times\pi\times(2ab)^2\times9a^3b$$
$$=\frac{1}{3}\times\pi\times4a^2b^2\times9a^3b=12\pi a^5b^3$$

따라서 구의 부피는 원뿔의 부피의 $\dfrac{36\pi a^6b^3}{12\pi a^5b^3}=3a$(배)

27 답 $45\pi a^5b^4$

주어진 직사각형을 1회전 시킬 때 생기는 회전체는 밑면인 원의 반지름의 길이가 $3a^2b$, 높이가 $5ab^2$인 원기둥이므로
$$(회전체의 부피)=\pi\times(3a^2b)^2\times5ab^2$$
$$=\pi\times9a^4b^2\times5ab^2=45\pi a^5b^4$$

28 답 1

$ax^2+bxy+c=-4x(3x-2y)+5=-12x^2+8xy+5$
따라서 $a=-12$, $b=8$, $c=5$이므로
$a+b+c=-12+8+5=1$

29 답 $6x^2-23x+13$

2개로 나눈 끈의 길이의 차는
$$4(3x^2-2x+1)-3(2x^2+5x-3)$$
$$=12x^2-8x+4-6x^2-15x+9=6x^2-23x+13$$

30 답 $47x^4y^3-66x^3y^3$

$$A\bullet B=(8x^2y-15xy)\times(-2xy)^2$$
$$=(8x^2y-15xy)\times4x^2y^2=32x^4y^3-60x^3y^3$$
$$C\triangledown B=2\times\{9x^4y^4(5x-2)\}\div\{3\times(-2xy)\}$$
$$=18x^4y^4(5x-2)\div(-6xy)$$
$$=(90x^5y^4-36x^4y^4)\times\left(-\frac{1}{6xy}\right)=-15x^4y^3+6x^3y^3$$
$$\therefore (A\bullet B)-(C\triangledown B)$$
$$=(32x^4y^3-60x^3y^3)-(-15x^4y^3+6x^3y^3)$$
$$=47x^4y^3-66x^3y^3$$

31 답 $-9x^2+3xy-5y^2$

$$A=y^2(6x-y)-(3x-2y)\times xy$$
$$=6xy^2-y^3-3x^2y+2xy^2=-3x^2y+8xy^2-y^3$$
$$B=(6x^3y^2-12x^2y^3-4xy^4)\div2xy=3x^2y-6xy^2-2y^3$$
$$\frac{A+B}{y}=\frac{(-3x^2y+8xy^2-y^3)+(3x^2y-6xy^2-2y^3)}{y}$$
$$=\frac{2xy^2-3y^3}{y}=2xy-3y^2$$

이므로 $(2xy-3y^2)-C=9x^2-xy+2y^2$에서
$C=(2xy-3y^2)-(9x^2-xy+2y^2)=-9x^2+3xy-5y^2$

32 답 30

남아 있는 꽃밭의 넓이는
$$(5x+7y-3)\times2xy=10x^2y+14xy^2-6xy$$
따라서 $a=10$, $b=14$, $c=-6$이므로
$a+b-c=10+14-(-6)=30$

33 답 $56a^2+70ab-12b^2$

(도면의 넓이)
$$=7a\times2a+(7a-3b)\times4b+(7a-3b+10b)\times6a$$
$$=14a^2+28ab-12b^2+42a^2+42ab=56a^2+70ab-12b^2$$

34 답 $8a^2+32ab+30b^2$

(겉넓이)
$$=2\{(5b)^2-(2a)^2\}+(4\times2a)(2a-b)+(4\times5b)(2a-b)$$
$$=2(25b^2-4a^2)+8a(2a-b)+20b(2a-b)$$
$$=50b^2-8a^2+16a^2-8ab+40ab-20b^2$$
$$=8a^2+32ab+30b^2$$

35 답 42

$\overline{AE}=\overline{CG}=\dfrac{1}{3}\times12=4$

$\overline{CF}=\overline{AH}=\dfrac{1}{4}\times12=3$

오른쪽 그림과 같이 $\overline{AP}$, $\overline{CP}$를 긋고, 점
P에서 $\overline{AB}$에 내린 수선의 길이를 a,
$\overline{BC}$에 내린 수선의 길이를 b라 하면

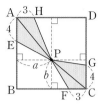

(색칠한 부분의 넓이)

$=\triangle AEP+\triangle APH+\triangle PFC+\triangle PCG$

$=\dfrac{1}{2}\times4\times a+\dfrac{1}{2}\times3\times(12-b)+\dfrac{1}{2}\times3\times b+\dfrac{1}{2}\times4\times(12-a)$

$=2a+18-\dfrac{3}{2}b+\dfrac{3}{2}b+24-2a=42$

36 답 5

$a=1.\dot{3}=\dfrac{13-1}{9}=\dfrac{12}{9}=\dfrac{4}{3}$, $b=0.1\dot{6}=\dfrac{16-1}{90}=\dfrac{15}{90}=\dfrac{1}{6}$

$\therefore \dfrac{8a^2+4ab}{2a}-\dfrac{5ab-20b^2}{5b}$

$\quad=(4a+2b)-(a-4b)=3a+6b$

$\quad=3\times\dfrac{4}{3}+6\times\dfrac{1}{6}=5$

37 답 $-\dfrac{1}{3}$

$a+b+c=0$에서 $a+b=-c$, $b+c=-a$, $c+a=-b$

$\therefore \dfrac{a}{3}\left(\dfrac{1}{b}-\dfrac{1}{c}\right)+\dfrac{b}{3}\left(\dfrac{1}{a}-\dfrac{1}{c}\right)+\dfrac{c}{3}\left(\dfrac{1}{a}+\dfrac{1}{b}\right)$

$\quad=\dfrac{a}{3b}-\dfrac{a}{3c}+\dfrac{b}{3a}-\dfrac{b}{3c}+\dfrac{c}{3a}+\dfrac{c}{3b}$

$\quad=\dfrac{b+c}{3a}+\dfrac{c+a}{3b}-\dfrac{a+b}{3c}=\dfrac{-a}{3a}+\dfrac{-b}{3b}-\dfrac{-c}{3c}$

$\quad=-\dfrac{1}{3}-\dfrac{1}{3}+\dfrac{1}{3}=-\dfrac{1}{3}$

38 답 $3.7\leq x<4.3$

소수점 아래 첫째 자리에서 반올림하면 6이 되므로

$5.5\leq\dfrac{5x-2}{3}<6.5$, $16.5\leq5x-2<19.5$

$18.5\leq5x<21.5$ $\quad\therefore 3.7\leq x<4.3$

39 답 -3

$x-4y=3$에서 $x=4y+3$이므로

$-5\leq x<1$에서 $-5\leq4y+3<1$

$-8\leq4y<-2$ $\quad\therefore -2\leq y<-\dfrac{1}{2}$

따라서 정수 y는 -2, -1이므로 그 합은

$-2+(-1)=-3$

40 답 $x>2$

$0.5a+0.2<0.2a-1$에서

$5a+2<2a-10$, $3a<-12$ $\quad\therefore a<-4$

$a(x-2)<8-4x$에서

$ax+4x<8+2a$, $(a+4)x<2(a+4)$

이때 $a+4<0$이므로 $x>\dfrac{2(a+4)}{a+4}$ $\quad\therefore x>2$

41 답 $x>-1$

$(a-2b)x+3a+b>0$에서

$(a-2b)x>-3a-b$의 해가 $x>2$이므로

$a-2b>0$이고 $x>\dfrac{-3a-b}{a-2b}$에서 $\dfrac{-3a-b}{a-2b}=2$

$-3a-b=2a-4b$, $5a=3b$ $\quad\therefore a=\dfrac{3}{5}b$

또, $a-2b>0$이므로 $\dfrac{3}{5}b-2b>0$, $-\dfrac{7}{5}b>0$ $\quad\therefore b<0$

$(5a+b)x+10a-2b<0$에 $a=\dfrac{3}{5}b$를 대입하면

$(3b+b)x+6b-2b<0$, $4bx+4b<0$, $4bx<-4b$

이때 $b<0$이므로 $x>-1$

42 답 $-\dfrac{15}{4}$

$(5a-1)x-3<2x+b$에서

$(5a-1)x-2x<b+3$, $(5a-3)x<b+3$

즉, $(5a-3)x<b+3$의 해가 $x>\dfrac{1}{4}$이므로

$5a-3<0$이고 $x>\dfrac{b+3}{5a-3}$에서 $\dfrac{b+3}{5a-3}=\dfrac{1}{4}$

$4(b+3)=5a-3$, $4b+12=5a-3$ $\quad\therefore b=\dfrac{5a-15}{4}$

$\therefore a+b=a+\dfrac{5a-15}{4}=\dfrac{9}{4}a-\dfrac{15}{4}$

이때 $a\leq0$이므로 $a+b$의 최댓값은 $a=0$일 때, $-\dfrac{15}{4}$이다.

43 답 5

$0.7(x-2)-\dfrac{4}{5}x\leq0.3(7-a-2x)-\dfrac{1}{4}(a+3)$에서

$14x-28-16x\leq42-6a-12x-5a-15$

$10x\leq55-11a$ $\quad\therefore x\leq\dfrac{55-11a}{10}$

이 부등식을 만족시키는 양수 x가 존재하지 않으므로

$\dfrac{55-11a}{10}\leq0$, $55-11a\leq0$, $-11a\leq-55$ $\quad\therefore a\geq5$

따라서 a의 최솟값은 5이다.

44 답 $\dfrac{23}{2}\leq a<14$

$\dfrac{x+1}{4}\leq a-x$에서

$x+1\leq4a-4x$, $5x\leq4a-1$ $\quad\therefore x\leq\dfrac{4a-1}{5}$

x의 값 중 32와 서로소인 자연수가 5개이므로 그 값은 1, 3, 5, 7, 9이다.

따라서 $9\leq\dfrac{4a-1}{5}<11$이므로 $45\leq4a-1<55$

$46\leq4a<56$ $\quad\therefore \dfrac{23}{2}\leq a<14$

45 답 3개

$3\,\text{kg}$의 소포를 x개 보낸다고 하면 $6\,\text{kg}$의 소포는 $(10-x)$개 보내므로 $6000x+8000(10-x)\leq74000$

$-2000x+80000\leq74000$, $-2000x\leq-6000$ $\quad\therefore x\geq3$

따라서 $3\,\text{kg}$의 소포는 적어도 3개 이상 보내야 한다.

46 답 17장

티셔츠를 x장 구매한다고 하면

$$6000x-5000>6000\times x\times\left(1-\frac{5}{100}\right)$$

$$6000x-5000>5700x,\ 300x>5000 \qquad \therefore\ x>\frac{50}{3}$$

이때 x는 자연수이므로 장당 할인을 받는 것이 유리하려면 티셔츠를 17장 이상 구매해야 한다.

47 답 도서관

네 사람이 이용하는 버스 요금 : $1200\times4=4800$(원)

$2\,\mathrm{km}$까지는 기본 요금이 3000원이고, 이후부터는 $1\,\mathrm{km}$당

$\dfrac{1000}{100}\times65=650$(원)씩 요금이 부과되므로 $x\,\mathrm{km}$를 간다고 할

때, 택시 요금은 $\{3000+650(x-2)\}$원 $(x>2)$

즉, $4800>3000+650(x-2)$에서

$1800>650(x-2),\ 1800>650x-1300$

$-650x>-3100 \qquad \therefore\ x<\dfrac{62}{13}=4.769\cdots$

따라서 $\dfrac{62}{13}\,\mathrm{km}$ 미만까지 가는 경우에 택시를 타는 것이 유리하므로 택시를 타고 최대 도서관까지 갈 수 있다.

48 답 38개월, 5000원

정수기를 x개월 동안 사용한다고 하면 $(x>3)$

$940000<27000(x-3)$

$940<27(x-3),\ 27x>1021 \qquad \therefore\ x>37.81\cdots$

따라서 38개월 이상 사용해야 구매하는 것이 유리하다.

이때 렌탈 비용과 구매 비용의 차는

$27000\times(38-3)-940000=5000$(원)

49 답 20 %

유리컵 한 개의 구입 가격을 a원이라 하고, a원에 x %의 이익을 붙여서 판다고 하면

$$950a\left(1+\frac{x}{100}\right)\geq1000a\times\left(1+\frac{14}{100}\right)$$

$$950\left(1+\frac{x}{100}\right)\geq1140,\ 95000+950x\geq114000$$

$$950x\geq19000 \qquad \therefore\ x\geq20$$

따라서 20 % 이상의 이익을 붙여서 팔아야 한다.

50 답 6명

전체 일의 양을 1이라 하면 A 그룹의 사람들은 한 사람당 하루에

$\dfrac{1}{8}$의 일을 하고, B 그룹의 사람들은 한 사람당 하루에 $\dfrac{1}{12}$의 일을

한다.

B 그룹에 속한 사람이 x명일 때, A 그룹에 속한 사람은

$(10-x)$명이므로

A, B 두 그룹의 10명이 함께 하루 동안 일하는 양은

$$\frac{1}{8}(10-x)+\frac{1}{12}x=\frac{5}{4}-\frac{1}{24}x$$

즉, $\dfrac{5}{4}-\dfrac{1}{24}x\geq1$에서 $30-x\geq24 \qquad \therefore\ x\leq6$

따라서 B 그룹에 속한 사람은 최대 6명이어야 한다.

---

01 ⑤	**02** ⑤	**03** ③	**04** ②	**05** ④
06 ②	**07** ③	**08** ③	**09** ③	**10** ④
11 ③	**12** ①	**13** ①	**14** ③	**15** ④
16 ②	**17** ⑤	**18** ③	**19** 56	**20** 17
21 2	**22** $a\geq3$	**23** 97점		

01 답 ⑤

① 순환소수는 유리수이다.

② 순환소수는 무한소수이다.

③ 순환마디는 213이다.

④ $3.\dot{2}1\dot{3}$으로 나타낸다.

⑤ $3.\dot{2}1\dot{3}=\dfrac{3213-3}{999}=\dfrac{3210}{999}=\dfrac{1070}{333}$

따라서 옳은 것은 ⑤이다.

02 답 ⑤

$\dfrac{9}{7}=1.\dot{2}8571\dot{4}$이므로 순환마디는 285714이고, 순환마디의 숫자

는 6개이다.

이때 $50=6\times8+2$이므로 소수점 아래 50번째 자리의 숫자는 순환마디의 두 번째 숫자인 8이다.

03 답 ③

ㄴ. $\dfrac{6}{2^3\times3}=\dfrac{1}{2^2}$ ㅁ. $\dfrac{3}{2^2\times3^2\times5}=\dfrac{1}{2^2\times3\times5}$

따라서 유한소수로 나타낼 수 있는 것은 ㄴ, ㄷ, ㄹ이다.

04 답 ②

$x=0.\dot{1}\dot{3}$이라 하면

$x=0.131313\cdots$ $\cdots\cdots$ ㉠

$\boxed{100}\,x=13.131313\cdots$ $\cdots\cdots$ ㉡

㉡$-$㉠을 하면 $\boxed{99}\,x=\boxed{13}$ $\therefore\ x=\dfrac{13}{\boxed{99}}$

따라서 ☐ 안에 들어갈 모든 수들의 합은

$100+99+13+99=311$

05 답 ④

어떤 자연수를 x라 하면 $0.\dot{5}x-0.5x=10$에서

$\dfrac{5}{9}x-\dfrac{5}{10}x=10,\ \dfrac{1}{18}x=10 \qquad \therefore\ x=180$

따라서 어떤 자연수는 180이다.

06 답 ②

① $a^4\times a^3=a^{4+3}=a^7$

② $(a^6\div a^2)^3=(a^{6-2})^3=a^{4\times3}=a^{12}$

③ $a^9\div a^3\div a^3=a^{9-3-3}=a^3$

④ $(a^4)^4\div a^2=a^{4\times4}\div a^2=a^{16-2}=a^{14}$

⑤ $a^6\times a^3\div a^2=a^{6+3-2}=a^7$

따라서 옳은 것은 ②이다.

07 답 ③

$$\frac{3^2+3^2+3^2}{2^3+2^3+2^3+2^3} \times \frac{8^3+8^3+8^3+8^3}{3^4+3^4+3^4}$$

$$= \frac{3 \times 3^2}{4 \times 2^3} \times \frac{4 \times 8^3}{3 \times 3^4} = \frac{3^3}{2^2 \times 2^3} \times \frac{2^2 \times (2^3)^3}{3^5} = \frac{3^3}{2^5} \times \frac{2^{11}}{3^5} = \frac{2^6}{3^2}$$

08 답 ③

$a = 2^{x+1} = 2^x \times 2$이므로 $2^x = \dfrac{a}{2}$

$\therefore 8^x = (2^3)^x = 2^{3x} = (2^x)^3 = \left(\dfrac{a}{2}\right)^3 = \dfrac{a^3}{8}$

09 답 ③

$$\left(\frac{2x}{y^2}\right)^a \times xy^2 = \frac{2^a x^a}{y^{2a}} \times xy^2 = \frac{2^a x^{a+1} y^2}{y^{2a}}$$

따라서 $\dfrac{2^a x^{a+1} y^2}{y^{2a}} = \dfrac{8x^b}{y^c}$이므로

$2^a = 8$, $a+1 = b$, $2a-2 = c$에서 $a = 3$, $b = 4$, $c = 4$

$\therefore a+b+c = 3+4+4 = 11$

10 답 ④

$$(x^3 y^2)^2 \times (-2xy^2)^2 \div \frac{x^3 y}{2} = x^6 y^4 \times 4x^2 y^4 \times \frac{2}{x^3 y} = 8x^5 y^7$$

따라서 $A = 8$, $B = 5$, $C = 7$이므로 $ABC = 8 \times 5 \times 7 = 280$

11 답 ③

$$\frac{3a-b}{4} - \frac{a+2b}{3} = \frac{3(3a-b)-4(a+2b)}{12}$$

$$= \frac{9a-3b-4a-8b}{12} = \frac{5a-11b}{12}$$

12 답 ①

$(-2x^2+5x-4) + \boxed{} = 3x^2+2x-3$에서

$\boxed{} = (3x^2+2x-3) - (-2x^2+5x-4)$

$\qquad = 3x^2+2x-3+2x^2-5x+4 = 5x^2-3x+1$

13 답 ①

$$(12x^2+4x) \div (-4x) + (-3x^2 y + 2y) \div \frac{y}{2}$$

$$= \frac{12x^2}{-4x} + \frac{4x}{-4x} + (-3x^2 y + 2y) \times \frac{2}{y}$$

$$= -3x-1-6x^2+4 = -6x^2-3x+3$$

따라서 x^2의 계수는 -6이다.

14 답 ③

$3A - 6B = 3(-x+4y) - 6(2x-3y)$

$\qquad\qquad = -3x+12y-12x+18y = -15x+30y$

15 답 ④

① $a-5 < b-5$ ② $-3a > -3b$
③ $-a-3 > -b-3$ ⑤ $5a-3 < 5b-3$

따라서 옳은 것은 ④이다.

16 답 ②

$2-3.2x \le -6$의 양변에 10을 곱하면

$20-32x \le -60$, $-32x \le -80$ $\therefore x \ge \dfrac{5}{2}$

따라서 x의 값 중 가장 작은 정수는 3이다.

17 답 ⑤

삼각형의 가장 긴 변의 길이는 나머지 두 변의 길이의 합보다 작아야 하므로

$x+5 < x+(x+2)$, $x+5 < 2x+2$ $\therefore x > 3$

18 답 ③

x명 입장한다고 하면

$4000x > 4000 \times \dfrac{80}{100} \times 20$, $4000x > 64000$ $\therefore x > 16$

따라서 17명 이상이어야 유리하다.

19 답 56

$0.21\dot{a} = \dfrac{210+a-21}{900} = \dfrac{189+a}{900}$ ⋯⋯❶

$\dfrac{189+a}{900}$를 기약분수로 나타내면 $\dfrac{b}{225}$가 되므로

$189+a$는 4의 배수이어야 한다.

이때 a는 한 자리의 자연수이므로 3, 7이 될 수 있다. ⋯⋯❷

(i) $a = 3$일 때, $0.21\dot{3} = \dfrac{189+3}{900} = \dfrac{192}{900} = \dfrac{48}{225}$

이때 $\dfrac{48}{225}$은 기약분수가 아니다.

(ii) $a = 7$일 때, $0.21\dot{7} = \dfrac{189+7}{900} = \dfrac{196}{900} = \dfrac{49}{225}$

$\dfrac{49}{225}$는 기약분수이므로 $b = 49$

따라서 $a = 7$, $b = 49$이므로 ⋯⋯❸

$a+b = 7+49 = 56$ ⋯⋯❹

채점 기준	배점
❶ $0.21\dot{a}$를 분수로 나타내기	2점
❷ a의 값 모두 구하기	2점
❸ 조건에 맞는 a, b의 값을 각각 구하기	2점
❹ $a+b$의 값 구하기	1점

20 답 17

$2^8 \times 5^{10} = 5^2 \times (2^8 \times 5^8) = 25 \times (2 \times 5)^8 = 25 \times 10^8$

따라서 $2^8 \times 5^{10}$은 10자리의 자연수이므로 $n = 10$ ⋯⋯❶

또, 각 자리의 숫자의 합은 $2+5 = 7$이므로 $a = 7$ ⋯⋯❷

$\therefore n+a = 10+7 = 17$ ⋯⋯❸

채점 기준	배점
❶ n의 값 구하기	4점
❷ a의 값 구하기	2점
❸ $n+a$의 값 구하기	1점

21 답 2

$(x+y):(x-2y) = 2:1$에서 $2(x-2y) = x+y$

$2x-4y = x+y$ $\therefore x = 5y$ ⋯⋯❶

$\dfrac{x^2+5y^2}{3xy}$에 $x = 5y$를 대입하면

$\dfrac{x^2+5y^2}{3xy} = \dfrac{25y^2+5y^2}{15y^2} = \dfrac{30y^2}{15y^2} = 2$ ⋯⋯❷

채점 기준	배점
❶ 비례식을 이용하여 x, y 사이의 관계식 구하기	2점
❷ $\dfrac{x^2+5y^2}{3xy}$의 값 구하기	2점

22 답 $a \geq 3$

$x - 5 = \dfrac{x-a}{3}$ 에서 $3x - 15 = x - a$

$2x = -a + 15$ $\qquad \therefore x = \dfrac{15-a}{2}$ $\qquad\qquad$ ······ ❶

해가 6보다 크지 않으므로 $\dfrac{15-a}{2} \leq 6$ $\qquad$ ······ ❷

$15 - a \leq 12, \ -a \leq -3$ $\qquad \therefore a \geq 3$ $\qquad$ ······ ❸

채점 기준	배점
❶ 일차방정식의 해 구하기	2점
❷ a에 대한 부등식 세우기	2점
❸ a의 값의 범위 구하기	2점

23 답 97점

다섯 번째 시험에서 x점을 받는다고 하면

$\dfrac{79 + 86 + 82 + 81 + x}{5} \geq 85$ $\qquad$ ······ ❶

$328 + x \geq 425$ $\qquad \therefore x \geq 97$ $\qquad\qquad$ ······ ❷

따라서 97점 이상을 받아야 한다. $\qquad\qquad$ ······ ❸

채점 기준	배점
❶ 부등식 세우기	3점
❷ 부등식의 해 구하기	2점
❸ 몇 점 이상을 받아야 하는지 구하기	1점

중간고사 대비 실전 모의고사 2회

101쪽~104쪽

01 ③	**02** ②	**03** ⑤	**04** ③, ④	**05** ②, ⑤
06 ①	**07** ②	**08** ③	**09** ③	**10** ⑤
11 ①	**12** ④	**13** ④	**14** ②, ④	**15** ②
16 ③	**17** ④	**18** ②	**19** 3, 6, 9	**20** 8

21 (1) $A = -2xy, \ B = 12x^2 - 4y^2, \ C = \dfrac{2}{3}y^2 - \dfrac{5}{3}xy$

$\quad$ (2) $36x^2 + 6xy - 16y^2$

22 $x \leq 2$ $\quad$ **23** 7 cm

01 답 ③

$\dfrac{4}{7} = 0.\dot{5}7142\dot{8}$ 이므로 $a = 6$, $\dfrac{8}{11} = 0.\dot{7}\dot{2}$ 이므로 $b = 2$

$\therefore a + b = 6 + 2 = 8$

02 답 ②

$\dfrac{n}{24} = \dfrac{n}{2^3 \times 3}$ 이 유한소수가 되려면 n은 3의 배수이어야 한다.

$\dfrac{n}{35} = \dfrac{n}{5 \times 7}$ 이 유한소수가 되려면 n은 7의 배수이어야 한다.

즉, n은 3과 7의 공배수인 21의 배수이어야 한다.

이때 n은 두 자리의 자연수이므로 21, 42, 63, 84의 4개이다.

03 답 ⑤

① $0.0\dot{7} = \dfrac{7}{90}$ $\qquad\qquad$ ② $0.\dot{2}\dot{6} = \dfrac{26}{99}$

③ $0.0\dot{6}\dot{1} = \dfrac{61}{990}$ $\qquad\qquad$ ④ $15.\dot{1} = \dfrac{151-15}{9} = \dfrac{136}{9}$

⑤ $2.1\dot{3} = \dfrac{213-21}{90} = \dfrac{192}{90} = \dfrac{32}{15}$

따라서 바르게 나타낸 것은 ⑤이다.

04 답 ③, ④

① $0.\dot{3} = 0.333\cdots > 0.3$

② $0.\dot{4}\dot{5} = 0.454545\cdots < 0.\dot{5} = 0.555\cdots$

③ $1.2\dot{6} = 1.2666\cdots > 1.26$

④ $2.\dot{3}\dot{0} = 2.303030\cdots < 2.\dot{3} = 2.333\cdots$

⑤ $3.1\dot{5} = 3.1555\cdots > 3.\dot{1}\dot{5} = 3.151515\cdots$

따라서 옳은 것은 ③, ④이다.

05 답 ②, ⑤

① $a^{10} \div a^5 = a^{10-5} = a^5$ $\qquad$ ② $x^4 \div x^2 \div x^2 = x^2 \div x^2 = 1$

③ $a^9 \div a^9 = 1$ $\qquad\qquad$ ④ $(y^4)^3 \div (y^2)^3 = y^{12} \div y^6 = y^6$

⑤ $a^6 \div a^3 \div a^2 = a^3 \div a^2 = a$

따라서 옳은 것은 ②, ⑤이다.

06 답 ①

$(3x^a)^b = 3^b x^{ab} = 243x^{10}$ 이므로 $3^b = 243$ 에서 $b = 5$

$ab = 10$ 에서 $5a = 10$ $\qquad \therefore a = 2$

$\therefore a + b = 2 + 5 = 7$

07 답 ②

$4^5 \times 5^{12} \times 6^4 = (2^2)^5 \times 5^{12} \times (2 \times 3)^4 = 2^{10} \times 5^{12} \times 2^4 \times 3^4$

$\qquad\qquad = 2^{14} \times 3^4 \times 5^{12} = 2^2 \times 3^4 \times (2^{12} \times 5^{12})$

$\qquad\qquad = 4 \times 81 \times (2 \times 5)^{12} = 324 \times 10^{12}$

따라서 $4^5 \times 5^{12} \times 6^4$은 15자리의 자연수이므로 $n = 15$

08 답 ③

③ $6x^3 y^2 \div \dfrac{1}{2x^2 y} = 6x^3 y^2 \times 2x^2 y = 12x^5 y^3$

09 답 ③

$(-3xy)^3 \div (3xy^2)^2 \times \boxed{} = -12x^3$ 에서

$\boxed{} = (-12x^3) \div (-3xy)^3 \times (3xy^2)^2$

$\qquad\quad = (-12x^3) \times \left(-\dfrac{1}{27x^3 y^3}\right) \times 9x^2 y^4 = 4x^2 y$

10 답 ⑤

$3x^2 - \{5x - (2x^2 - 3x + 11)\}$

$= 3x^2 - (5x - 2x^2 + 3x - 11) = 3x^2 - (-2x^2 + 8x - 11)$

$= 3x^2 + 2x^2 - 8x + 11 = 5x^2 - 8x + 11$

11 답 ①

어떤 식을 A라 하면 $A - (x^2 - 4x + 9) = 3x^2 + 7x - 13$

$\therefore A = (3x^2 + 7x - 13) + (x^2 - 4x + 9) = 4x^2 + 3x - 4$

따라서 바르게 계산한 식은

$(4x^2 + 3x - 4) + (x^2 - 4x + 9) = 5x^2 - x + 5$

12 답 ④

$\dfrac{16x^2 y^5 - 8x^3 y^3}{8x^2 y^2} = \dfrac{16x^2 y^5}{8x^2 y^2} - \dfrac{8x^3 y^3}{8x^2 y^2} = 2y^3 - xy$

13 답 ④

(가로의 길이) $= (10x^2 y + 15xy^2) \div 5xy$

$\qquad\qquad\quad = \dfrac{10x^2 y + 15xy^2}{5xy} = 2x + 3y$

14 답 ②, ④

② $x-5\geq4x$　　　　　④ $2(x+10)\geq30$

15 답 ②

$-1<x<3$의 각 변에 3을 곱하면 $-3<3x<9$

각 변에 2를 더하면 $-1<3x+2<11$　　∴ $-1<A<11$

16 답 ③

$\dfrac{x}{3}-\dfrac{4}{5}<\dfrac{x}{5}$의 양변에 15를 곱하면

$5x-12<3x$, $2x<12$　　∴ $x<6$

따라서 자연수 x는 1, 2, 3, 4, 5의 5개이다.

17 답 ④

초콜릿을 x개 산다고 하면

$200\times15+600x+2000\leq10000$

$600x\leq5000$　　∴ $x\leq\dfrac{25}{3}$

따라서 초콜릿은 최대 8개까지 살 수 있다.

18 답 ②

집에서 상점까지의 거리를 x km라 하면

$\dfrac{x}{3}+\dfrac{10}{60}+\dfrac{x}{3}\leq\dfrac{30}{60}$, $2x+1+2x\leq3$, $4x\leq2$　　∴ $x\leq\dfrac{1}{2}$

따라서 집에서 최대 0.5 km 이내에 있는 상점을 이용할 수 있다.

19 답 3, 6, 9

$\dfrac{28\times a}{60}=\dfrac{7\times a}{15}=\dfrac{7\times a}{3\times5}$　　‥‥‥ ❶

유한소수가 되려면 분모의 소인수가 2 또는 5뿐이어야 하므로 a는 3의 배수이어야 한다.

따라서 한 자리의 자연수 a는 3, 6, 9이다.　　‥‥‥ ❷

채점 기준	배점
❶ 분모, 분자를 소인수분해하여 나타내기	2점
❷ a의 값 모두 구하기	2점

20 답 8

$(4x^3y^2-6xy^3)\div(-2xy)-(2x^3y+6xy^2)\div(-2x)$
$=(-2x^2y+3y^2)-(-x^2y-3y^2)$
$=-2x^2y+3y^2+x^2y+3y^2=-x^2y+6y^2$　　‥‥‥ ❶

따라서 $a=-1$, $b=6$, $m=2$, $n=1$이므로　　‥‥‥ ❷

$a+b+m+n=-1+6+2+1=8$　　‥‥‥ ❸

채점 기준	배점
❶ 주어진 식 간단히 하기	4점
❷ a, b, m, n의 값을 각각 구하기	1점
❸ $a+b+m+n$의 값 구하기	1점

21 답 (1) $A=-2xy$, $B=12x^2-4y^2$, $C=\dfrac{2}{3}y^2-\dfrac{5}{3}xy$

(2) $36x^2+6xy-16y^2$

(1) $A=2x^2y^2\div(-4xy^3)\times4y^2$

$=2x^2y^2\times\left(-\dfrac{1}{4xy^3}\right)\times4y^2=-2xy$　　‥‥‥ ❶

$B=(27x^4y^2-9x^2y^4)\div\left(\dfrac{3}{2}xy\right)^2=(27x^4y^2-9x^2y^4)\div\dfrac{9}{4}x^2y^2$

$=(27x^4y^2-9x^2y^4)\times\dfrac{4}{9x^2y^2}=12x^2-4y^2$　　‥‥‥ ❷

$C=\dfrac{2x^2y^4-5x^3y^3}{3x^2y^2}=\dfrac{2x^2y^4}{3x^2y^2}-\dfrac{5x^3y^3}{3x^2y^2}=\dfrac{2}{3}y^2-\dfrac{5}{3}xy$　　‥‥‥ ❸

(2) $2A+3B-6C$

$=2\times(-2xy)+3(12x^2-4y^2)-6\left(\dfrac{2}{3}y^2-\dfrac{5}{3}xy\right)$

$=-4xy+36x^2-12y^2-4y^2+10xy$

$=36x^2+6xy-16y^2$　　‥‥‥ ❹

채점 기준	배점
❶ 식 A를 간단히 하기	2점
❷ 식 B를 간단히 하기	2점
❸ 식 C를 간단히 하기	2점
❹ $2A+3B-6C$를 x, y에 대한 식으로 나타내기	1점

22 답 $x\leq2$

$\dfrac{2a-1}{3}<\dfrac{-a+4}{2}$에서 $2(2a-1)<3(-a+4)$

$4a-2<-3a+12$, $7a<14$　　∴ $a<2$　　‥‥‥ ❶

$ax+4\geq2x+2a$에서 $(a-2)x\geq2(a-2)$　　‥‥‥ ❷

이때 $a<2$에서 $a-2<0$이므로 양변을 $(a-2)$로 나누면 부등호의 방향이 바뀐다.　　∴ $x\leq2$　　‥‥‥ ❸

채점 기준	배점
❶ a의 값의 범위 구하기	2점
❷ 일차부등식 $ax+4\geq2x+2a$ 간단히 하기	2점
❸ 일차부등식 $ax+4\geq2x+2a$의 해 구하기	3점

23 답 7 cm

사다리꼴의 윗변의 길이를 x cm라 하면

$\dfrac{1}{2}\times(x+9)\times4\geq32$　　‥‥‥ ❶

$2(x+9)\geq32$, $2x\geq14$　　∴ $x\geq7$　　‥‥‥ ❷

따라서 윗변의 길이는 7 cm 이상이어야 한다.　　‥‥‥ ❸

채점 기준	배점
❶ 부등식 세우기	3점
❷ 부등식의 해 구하기	2점
❸ 윗변의 길이는 몇 cm 이상이어야 하는지 구하기	1점

중간고사 대비 실전 모의고사 3회

105쪽~108쪽

01 ④	02 ④	03 ④	04 ③	05 ④
06 ①, ④	07 ③	08 ②	09 ④	10 ①
11 ③	12 ⑤	13 ④	14 ②	15 ③
16 ④	17 ③	18 ④	19 4개	20 $8\pi a^5b^4$
21 $-22x-11y$		22 $a\leq-\dfrac{10}{3}$		23 600 m

01 답 ④

① 순환소수이므로 유리수이면서 무한소수이다.

②, ③ $4.141414\cdots=4.\dot{1}\dot{4}$이므로 순환마디는 14이다.

④ $4.\dot{1}\dot{4}=\dfrac{414-4}{99}=\dfrac{410}{99}$, $\dfrac{13}{3}=\dfrac{429}{99}$　　∴ $4.\dot{1}\dot{4}<\dfrac{13}{3}$

⑤ $60=2\times30$이므로 소수점 아래 60번째 자리의 숫자는 순환마디의 맨 마지막 숫자인 4이다.
따라서 옳은 것은 ④이다.

02 답 ④

$\dfrac{3}{104}\times x=\dfrac{3}{2^3\times13}\times x$가 유한소수가 되려면 x는 13의 배수이어야 하고 $\dfrac{13}{280}\times x=\dfrac{13}{2^3\times5\times7}\times x$가 유한소수가 되려면 x는 7의 배수이어야 한다.
즉, x는 13과 7의 공배수인 91의 배수이어야 한다.
따라서 가장 작은 자연수 x는 91이다.

03 답 ④

$x=0.2\dot{3}\dot{6}=0.2363636\cdots$이므로
$10x=2.363636\cdots$ ...... ㉠
$1000x=236.363636\cdots$ ...... ㉡
㉡$-$㉠을 하면 $990x=234$ ∴ $x=\dfrac{234}{990}=\dfrac{13}{55}$
따라서 가장 편리한 식은 ④이다.

04 답 ③

$4.1666\cdots=4.1\dot{6}=\dfrac{416-41}{90}=\dfrac{375}{90}=\dfrac{25}{6}$ ∴ $a=25$

05 답 ④

$0.\dot{x}=\dfrac{x}{9}$이므로 $\dfrac{4}{15}<\dfrac{x}{9}\leq\dfrac{7}{9}$에서
$\dfrac{12}{45}<\dfrac{5x}{45}\leq\dfrac{35}{45}$, $12<5x\leq35$ ∴ $\dfrac{12}{5}<x\leq7$
따라서 한 자리의 자연수 x는 3, 4, 5, 6, 7이므로 그 합은
$3+4+5+6+7=25$

06 답 ①, ④

② $(2^3)^2=2^6$ ③ $(-2^3)^4=2^{12}$
⑤ $3^{10}\div(3^2)^4=3^{10}\div3^8=3^2$
따라서 옳은 것은 ①, ④이다.

07 답 ③

$x^8\times x^{\square}\div x^2\div x^3=x^{8+\square-2-3}=x^{3+\square}=x^{10}$이므로
$3+\square=10$ ∴ $\square=7$

08 답 ②

$A=(2^3\times2^3\times2^3)(5^4+5^4+5^4+5^4)=2^9\times(4\times5^4)$
$=2^5\times4\times(2^4\times5^4)=32\times4\times(2\times5)^4=128\times10^4$
따라서 A는 7자리의 자연수이다.

09 답 ④

④ $(-2x^3y^2)^2\times3xy^2\div6x^4y^5$
$=4x^6y^4\times3xy^2\times\dfrac{1}{6x^4y^5}=2x^3y$

10 답 ①

(정사각형의 넓이)$=(3a^2b^3)^2=9a^4b^6$
삼각형의 높이를 h라 하면
$\dfrac{1}{2}\times6a^2b\times h=9a^4b^6$, $3a^2bh=9a^4b^6$

∴ $h=9a^4b^6\div3a^2b=\dfrac{9a^4b^6}{3a^2b}=3a^2b^5$
따라서 삼각형의 높이는 $3a^2b^5$이다.

11 답 ③

③ $2(x+2y-5)-(4x-3y-4)$
$=2x+4y-10-4x+3y+4=-2x+7y-6$

12 답 ⑤

$a-\{5a-2b-(2a-\boxed{})\}=-7a-b$에서
$a-(5a-2b-2a+\boxed{})=-7a-b$
$a-(3a-2b+\boxed{})=-7a-b$
$a-3a+2b-\boxed{}=-7a-b$
$-2a+2b-\boxed{}=-7a-b$
∴ $\boxed{}=(-2a+2b)-(-7a-b)$
$=-2a+2b+7a+b=5a+3b$

13 답 ④

$2x(x-5y)+(8x^3y-4xy^2)\div\dfrac{2}{3}xy$
$=2x^2-10xy+(8x^3y-4xy^2)\times\dfrac{3}{2xy}$
$=2x^2-10xy+12x^2-6y=14x^2-10xy-6y$

14 답 ②

$A+2B=(2x-y)+2(3x+2y)$
$=2x-y+6x+4y=8x+3y$

15 답 ③

ㄱ, ㄴ, ㄹ. 부등식 ㄷ. 일차식 ㅁ, ㅂ. 등식
따라서 부등식은 ㄱ, ㄴ, ㄹ의 3개이다.

16 답 ④

$\dfrac{x+2}{3}\geq\dfrac{x-1}{2}-x$에서 $2(x+2)\geq3(x-1)-6x$
$2x+4\geq-3x-3$, $5x\geq-7$ ∴ $x\geq-\dfrac{7}{5}$

17 답 ③

$6x-3<3(x+a)$에서 $6x-3<3x+3a$
$3x<3a+3$ ∴ $x<a+1$
이 부등식을 만족시키는 자연수 x가 2개이므로
$2<a+1\leq3$ ∴ $1<a\leq2$

18 답 ④

9 %의 소금물을 x g 넣는다고 하면
$\dfrac{6}{100}\times50+\dfrac{9}{100}\times x\geq\dfrac{8}{100}\times(50+x)$
$300+9x\geq8(50+x)$, $300+9x\geq400+8x$ ∴ $x\geq100$
따라서 9 %의 소금물은 최소 100 g 넣어야 한다.

19 답 4개

$\dfrac{7}{10}=\dfrac{42}{60}$, $\dfrac{11}{12}=\dfrac{55}{60}$이고 $60=2^2\times3\times5$이므로 유한소수로 나타낼 수 있으려면 분자는 3의 배수이어야 한다. ...... ❶

따라서 $\dfrac{42}{60}$와 $\dfrac{55}{60}$ 사이에 있는 분수 중 유한소수로 나타낼 수 있는

분수는 $\dfrac{45}{60}$, $\dfrac{48}{60}$, $\dfrac{51}{60}$, $\dfrac{54}{60}$의 4개이다. …… ❷

채점 기준	배점
❶ 유한소수로 나타낼 수 있는 분자의 조건 구하기	2점
❷ 유한소수로 나타낼 수 있는 분수는 모두 몇 개인지 구하기	2점

20 답 $8\pi a^5 b^4$

1회전 시킬 때 생기는 회전체는 밑면인 원의 반지름의 길이가
$2a^2 b$이고, 높이가 $6ab^2$인 원뿔이므로

(부피)$=\dfrac{1}{3}\times\pi\times(2a^2 b)^2\times 6ab^2$ …… ❶

$\qquad=\dfrac{1}{3}\times\pi\times 4a^4 b^2\times 6ab^2=8\pi a^5 b^4$ …… ❷

채점 기준	배점
❶ 회전체의 부피에 대한 식 세우기	3점
❷ 회전체의 부피 구하기	3점

21 답 $-22x-11y$

$3(2A-3B)-2(5A-2B)$

$=6A-9B-10A+4B=-4A-5B$ …… ❶

$=-4(3x-y)-5(2x+3y)$

$=-12x+4y-10x-15y=-22x-11y$ …… ❷

채점 기준	배점
❶ 식 정리하기	3점
❷ x, y에 대한 식으로 나타내기	3점

22 답 $a\le-\dfrac{10}{3}$

$-3(a+x)<10-2x$에서

$-3a-3x<10-2x$ $\qquad\therefore x>-3a-10$ …… ❶

이 부등식을 만족시키는 음수 x가 존재하지 않으므로

$-3a-10\ge0$, $-3a\ge10$ $\qquad\therefore a\le-\dfrac{10}{3}$ …… ❷

채점 기준	배점
❶ 부등식의 해 구하기	3점
❷ a의 값의 범위 구하기	4점

23 답 600 m

연아가 걸은 거리를 x m라 하면 뛴 거리는 $(2600-x)$ m이므로

$\dfrac{x}{50}+\dfrac{2600-x}{250}\le20$ …… ❶

$5x+(2600-x)\le5000$, $4x\le2400$ $\qquad\therefore x\le600$ …… ❷

따라서 연아가 걸은 거리는 최대 600 m이다. …… ❸

채점 기준	배점
❶ 부등식 세우기	4점
❷ 부등식의 해 구하기	2점
❸ 걸은 거리는 최대 몇 m인지 구하기	1점

중간고사 대비 실전 모의고사 ④회

109쪽~112쪽

01 ③	**02** ③	**03** ④	**04** ①	**05** ④
06 ⑤	**07** ②	**08** ③	**09** ④	**10** ②
11 ③	**12** ④	**13** ①	**14** ③	**15** ⑤
16 ④	**17** ②	**18** ⑤	**19** $\dfrac{37}{90}$	**20** -2
21 $4a^2-2a$	**22** (1) $a-2b$ (2) $3a-3b$		**23** -6	

01 답 ③

① $0.45666\cdots=0.45\dot{6}$ ② $0.101010\cdots=0.\dot{1}\dot{0}$

④ $0.123123123\cdots=0.\dot{1}2\dot{3}$ ⑤ $0.431431431\cdots=0.\dot{4}3\dot{1}$

따라서 옳은 것은 ③이다.

02 답 ③

② $\dfrac{3}{56}=\dfrac{3}{2^3\times7}$ ③ $\dfrac{27}{450}=\dfrac{3}{50}=\dfrac{3}{2\times5^2}$

④ $\dfrac{6}{72}=\dfrac{1}{12}=\dfrac{1}{2^2\times3}$ ⑤ $\dfrac{2^2\times5}{12}=\dfrac{5}{3}$

따라서 유한소수로 나타낼 수 있는 것은 ③이다.

03 답 ④

$\dfrac{a}{120}=\dfrac{a}{2^3\times3\times5}$가 유한소수가 되려면 a는 3의 배수이어야
한다.

또, $\dfrac{a}{120}$를 기약분수로 나타내면 $\dfrac{9}{b}$이므로 a는 9의 배수이어야
한다.

즉, a는 $3\times9=27$의 배수이어야 한다.

이때 a는 100보다 크고 110보다 작은 자연수이므로 $a=108$

따라서 $a=108$일 때, $\dfrac{108}{120}=\dfrac{9}{10}$이므로 $b=10$

$\therefore \dfrac{a-b}{3}=\dfrac{108-10}{3}=\dfrac{98}{3}$

따라서 $\dfrac{98}{3}$을 순환소수로 나타내면 $\dfrac{98}{3}=32.\dot{6}$

04 답 ①

① $0.\dot{0}\dot{3}=\dfrac{3}{99}=\dfrac{1}{33}$

② $0.\dot{1}\dot{2}=\dfrac{12}{99}=\dfrac{4}{33}$

③ $0.0\dot{5}\dot{7}=\dfrac{57}{990}=\dfrac{19}{330}$

④ $15.\dot{6}=\dfrac{156-15}{9}=\dfrac{141}{9}=\dfrac{47}{3}$

⑤ $3.1\dot{2}=\dfrac{312-31}{90}=\dfrac{281}{90}$

따라서 옳은 것은 ①이다.

05 답 ④

④ 모든 순환소수는 유리수이므로 분수로 나타낼 수 있다.

06 답 ⑤

$24^3=(2^3\times3)^3=2^9\times3^3$이므로 $x=9$, $y=3$

$\therefore xy=9\times3=27$

07 답 ②

$(0.\dot{1})^a=\left(\dfrac{1}{9}\right)^a=\left(\dfrac{1}{3^2}\right)^a=\dfrac{1}{3^{2a}}$ 에서 $2a=b$

$(5.\dot{4})^3=\left(\dfrac{49}{9}\right)^3=\left(\dfrac{7^2}{3^2}\right)^3=\dfrac{7^6}{3^6}=\left(\dfrac{7}{3}\right)^6$ 에서 $b=6$

따라서 $a=3$, $b=6$이므로 $a+b=3+6=9$

08 답 ③

$8^5+8^5+8^5+8^5=4\times8^5=2^2\times(2^3)^5=2^2\times2^{15}=2^{17}$

$\therefore a=17$

09 답 ④

$25^6=(5^2)^6=5^{12}=(5^4)^3=A^3$

10 답 ②

$(x^2y^3)^3\div\dfrac{x^4y^6}{2}\times(-4xy^2)^2$

$=x^6y^9\times\dfrac{2}{x^4y^6}\times16x^2y^4=32x^4y^7$

11 답 ③

$(2a^2-3a+2)+(5a^2+5a-7)=7a^2+2a-5$

12 답 ④

$3x-[6x-\{4y+2(x-8y)\}]$
$=3x-[6x-\{4y+2x-16y\}]$
$=3x-\{6x-(2x-12y)\}$
$=3x-(6x-2x+12y)=3x-(4x+12y)$
$=-x-12y$

따라서 $A=-1$, $B=-12$이므로
$A+B=-1+(-12)=-13$

13 답 ①

$(6x^2y-12xy)\div3y-(4x^2-6x)\div\dfrac{2}{3}x$

$=(6x^2y-12xy)\times\dfrac{1}{3y}-(4x^2-6x)\times\dfrac{3}{2x}$

$=2x^2-4x-(6x-9)=2x^2-10x+9$

따라서 x의 계수는 -10이고, 상수항은 9이므로 그 합은
$-10+9=-1$

14 답 ③

$\dfrac{2x^2y-3xy^2}{xy}-\dfrac{3y^2-xy}{2y}$

$=(2x-3y)-\left(\dfrac{3}{2}y-\dfrac{1}{2}x\right)=2x-3y-\dfrac{3}{2}y+\dfrac{1}{2}x$

$=\dfrac{5}{2}x-\dfrac{9}{2}y=\dfrac{5}{2}\times\dfrac{4}{5}-\dfrac{9}{2}\times\left(-\dfrac{2}{3}\right)=2+3=5$

15 답 ⑤

⑤ $a<0<b$이면 $a^2>0$이고 $ab<0$이므로 $a^2>ab$이다.

16 답 ④

① $3x+7\leq x+11$에서 $2x\leq4$ $\quad\therefore x\leq2$
② $x+7\leq5x+11$에서 $-4x\leq4$ $\quad\therefore x\geq-1$
③ $-2x+5\geq x+11$에서 $-3x\geq6$ $\quad\therefore x\leq-2$
④ $-x+3\leq x-1$에서 $-2x\leq-4$ $\quad\therefore x\geq2$
⑤ $5x+4<3x+8$에서 $2x<4$ $\quad\therefore x<2$

따라서 해가 수직선의 x의 값의 범위인 $x\geq2$인 것은 ④이다.

17 답 ②

$ax+7>2x-3$에서 $ax-2x>-3-7$, $(a-2)x>-10$

이 부등식의 해가 $x<10$이므로 $a-2<0$이고 $x<\dfrac{-10}{a-2}$

따라서 $\dfrac{-10}{a-2}=10$이므로 $a-2=-1$ $\quad\therefore a=1$

18 답 ⑤

한 번에 상자를 x개 운반한다고 하면
$65+60+50x\leq750$, $50x\leq625$ $\quad\therefore x\leq12.5$
따라서 한 번에 운반할 수 있는 상자는 최대 12개이다.

19 답 $\dfrac{37}{90}$

$0.\dot{3}\dot{7}=\dfrac{37}{99}$에서 민정이는 분모를 잘못 보았으므로 바르게 본 분자
는 37이다. ⋯⋯❶

$1.4\dot{7}=\dfrac{147-14}{90}=\dfrac{133}{90}$에서 소윤이는 분자를 잘못 보았으므로

바르게 본 분모는 90이다. ⋯⋯❷

따라서 처음 기약분수는 $\dfrac{37}{90}$이다. ⋯⋯❸

채점 기준	배점
❶ 처음 기약분수의 분자 구하기	1.5점
❷ 처음 기약분수의 분모 구하기	1.5점
❸ 처음 기약분수 구하기	1점

20 답 -2

$3^{y-1}=27=3^3$에서 $y-1=3$이므로 $y=4$ ⋯⋯❶
$3^{x+3}+3^{y-3}=246$에서 $3^{x+3}+3=246$, $3^{x+3}=243=3^5$
즉, $x+3=5$이므로 $x=2$ ⋯⋯❷
$\therefore x-y=2-4=-2$ ⋯⋯❸

채점 기준	배점
❶ y의 값 구하기	2점
❷ x의 값 구하기	2점
❸ $x-y$의 값 구하기	2점

21 답 $4a^2-2a$

$(2a^2+1)+$㈎$=2a^2-a+3$에서
㈎$=2a^2-a+3-(2a^2+1)=-a+2$
$(2a^2+1)-$㈏$=3$에서 ㈏$=2a^2+1-3=2a^2-2$ ⋯⋯❶
㈏$+(-a^2+5a)=$㈐에서
㈐$=(2a^2-2)+(-a^2+5a)=a^2+5a-2$
㈎$-(-a^2+5a)=$㈑에서
㈑$=(-a+2)+a^2-5a=a^2-6a+2$ ⋯⋯❷
$\therefore$ ㈎$+$㈏$+$㈐$+$㈑
$=(-a+2)+(2a^2-2)+(a^2+5a-2)+(a^2-6a+2)$
$=4a^2-2a$ ⋯⋯❸

채점 기준	배점
❶ ㈎, ㈏를 각각 구하기	3점
❷ ㈐, ㈑를 각각 구하기	3점
❸ ㈎$+$㈏$+$㈐$+$㈑ 구하기	1점

22 답 (1) $a-2b$ (2) $3a-3b$

(1) 평행한 두 면에 있는 다항식의 합은
$(2a-4b)+(-a+2b)=a-2b$ ⋯⋯ ❶

(2) 다항식 A와 평행한 면에 있는 다항식은 $-2a+b$이므로
$A+(-2a+b)=a-2b$
$\therefore A=a-2b-(-2a+b)$
$=a-2b+2a-b=3a-3b$ ⋯⋯ ❷

채점 기준	배점
❶ 평행한 두 면에 있는 다항식의 합 구하기	3점
❷ 다항식 A 구하기	3점

23 답 -6

$x-\dfrac{4x-3}{3}>-2$의 양변에 3을 곱하면 $3x-(4x-3)>-6$
$-x>-9$, $x<9$ $\therefore a=9$ ⋯⋯ ❶
$0.2(3x-2)\le0.3x-0.6$의 양변에 10을 곱하면
$2(3x-2)\le3x-6$, $6x-4\le3x-6$
$3x\le-2$, $x\le-\dfrac{2}{3}$ $\therefore b=-\dfrac{2}{3}$ ⋯⋯ ❷
$\therefore ab=9\times\left(-\dfrac{2}{3}\right)=-6$ ⋯⋯ ❸

채점 기준	배점
❶ a의 값 구하기	3점
❷ b의 값 구하기	3점
❸ ab의 값 구하기	1점

중간고사 대비 실전 모의고사 5회 113쪽~116쪽

01 ②	02 ④	03 ④	04 ⑤	05 ④
06 ②	07 ⑤	08 ④	09 ①	10 ②
11 ③	12 ②	13 ②	14 ③	15 ③
16 ②	17 ③	18 ④	19 32	20 $36x^6y^5$
21 4개	22 $\dfrac{19}{2}ab+4b^2$		23 17개	

01 답 ②

순환마디의 숫자는 2개이고, $101=2\times50+1$이므로 소수점 아래 101번째 자리의 숫자는 순환마디의 첫 번째 숫자인 3이다.

02 답 ④

$\dfrac{3}{14}=\dfrac{3}{2\times7}$, $\dfrac{21}{15}=\dfrac{7}{5}$, $\dfrac{3}{35}=\dfrac{3}{5\times7}$
$\dfrac{26}{2\times3\times5\times7}=\dfrac{13}{3\times5\times7}$, $\dfrac{36}{3^2\times5\times13}=\dfrac{4}{5\times13}$
따라서 유한소수로 나타낼 수 없는 분수는
$\dfrac{3}{14}$, $\dfrac{3}{35}$, $\dfrac{26}{2\times3\times5\times7}$, $\dfrac{36}{3^2\times5\times13}$의 4개이다.

03 답 ④

$\dfrac{2}{5}=\dfrac{12}{30}$, $\dfrac{5}{6}=\dfrac{25}{30}$이고 $30=2\times3\times5$이므로 유한소수로 나타낼 수 있으려면 분자는 3의 배수이어야 한다.
따라서 $\dfrac{12}{30}$와 $\dfrac{25}{30}$ 사이에 있는 분수 중 유한소수로 나타낼 수 있는 분수는 $\dfrac{15}{30}$, $\dfrac{18}{30}$, $\dfrac{21}{30}$, $\dfrac{24}{30}$의 4개이다.

04 답 ⑤

$\dfrac{6}{a}$이 순환소수가 되려면 기약분수로 나타내었을 때, 분모에 2 또는 5 이외의 소인수가 있어야 한다.
① $\dfrac{6}{9}=\dfrac{2}{3}$ ② $\dfrac{6}{13}$ ③ $\dfrac{6}{14}=\dfrac{3}{7}$ ④ $\dfrac{6}{18}=\dfrac{1}{3}$ ⑤ $\dfrac{6}{24}=\dfrac{1}{2^2}$
따라서 자연수 a의 값이 될 수 없는 것은 ⑤이다.

05 답 ④

① $2.\dot{3}=\dfrac{23-2}{9}=\dfrac{21}{9}=\dfrac{7}{3}$ ② $0.\dot{4}\dot{5}=\dfrac{45}{99}=\dfrac{5}{11}$
③ $4.\dot{7}\dot{1}=\dfrac{471-4}{99}=\dfrac{467}{99}$ ⑤ $1.3\dot{7}\dot{4}=\dfrac{1374-13}{990}=\dfrac{1361}{990}$
따라서 옳은 것은 ④이다.

06 답 ②

① $2+\square=6$에서 $\square=4$
② $\square=2^3=8$
③ $6-\square=1$에서 $\square=5$
④ $2\times\square-3=7$, $2\times\square=10$ $\therefore\square=5$
⑤ $\square=3\times2=6$
따라서 $\square$ 안에 들어갈 수가 가장 큰 것은 ②이다.

07 답 ⑤

$a=2^{x-2}=2^x\div2^2=\dfrac{2^x}{4}$이므로 $2^x=4a$
$b=3^{x-2}=3^x\div3^2=\dfrac{3^x}{9}$이므로 $3^x=9b$
$\therefore 6^x=(2\times3)^x=2^x\times3^x=4a\times9b=36ab$

08 답 ④

$2^8\times5^7=2\times(2^7\times5^7)=2\times(2\times5)^7=2\times10^7$
따라서 $2^8\times5^7$은 8자리의 자연수이므로 $n=8$

09 답 ①

$x^5y^9\div(x^4y^2)^2\times\left(\dfrac{x^2}{y}\right)^3=x^5y^9\times\dfrac{1}{x^8y^4}\times\dfrac{x^6}{y^3}=x^3y^2$
따라서 $a=3$, $b=2$이므로 $a-b=3-2=1$

10 답 ②

원기둥의 높이를 h라 하면
(원기둥의 부피)$=\pi\times(3ab^2)^2\times h=9\pi a^2b^4h=18\pi a^3b^5$
$\therefore h=18\pi a^3b^5\div9\pi a^2b^4=\dfrac{18\pi a^3b^5}{9\pi a^2b^4}=2ab$
따라서 원기둥의 높이는 $2ab$이다.

11 답 ③

$2a^2-[a-\{\square-3(a-4)\}]$
$=2a^2-\{a-(\square-3a+12)\}$

$= 2a^2 - (a - \boxed{} + 3a - 12) = 2a^2 - (4a - \boxed{} - 12)$

$= 2a^2 - 4a + 12 + \boxed{} = 6a^2 - 7a + 25$

$\therefore \boxed{} = (6a^2 - 7a + 25) - (2a^2 - 4a + 12)$

$\qquad = 6a^2 - 7a + 25 - 2a^2 + 4a - 12 = 4a^2 - 3a + 13$

12 탑 ②

$A + (2x^2 - 3x + 2) = -3x^2 + x + 4$이므로

$A = (-3x^2 + x + 4) - (2x^2 - 3x + 2)$

$\quad = -3x^2 + x + 4 - 2x^2 + 3x - 2 = -5x^2 + 4x + 2$

$B - (-3x^2 + 2x - 5) = 2x^2 - 5x + 3$이므로

$B = (2x^2 - 5x + 3) + (-3x^2 + 2x - 5) = -x^2 - 3x - 2$

$\therefore A + B = (-5x^2 + 4x + 2) + (-x^2 - 3x - 2) = -6x^2 + x$

13 탑 ②

$(15ab - 9a^2) \div (-3a) + (-18ab^2 + 12b^2) \div 6b^2$

$= \dfrac{15ab - 9a^2}{-3a} + \dfrac{-18ab^2 + 12b^2}{6b^2}$

$= -5b + 3a + (-3a + 2) = -5b + 2$

14 탑 ③

$A - \{B - 3A - (A + 4B)\}$

$= A - (B - 3A - A - 4B)$

$= A - (-4A - 3B)$

$= 5A + 3B$

$= 5(x + y) + 3(x - y) = 5x + 5y + 3x - 3y = 8x + 2y$

15 탑 ③

③ $x = 3$일 때, $2 \times 3 + 2 \leq 3 \times 3 - 5$ (거짓)

16 탑 ②

$-1 < x \leq 3$의 각 변에 5를 곱하면 $-5 < 5x \leq 15$

각 변에 1을 더하면 $-4 < 5x + 1 \leq 16$

17 탑 ③

$\dfrac{x-1}{18} - 1 > \dfrac{7x - 34}{3} - 2(x + 10)$에서

$x - 1 - 18 > 6(7x - 34) - 36(x + 10)$, $x - 19 > 6x - 564$

$-5x > -545$ $\quad \therefore x < 109$

18 탑 ④

x km 올라간다고 하면 $\dfrac{x}{3} + \dfrac{x}{5} \leq 4$

$5x + 3x \leq 60$, $8x \leq 60$ $\quad \therefore x \leq \dfrac{15}{2}$

따라서 최대 $\dfrac{15}{2}$ km까지 올라갔다 내려올 수 있다.

19 탑 32

$0.\dot{3} = \dfrac{3}{9} = \dfrac{1}{3}$, $0.\dot{1} = \dfrac{1}{9}$이므로 $\dfrac{1}{3} = \dfrac{1}{9} \times a$에서 $a = 3$ ······ ❶

$0.3\dot{2} = \dfrac{32 - 3}{90} = \dfrac{29}{90}$, $0.0\dot{1} = \dfrac{1}{90}$이므로

$\dfrac{29}{90} = \dfrac{1}{90} \times b$에서 $b = 29$ ······ ❷

$\therefore a + b = 3 + 29 = 32$ ······ ❸

채점 기준	배점
❶ a의 값 구하기	2점
❷ b의 값 구하기	2점
❸ $a + b$의 값 구하기	2점

20 탑 $36x^6 y^5$

어떤 식을 A라 하면 $A \div 3x^4 y^3 = \dfrac{4}{x^2 y}$ ······ ❶

$\therefore A = \dfrac{4}{x^2 y} \times 3x^4 y^3 = 12x^2 y^2$ ······ ❷

따라서 바르게 계산한 식은 $12x^2 y^2 \times 3x^4 y^3 = 36x^6 y^5$ ······ ❸

채점 기준	배점
❶ 잘못 계산한 식 세우기	1점
❷ 어떤 식 구하기	2점
❸ 바르게 계산한 식 구하기	1점

21 탑 4개

$3x - 2 \geq 7x + a$에서 $-4x \geq a + 2$ $\quad \therefore x \leq -\dfrac{a+2}{4}$ ······ ❶

부등식을 만족시키는 자연수 x가 3개이므로 $3 \leq -\dfrac{a+2}{4} < 4$

$-16 < a + 2 \leq -12$ $\quad \therefore -18 < a \leq -14$ ······ ❷

따라서 정수 a는 -17, -16, -15, -14의 4개이다. ······ ❸

채점 기준	배점
❶ 주어진 부등식의 해 구하기	2점
❷ a의 값의 범위 구하기	2점
❸ 정수 a는 모두 몇 개인지 구하기	2점

22 탑 $\dfrac{19}{2}ab + 4b^2$

$\triangle \text{AEF}$

$= (7a + 2b) \times 4b - \left\{\dfrac{1}{2} \times 3a \times 4b + \dfrac{1}{2} \times (7a + 2b - 3a) \times b \right.$

$\qquad \left. + \dfrac{1}{2} \times (7a + 2b) \times (4b - b)\right\}$ ······ ❶

$= 28ab + 8b^2 - \left(6ab + 2ab + b^2 + \dfrac{21}{2}ab + 3b^2\right)$

$= 28ab + 8b^2 - \dfrac{37}{2}ab - 4b^2$

$= \dfrac{19}{2}ab + 4b^2$ ······ ❷

채점 기준	배점
❶ $\triangle \text{AEF}$의 넓이에 대한 식 세우기	4점
❷ $\triangle \text{AEF}$의 넓이 구하기	3점

23 탑 17개

배를 x개 산다고 하면

$1000x \times \left(1 - \dfrac{25}{100}\right) > 600x + 2400$ ······ ❶

$750x > 600x + 2400$, $150x > 2400$ $\quad \therefore x > 16$ ······ ❷

따라서 배를 17개 이상 사야 유리하다. ······ ❸

채점 기준	배점
❶ 부등식 세우기	3점
❷ 부등식의 해 구하기	2점
❸ 배를 몇 개 이상 사야 유리한지 구하기	2점